普.通.高.等.学.校
计算机教育"十二五"规划教材
立体化精品系列

Photoshop CS6

平面设计教程

张姣 李洪发 董庆帅 主编
邓楚君 金琼 副主编

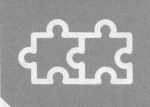

U0381924

人民邮电出版社
北　京

图书在版编目（CIP）数据

Photoshop CS6平面设计教程 / 张姣，李洪发，董庆
帅主编. -- 北京 : 人民邮电出版社，2017.1（2019.6重印）
普通高等学校计算机教育"十二五"规划教材
ISBN 978-7-115-43705-1

Ⅰ．①P… Ⅱ．①张… ②李… ③董… Ⅲ．①图象处
理软件－高等学校－教材 Ⅳ．①TP391.41

中国版本图书馆CIP数据核字(2016)第259993号

内 容 提 要

本书以 Photoshop CS6 为基础，结合图像处理的特点，以广告设计、海报设计、人像处理、色彩调整等为例，系统讲述了 Photoshop 在图像处理中的应用。内容主要包括 Photoshop CS6 的基本操作、图像编辑基本操作、创建和编辑选区、绘制和修饰图像、图层的应用、调整图像色彩、文字工具和 3D 应用、使用矢量工具和路径、使用通道和蒙版、使用滤镜制作特效图像、使用动作和输出图像、综合案例等。

本书内容翔实，结构清晰，图文并茂。每章均采用理论知识点讲解、课堂案例、课堂练习、拓展知识和课后习题的结构详细讲解相关知识点。其中，大量的案例和练习可以引领读者快速有效地学习到实用技能。

本书不仅可供普通高等院校本科和独立院校及高职院校图像处理相关专业作为教材使用，还可供相关行业及专业工作人员学习和参考。

- ◆ 主　　编　张　姣　李洪发　董庆帅
　　副主编　邓楚君　金　琼
　　责任编辑　许金霞
　　责任印制　沈　蓉　彭志环
- ◆ 人民邮电出版社出版发行　北京市丰台区成寿寺路 11 号
　　邮编　100164　电子邮件　315@ptpress.com.cn
　　网址　http://www.ptpress.com.cn
　　固安县铭成印刷有限公司印刷
- ◆ 开本：787×1092　1/16
　　印张：18　　　　　　　　　2017 年 1 月第 1 版
　　字数：459 千字　　　　　　2019 年 6 月河北第 4 次印刷

定价：49.80 元（附光盘）

读者服务热线：(010)81055256　印装质量热线：(010)81055316
反盗版热线：(010)81055315

前 言　FOREWORD

随着近年来本科教育课程改革的不断深化、计算机软硬件日新月异地升级，以及教学方式的不断发展，市场上很多教材的软件版本、硬件型号、教学结构等都已不再适应目前的教学。

鉴于此，我们认真总结了教材编写经验，用了 2~3 年的时间深入调研各地、各类本科院校的教材需求，组织了一批优秀且具有丰富教学经验和实践经验的作者团队编写了本套教材，以帮助各类本科院校快速培养优秀的技能型人才。

本着"学用结合"的原则，我们在教学方法、教学内容、教学资源 3 个方面体现出了自己的特色。

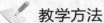 教学方法

本书精心设计"学习要点→学习目标→知识讲解→课堂练习→拓展知识→课后习题"6 段教学法，激发学生的学习兴趣，细致而巧妙地讲解理论知识，对经典案例进行分析，训练学生的动手能力，通过课后练习帮助学生强化并巩固所学的知识和技能，提高实际应用能力。

◎ **学习要点和学习目标：**以列举方式归纳出章节重点和主要的知识点，以帮助学生重点学习这些知识点，并了解其必要性和重要性。

◎ **知识讲解：**深入浅出地讲解理论知识，着重实际训练，理论内容的设计以"必需、够用"为度，强调"应用"，配合经典实例介绍如何在实际工作中灵活应用这些知识点。

◎ **课堂练习：**紧密结合课堂讲解的内容给出操作要求，并提供适当的操作思路以及专业背景知识供学生参考，要求学生独立完成操作，以充分训练学生的动手能力，并提高独立完成任务的能力。

◎ **拓展知识：**对相关知识进行补充、强化，学生可以更深入地了解一些综合应用知识。

◎ **课后习题：**结合每章内容给出大量难度适中的上机操作题，学生可通过练习，巩固每章所学知识，从而温故知新。

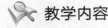 教学内容

本书的教学目标是循序渐进地帮助学生掌握图形图像处理和平面设计的相关知识，具体包括掌握 Photoshop CS6 的相关操作。全书共 12 章，包括以下内容。

◎ **第 1 章至第 2 章：**概述图形图像平面设计的基础知识及 Photoshop CS6 的基本操作。

◎ **第 3 章至第 4 章：**主要讲解 Photoshop CS6 中选区与图像的绘制操作。

◎ **第 5 章至第 6 章：**主要讲解图层和色彩调整方面的相关知识。

◎ **第 7 章至第 9 章：**主要讲解文字、路径、形状、通道、蒙版的使用方法。

◎ **第 10 章至第 11 章：**主要讲解滤镜、动作、批处理的操作方法。

◎ **第 12 章：**以一个综合的广告设计为例，从前期规划到各种广告制作的流程来讲解一个广告案例的平面设计流程。

另外，附录给出 4 个项目实训。

FOREWORD

 教学资源

提供立体化教学资源，使教师得以方便地获取各种教学资料，丰富教学手段。本书的教学资源包括以下 3 方面的内容。

（1）配套光盘

本书配套光盘包含图书中实例涉及的素材与效果文件、各章节课堂案例与课后习题的操作演示以及模拟试题库 3 个方面的内容。模拟试题库中含有丰富的关于 Photoshop 平面设计的相关试题，包括填空题、单项选择题、多项选择题、判断题、操作题等多种题型，读者可自动组合出不同的试卷进行测试。另外，还提供了两套完整的模拟试题，以便读者测试和练习。

（2）教学资源包

本书配套精心制作的教学资源包，包括 PPT 教案和教学教案（备课教案、Word 文档），以便老师顺利开展教学工作。

（3）教学扩展包

教学扩展包中有方便教学的拓展资源以及每年定期更新的拓展案例。其中拓展资源包含网页设计案例素材、网页设计中网站发布技术等。

特别提醒：上述第（2）、（3）教学资源可访问人邮教育社区（http:// www.ryjiaoyu.com）搜索下载，或者发电子邮件至 dxbook@qq.com 索取。

编者
2016 年 8 月

目 录

CONTENTS

CONTENTS

CONTENTS

CONTENTS

CONTENTS

CONTENTS

Chapter

1

第1章
Photoshop CS6的基本操作

　　使用Photoshop CS6进行平面设计前，首先需要学习并
熟练掌握其基本操作方法。本章将从平面设计基础、图像处
理基本概念、Photoshop CS6的基本操作来介绍平面设计入
门基础。读者通过本章的学习能够掌握平面设计的相关知识和
Photoshop CS6的基本操作。

学习要点

● 平面设计基础
● 图像处理的基本概念
● 图像文件的基本操作
● 辅助工具的使用

学习目标

● 掌握平面设计基础的相关内容
● 掌握Photoshop CS6的基本
　操作

平面设计基础

平面设计主要包括色彩构成、平面构成和立体构成。本节主要介绍色彩构成和平面构成的相关知识，这也是平面设计中常用到的知识。

1.1.1　色彩构成概述

构成是将两个以上的要素按照一定的规则重新组合，形成新的要素。色彩构成是指将两个色彩要素按照一定的规则进行组合和搭配，从而形成新的具有美感的色彩关系。

在完全黑暗中，人们看不到周围景物的形状和色彩，是因为没有光线；在同种光线条件下，可以看到物体呈现不同的颜色，是因为物体表面具有不同的吸收光线与反射光线的能力。反射光线的能力不同会呈现不同的色彩。因此，色彩的发生是光对人视觉和大脑发生作用的结果，是一种视知觉。

由此可以看出，光通过光源色、透射光、反射光进入人的视觉，使人能感知物体表面色彩。

◎　光源色是指本身能发光的色光，如各种灯、蜡烛、太阳等发光体。

◎　透射光是指光源穿过透明或半透明的物体之后再进入视觉的光线。

◎　反射光是光进入眼睛的最普通形式，眼睛能看到的任何物体都是由于物体反射光进入视觉所致。

图1-1所示为色彩在人眼中的形成过程示意图。

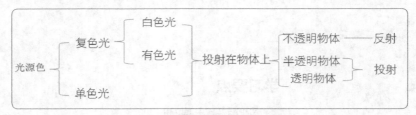

图1-1　色彩在人眼中的形成过程示意图

物体表面色彩的形成主要取决于光源的照射、物体本身反射的色光、环境与空间对物体色彩的影响3个方面，需要注意以下两点。

◎　由各种光源发出的光，光波的长短、强弱、比例性质的不同形成了不同的色光，称为光源色。

◎　物体本身不发光，光源色经过物体的吸收反射，反映到视觉中的光色感觉，这些本身不发光的色彩统称为物体色。

物体被放置在不同的环境与空间中，表面色彩也会发生相应的变化。这是因为不同的环境与空间具有不同的色彩和明暗变化，从而造成物体反射光和透射光发生变化。

行业知识

　　　　要使用计算机进行平面设计，并且制作出高水平的平面设计作品，除了需熟练掌握平面设计软件功能的使用外，还必须掌握一些关于平面图像处理方面的美学知识，如色彩构成和平面构成等。

　　　　在平面设计中，色彩一直是设计师们最为重视的设计要素。正确地搭配和运用色彩可以赋予作品良好的视觉效果，同时也能增强作品的吸引力。

1.1.2　色彩构成分类及属性

色彩构成是色彩设计的基础，是研究色彩的产生及人们对色彩的感知和应用的一门学科，也是一种科学化和系统化的色彩训练方式。

1. 色彩的分类

色彩分为非彩色和彩色两类，其中黑、白、灰为非彩色，其他色彩为彩色。彩色是由红、绿、蓝3种基本的颜色互相组合而成的，如图1-2所示。这3种颜色又称为三原色，能够按照数量规定合成其他任何一种颜色的基色，如图1-3所示。通过对三原色的基本调配，可以得到表达人们情绪的不同颜色。

◎ **近似色**：可以是其本色外的任何一种颜色。如选择红和黄，得到它们的近似色橙色，如图1-4所示。用近似色的颜色主题可以实现色彩的融洽与融合，与自然界中能看到的色彩比较接近。

◎ **补充色**：是色环中直接位置相对的颜色，如图1-5所示。补充色可使色彩强烈突出。如进行柠檬色图片组合时，用蓝色背景将使柠檬色更加突出。

图1-2　彩色组成基本色　　图1-3　12种组合颜色　　图1-4　近似色　　图1-5　补充色

◎ **分离补色**：由2~3种颜色组成。当选择一种颜色后，会发现它的补色在色环的另一面，如图1-6所示。

◎ **组色**：是色环上距离相等的任意3种颜色，如图1-7所示。当组色被用作一个色彩主题时，会使浏览者产生紧张的情绪。

◎ **暖色**：由红色调组成，如红色、橙色、黄色，如图1-8所示。它们具有温暖、舒适、活力的特点，也产生了一种色彩向浏览者显示或移动，并从页面中突出来的可视化效果。

◎ **冷色**：来自于蓝色色调，如蓝色、青色和绿色，如图1-9所示。这些颜色将对色彩主题起到冷静的作用，看起来有一种从浏览者身上收回来的效果，适用于页面的背景。

图1-6　分离补色　　　　图1-7　组色　　　　　图1-8　暖色　　　　　图1-9　冷色

2. 色彩属性

视觉所能感知的一切色彩现象，都具有明度、色相、纯度3种属性，这3种属性是色彩最基本的构成要素。

◎ **明度**：指色彩的明暗程度。如果色彩中添加白色越多，图像明度就越高；如果色彩中添加黑色越多，图像明度就越低。为图1-10所示的图像适当添加白色后，图像明度提高后的效果如图1-11所示。

图1-10　原始明度

图1-11　提高明度后的效果

> 知识提示
>
> 明度在三要素中具有较强的独立性，可以不带任何色相的特征而通过黑白灰的关系单独呈现出来。

◎ 色相：指颜色的色彩相貌，用于区分不同的色彩种类，分别为红、橙、黄、绿、青、蓝、紫7色，它们首尾相连形成闭合的色环，如图1-12所示。注意，位于圆环直径上的两种颜色为互补色。

◎ 纯度：指彩色的纯净程度，是色相的明确程度，也就是色彩的鲜艳程度和饱和度。混入白色，鲜艳度升高，明度变亮；混入黑色，鲜艳度降低，明度变暗；混入明度相同的中性灰，纯度降低，明度没有改变。图1-13显示了色彩纯度的变化过程。

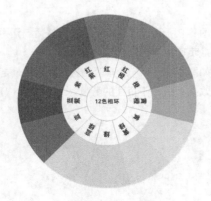
图1-12　色相环

图1-13　色彩纯度的变化过程

1.1.3　色彩对比

色彩对比指两种或两种以上的色彩，在空间或时间关系上相比较会出现明显的差别，并产生比较作用。同一色彩被感知的色相、明度、纯度、面积、形状等因素相对固定，且处于孤立状态，无从对比。色彩对比从色彩的基本要素上，可以分为色相对比、明度对比、纯度对比。

1. 色相对比

色彩并置时因色相的差别而形成的色彩对比称之为色相对比。将相同的橙色放在红色或黄色上，就会发现在红色上的橙色有偏黄的感觉。因为橙色是由红色和黄色调成的，当它与红色并列时，相同的成分被调和而相异的成分被增强，所以看起来比单独时偏黄，与其他色彩比较也会有这种现象。当对比的两色具有相同的纯度和明度时，两色越接近补色，对比效果越明显。图1-14所示为不同情况下色相对比示意图。

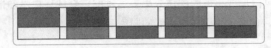

图1-14　色相对比示意图

2. 明度对比

色彩并置时因明度的差别而形成的色彩对比称之为明度对比。将相同的色彩放在黑色和白色上比较色彩的感觉，会发现放在白色上的色彩感觉比较暗，放在黑色上的色彩感觉比较亮，明暗的对比效果非常明显。图1-15所示为不同情况下明度对比示意图。

图1-15　明度对比示意图

3. 纯度对比

色彩并置时因纯度的差别而形成的色彩对比称之为纯度对比。纯度对比可以体现在单一色相的对比中，同色相可以因含灰量的差异而形成纯度对比；也可以体现在不同色相的对比中，红色是色彩系列之中纯度最高的，其次是黄、橙、紫等，蓝绿色系纯度偏低。当其中一色混入灰色时，也可以明显地看到它们之间的纯度差。图1-16所示为不同情况下纯度对比示意图。

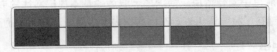

图1-16　纯度对比示意图

1.1.4　色彩构图原则

在平面设计中，不能凭感觉任意搭配色彩，要运用审美的原则安排和处理色彩间的关系，即在统一中求变化、在变化中求统一。大致可以从对比、平衡、节奏3个方面进行概括。

◎ 对比：是指色彩就其某一特征在程度上的比较，如明暗色调对比，一幅优秀的作品必须具备明暗关系，以突出作品的层次性。

◎ 平衡：是以重量来比喻物象、黑白、色块等在一个作品画面分布上的审美合理性。人们在长期的实践中已习惯于重力的平衡和稳定，在观察事物时总要寻找最理想的视角和区域，反映在构图上就要求平衡。

◎ 节奏：是指色彩在作品中合理分布。一幅好作品的精华位于视觉中心，是指画面中节奏变化最强且视觉上最有情趣的部分，而色彩的变化最能体现这一节奏。

1.1.5　色彩搭配技巧

不同的色彩组合可以表现出不同的感情，而同一种感情也可用不同的色彩组合方式来体现。下面将列举一些常见的表达感情的色彩组合方式。

1.　有主导色彩的配色

由一种色相构成的统一配色，体现整体统一性，强调展现色相的印象。若不是同一种色相，那么色相环上相邻的类似色也可以形成相近的配色效果，这种配色会展现自然和谐的印象，但同时也容易形成单调乏味的感觉。图1-17所示为有主导色彩的同色系配色案例。

2.　有主导色调的配色

由一种色调构成的统一配色，深色调和暗色调由类似色调搭配也可以形成同样的配色效果。即使出现多种色相，只要保证色调一致，画面就能体现出整体统一性。但在暗色调或深色调的配色中，不同色相的色彩如果不能体现变化，画面则会出现孤寂或清冷的感觉。图1-18所示为有主导色调的同色系配色案例。

图1-17　有主导色彩的配色　　　　　　　　　　图1-18　有主导色调的配色

3.　强调色配色

在同色系色彩搭配构成的配色中，可通过添加强调色的配色技巧来突出画面重点，这种方法在明度、纯度相近的朦胧效果配色中同样适用。强调色一般选择基本色的对比色等明度和纯度差异较大的色彩，或白色和黑色，关键在于将强调色限定在小面积内予以展现。图1-19所示为强调色配色案例。

4.　同色深浅搭配配色

由同一色相的色调差构成的配色类型，属于单一色彩配色的一种，色相相同的配色可展现和谐的效果。需要注意的是，若没有色调差异，画面则会陷入缺乏张弛的呆板感觉。图1-20所示为同色深浅搭配配色案例。

图1-19　强调色配色　　　　　　　　　　　　图1-20　同色深浅搭配配色

5. 感受性别的配色

通常情况下，以红色为中心的暖色系常用于表示女性，以蓝色为中心的冷色系常用于表示男性。需要注意的是，在实际配色过程中并不单是色相，色调也非常重要。在淡雅、轻薄的色调中展现配色等明度差异小的配色效果代表女性印象，在暗色调或深色调等强有力的色调中展现较强对比度配色效果代表男性印象。图1-21所示分别为男性配色和女性配色案例。

6. 感受温度的配色

通常在表现湿热、酷暑、寒冷、清凉等温度感时，会采用暖色调色彩和冷色调色彩。暖色调色彩是能够使情绪高涨的兴奋色，在视觉上有优先识别性，适用于吸引眼球设计的作品；冷色调色彩是在纯度和明度都低的色调下，能够呈现出比实际画面更加收缩的效果，俗称"后褪色"。图1-22所示为暖色调色彩配色案例。

图1-21 感受性别的配色　　　　　　　　　　　　　　图1-22 感受温度的配色

7. 感受年龄的配色

年龄不同，与之相称的色彩也会有所变化。把握年龄相称的配色重点在于捕捉色调，而不单独是色相本身。通常体现年龄小时，应选择高明度和高纯度的原色搭配不浑浊的色调；而体现年龄大时，则应选择低明度和低纯度的色彩搭配深色调或微妙的中间色搭配单一色调。图1-23所示为感受年龄的配色案例。

8. 感受季节的配色

通常表现春天应该选择明快或柔和的色调；表现夏天应该选择高纯度的暖色调色彩或体现清凉感的冷色调色彩；表现秋天应该选择中间色调的色彩；而表现冬天则应该选择冷色调色彩或灰色色调。图1-24所示为表现春季的配色案例。

图1-23 感受年龄的配色　　　　　　　　　　　　　　图1-24 感受季节的配色

9. 感受轻重感的配色

在心理上，人类感觉最重的色彩是黑色，感觉最轻的色彩是白色，因此越接近黑色的暗色调会显得分量重，越接近白色的浅色调则会显得分量轻。同时，显示重的色彩可以表达坚硬、强劲、苦涩等含义，显示轻的色彩可以表达柔软、弱小、甘甜等含义。

10. 感受自然的配色

自然配色由植物、土地、河流、动物毛色等自然物的色彩搭配形成，要求避免高纯度的鲜艳色调，选择稳重或柔和的色调；避免相反色等对比效果强烈的色相，选择相互接近彼此相容的色相。

1.1.6　平面构成属性

平面构成是指将具有形态（包括具象形态、抽象形态连贯点、线、面、体）在二维的平面内，按照一定的秩序和法则进行分解和组合，从而构成理想形态的组合形式。

平面构成设计的基本单元是点、线、面，只有深入理解各个单元及单元间的相互关系，才能设计出令人关注的作品。

1. 点的形象

数学上的点没有大小，只有位置，但造型上作为形象出现的点不仅有大小和面积，还有形态和位置，越小的形体越能给人以点的感觉。

不同大小、疏密的混合排列，使之成为一种散点式的构成形式，如图1-25所示。而将大小一致的点按一定的方向进行有规律的排列，会给人的视觉留下一种由点的移动而产生线化的感觉，如图1-26所示。

除圆点外的其他形态的点还具有方向，对由大到小的点按一定的轨迹和方向进行变化，可以使之产生一种优美的韵律感，如图1-27所示。而将点以大小不同的形式，既密集又分散地进行有目的的排列，可以使之产生点的面化感觉，如图1-28所示。

图1-25　散点式构成　　　　图1-26　点的移动　　　　图1-27　点按轨迹、方向变化

将大小一致的点以相对的方向逐渐重合，可以使之产生微妙的动态视觉感，如图1-29所示。而将不规则的点按一定的方向重合分布，则可产生另一种动态视觉感，如图1-30所示。

图1-28　点的面化分布　　　　图1-29　规则点的动态变化　　　　图1-30　不规则点的动态变化

2. 线的形象

平面相交形成直线，曲面相交形成曲线。几何学中的线没有粗细，只有长度与方向，但在造型世界线被赋予了粗细与宽度。线在现代抽象作品与东方绘画中被广泛运用，有很强的表现力。

线是点移动的轨迹，将线等距密集排列，可以产生面化的线，如图1-31所示。而将线按不同距离排列，则可以产生透视空间的视觉效果，如图1-32所示。

将粗细不等的线排列，可以产生虚实空间的视觉效果，如图1-33所示。将规则的线在同一方向上

作一些切换变化，则可以产生错觉化的视觉效果，如图1-34所示。

图1-31　等距排列的线　　　　图1-32　非等距排列的线　　　　图1-33　线的虚实变化

将具有厚重感的规则的线按一定的方式分布，可以产生规则的立体化视觉效果，如图1-35所示。将不规则的线按一定的方式分布，则可以产生不规则的立体化视觉效果，如图1-36所示。

图1-34　线的切换变化　　　　图1-35　线的规则立体变化　　　　图1-36　线的不规则立体变化

3．面的形象

单纯的面具有长度和宽度，没有厚度，是体的表面。它受线的界定，具有一定的形状。面分为实面和虚面两类，实面具有明确、突出的形状，虚面则由点和线密集而成。

几何形的面，表现出规则、平稳、较为理性的视觉效果，如图1-37所示。自然形的面，以不同外形展现现实物体的面，给人以更为生动或厚实的视觉效果，如图1-38所示。

徒手绘制的面，总是给人无限想象，如图1-39所示。有机形的面，则表现出柔和、自然、抽象的面的形态，如图1-40所示。

图1-37　几何形的面　　　　图1-38　自然形的面　　　　图1-39　徒手绘制的面

偶然形的面，给人自由、活泼、富有哲理性的感觉，如图1-41所示。人造形的面，则给人较为理性的人文特点的感觉，如图1-42所示。

图1-40　有机形的面　　　　图1-41　偶然形的面　　　　图1-42　人造形的面

1.1.7　平面构成视觉对比

在平面设计过程中，平面的不同构成会给人不同的视觉感，优秀的平面作品会使人过目不忘，不好的作品则会使人产生不安的感觉。下面介绍几种常用的平面构成。

◎ **基本构成形式**：平面构成的基本形式大体分为90°排列格式、45°排列格式、弧线排列格式、折线排列格式，如图1-43所示。

◎ **重复构成形式**：以一个基本单形为主体在基本格式内重复排列，排列时可作方向和位置变化，具有很强的形式美感，如图1-44所示。

◎ 近似构成形式：是具有相似之处的形体之间的构成，如图1-45所示。

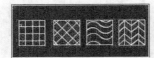

图1-43　基本构成形式　　　　　图1-44　重复构成形式　　　　　图1-45　近似构成形式

◎ 渐变构成形式：是指将基本形体按大小、方向、虚实、色彩等关系渐次变化排列的构成形式，
　　如图1-46所示。

◎ 发射构成形式：以一点或多点为中心，向周围发射或扩散等形成的视觉效果，具有较强的动感
　　及节奏感，如图1-47所示。

◎ 空间构成形式：利用透视学中的视点、灭点、视平线等原理所求得的平面上的空间形态，如图
　　1-48所示。

图1-46　渐变构成形式　　　　　图1-47　发射构成形式　　　　　图1-48　空间构成形式

◎ 特异构成形式：在一种较为有规律的形态中进行小部分的变异，以突破某种较为单调的构成形
　　式，如图1-49所示。

◎ 分割构成形式：将不同的形态分割成较为规范的单元，以得到比例一致、特点灵活、自由的视
　　觉感，如图1-50所示。

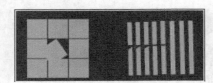

图1-49　特异构成形式　　　　　　　图 1-50　分割构成形式

1.1.8　平面构图原则

在平面构图过程中，为了让自己的作品最终得到受众的认可，应使作品构图符合以下原则。

◎ 和谐：单独的一种颜色或单独的一根线条无所谓和谐，几种要素具有基本的共同性和融合性才
　　称为和谐。和谐的组合也保持部分的差异性，但当差异性表现强烈和显著时，和谐的格局就向
　　对比的格局转化。

◎ 对比：又称对照，把质或量反差甚大的两个要素成功地配列于一起，使人感受到鲜明强烈的感
　　触但仍具有统一感的现象称为对比。它能使主题更加鲜明，作品更加活跃。

◎ 对称：假定在某一图形的中央设一条垂直线，将图形划分为左右完全相等的两部分，这个图形
　　就是左右对称的图形，这条垂直线称为对称轴。对称轴的方向如由垂直转换成水平方向，则称
　　为上下对称；如垂直轴与水平轴交叉组合为四面对称，则两轴相交的点为中心点，这种对称形
　　式即称为"点对称"。

◎ 平衡：在平衡器上两端承受的重量由一个支点支持，当双方获得力学上的平衡状态时，称为平
　　衡。在生活现象中，平衡是动态的特征，如人体运动、鸟的飞翔、兽的奔驰、风吹草动、流水

激浪等都是平衡的形式，因而平衡的构成具有动态性。

◎ 比例：是部分与部分或部分与整体之间的数量关系，是构成设计中一切单位大小以及各单位间编排组合的重要因素。

1.2　图像处理的基本概念

使用Photoshop CS6处理图像之前，需先了解图像处理的基本概念，如位图与矢量图、图像的分辨率、色彩模式等。本节将详细介绍这些内容，使读者对图像处理更加得心应手。

1.2.1　像素与分辨率

Photoshop CS6的图像是基于位图格式的，位图图像的基本单位是像素，在创建位图图像时须为其指定分辨率大小。图像的像素与分辨率均能体现图像的清晰度。下面将分别介绍像素和分辨率的概念。

1. 像素

像素是构成位图图像的最小单位，是位图中的一个小方格。若将一幅位图看成是由无数个点组成的，则每个点就是一个像素。同样大小的一幅图像，像素越多的图像越清晰，效果越逼真。图1-51所示为100%显示的图像。当将其放大到足够大的比例时就可以看见构成图像的方格状像素，如图1-52所示。

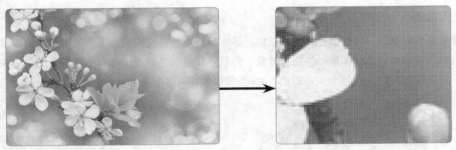

图1-51　100%显示效果　　　　　　　　　　　图1-52　放大显示像素

2. 分辨率

分辨率是指单位长度上的像素数目。单位长度上像素越多，分辨率越高，图像就越清晰，所需的存储空间也就越大。分辨率可分为图像分辨率、打印分辨率、屏幕分辨率等。

◎ 图像分辨率：图像分辨率用于确定图像的像素数目，其单位有"像素/英寸"和"像素/厘米"。如一幅图像的分辨率为300像素/英寸，表示该图像中每英寸包含300个像素。

◎ 打印分辨率：打印分辨率又叫输出分辨率，指绘图仪或激光打印机等输出设备在输出图像时每英寸所产生的油墨点数。如果使用与打印机输出分辨率成正比的图像分辨率，就可产生较好的输出效果。

◎ 屏幕分辨率：屏幕分辨率是指显示器上每单位长度显示的像素或点的数目，单位为"点/英寸"。如80点/英寸表示显示器上每英寸包含80个点。普通显示器的典型分辨率约为96点/英寸，苹果显示器的典型分辨率约为72点/英寸。

1.2.2　位图与矢量图

计算机中的图像一般分为位图和矢量图。Photoshop是典型的位图处理软件，但也包含一些矢量功能，如使用文字工具输入矢量文字，或使用钢笔工具绘制矢量图形。下面分别对位图和矢量图进行讲解。

1.　位图

位图也称点阵图或像素图，由多个像素点构成，能够将灯光、透明度、深度等逼真地表现出来。将位图放大到一定程度，即可看到它是由多个小方块的像素组成的，该小方块即为像素。位图图像质量由分辨率决定，单位面积内的像素越多，分辨率越高，图像效果就越好。图1-53所示为位图放大200%和放大800%后的对比效果。

图1-53　位图放大前后的对比效果

2.　矢量图

矢量图又称向量图，以数学公式计算获得，基本组成单元是锚点和路径。将矢量图无限放大，图像还会具有同样平滑的边缘和清晰的视觉效果，但聚焦和灯光的质量很难在一幅矢量图像中获得，且不能很好的表现。图1-54所示为矢量图放大300%和放大1000%后的对比效果。

图1-54　矢量图放大前后的对比效果

1.2.3　图像的色彩模式

色彩模式是数字世界中表示颜色的一种算法，常用的有RGB模式、CMYK模式、HSB模式、Lab模式、灰度模式、索引模式、位图模式、双色调模式、多通道模式等。

色彩模式还影响图像通道的多少和文件的大小，每个图像具有一个或多个通道，每个通道都存放着图像中颜色元素的信息。图像中默认的颜色通道数取决于色彩模式。在Photoshop CS6中选择【图像】→【模式】菜单命令，在打开的子菜单中可以查看所有的色彩模式，选择相应的命令可在不同的色彩模式之间相互转换。下面分别对各个色彩模式进行介绍。

1. 位图模式

位图模式为只有黑白两种像素表示图像的颜色模式，适合制作艺术样式或用于创作单色图形。彩色图像模式转换为该模式后，颜色信息将会丢失，只保留亮度信息。只有处于灰度模式或多通道模式下的图像才能转化为位图模式。将图像转换为灰度模式后，选择【图像】→【模式】→【位图】菜单命令，打开"位图"对话框，在其中进行相应的设置，然后单击 确定 按钮，即可转换为位图模式。

2. 灰度模式

在灰度模式的图像中，每个像素都有一个0（黑色）～255（白色）之间的亮度值。当一个彩色图像转换为灰度模式时，图像中的色相及饱和度等相关色彩的信息就会消失，只留下亮度信息。

3. 双色调模式

双色调模式是用灰度油墨或彩色油墨来渲染灰度图像的模式。双色调模式采用两种彩色油墨来创建由双色调、三色调、四色调混合色组成的图像。转换为该模式后，最多可向灰度图像中添加4种颜色。

4. 索引模式

系统预先定义的含有256种典型颜色的颜色对照表。当图像转换为索引模式时，系统会将图像的所有色彩映射到颜色对照表中，图像的所有颜色都将在它的图像文件中定义。当打开该文件时，构成该图像的具体颜色的索引值将被装载，并根据颜色对照表找到最终的颜色值。

5. RGB模式

RGB模式也称真彩色模式，由红、绿、蓝3种颜色按不同的比例混合而成，是Photoshop默认的模式，也是最为常见的一种色彩模式。

> 知识提示　　在Photoshop中，除非有特殊要求使用某种颜色模式，一般都采用RGB模式。该模式下可使用Photoshop中的所有工具和命令，其他模式则会受到相应的限制。

6. CMYK模式

CMYK模式是印刷时使用的一种颜色模式，由Cyan（青）、Magenta（洋红）、Yellow（黄）、Black（黑）4种色彩组成。为了避免和RGB三基色中的Blue（蓝色）发生混淆，其中的黑色用K来表示。若在RGB模式下制作的图像需要印刷，则必须转换为CMYK模式。

7. Lab模式

Lab模式是国际照明委员会发布的一种色彩模式，是用一个亮度分量和两个颜色分量来表示颜色的模式，由RGB三基色转换而来。其中L分量表示图像的亮度；a分量表示由绿色到红色的光谱变化；b分量表示由蓝色到黄色的光谱变化。

8. 多通道模式

多通道模式图像包含了多种灰阶通道。将图像转换为多通道模式后，系统将根据原图像产生相同数目的新通道，每个通道均由256级灰阶组成，常用于特殊打印。

1.2.4 图像文件格式

在Photoshop中，应根据需要选择合适的文件格式保存作品。Photoshop支持多种文件格式，下面对一些常见的图像文件格式进行介绍。

◎ PSD（*.PSD）格式：它是Photoshop自身生成的文件格式，是唯一支持全部图像色彩模式的格式。以PSD格式保存的图像可以包含图层、通道、色彩模式等信息。

◎ TIFF（*.TIF；*.TIFF）格式：TIFF格式是一种无损压缩格式，主要是在应用程序之间或计算机平台之间进行图像的数据交换。TIFF格式是应用非常广泛的一种图像格式，可以在多种图像软件之间进行转换。TIFF格式支持带Alpha通道的CMYK、RGB和灰度文件，支持不带Alpha通道的Lab、索引颜色、位图文件。另外，它还支持LZW压缩文件。

◎ BMP（*.BMP）格式：BMP格式用于选择当前图层的混合模式，使其与下面的图像进行混合。

◎ JPEG（*.JPG）格式：JPEG是一种有损压缩格式，支持真彩色，生成的文件较小，也是常用的图像格式之一。JPEG格式支持CMYK、RGB、灰度的颜色模式，但不支持Alpha通道。在生成JPEG格式的文件时，可以通过设置压缩的类型来产生不同大小和质量的文件。压缩越大，图像文件就越小，图像质量也就越差。

◎ GIF（*.GIF）格式：GIF格式的文件是8位图像文件，最多为256色，不支持Alpha通道。GIF格式的文件较小，常用于网络传输，在网页上见到的图片大多是GIF和JPEG格式。GIF格式与JPEG格式相比，其优势在于GIF格式的文件可以保存动画效果。

◎ PNG（*.PNG）格式：PNG格式主要用于替代GIF格式文件。GIF格式文件虽小，但在图像的颜色和质量上较差。PNG格式可以使用无损压缩方式压缩文件，支持24位图像，产生的透明背景没有锯齿边缘，产生图像效果的质量较好。

◎ EPS（*.EPS）格式：EPS格式可以包含矢量和位图图形，最大的优点在于可以在排版软件中以低分辨率预览，而在打印时以高分辨率输出。不支持Alpha通道，支持裁切路径，支持Photoshop所有的颜色模式，可用于存储矢量图和位图。在存储位图时，还可以将图像的白色像素设置为透明的效果。它在位图模式下，也支持透明。

◎ PCX（*.PCX）格式：PCX格式与BMP格式一样支持1~24bits的图像，并可以用RLE的压缩方式保存文件。PCX格式还可以支持RGB、索引颜色、灰度、位图的颜色模式，但不支持Alpha通道。

◎ PDF（*.PDF）格式：PDF格式是Adobe公司开发的用于Windows、MAC OS、UNIX、DOS系统的一种电子出版软件的文档格式，适用于不同平台。该格式文件可以存储多页信息，其中包含图形和文件的查找和导航功能。因此，使用该软件不需要排版或图像软件即可获得图文混排的版面。由于该格式支持超文本链接，因此是在网络下载时经常使用的文件格式。

◎ PICT（*.PCT）格式：PICT格式被广泛用于Macintosh图形和页面排版程序中，是作为应用程序间传递文件的中间格式。该格式支持带一个Alpha通道的RGB文件和不带Alpha通道的索引文件、灰度、位图文件。PICT格式对于压缩具有大面积单色的图像非常有效。

1.3　图像文件的基本操作

在进行平面设计前，除了要掌握平面设计相关的知识和图像处理的基本概念外，还要掌握图像文件的基本操作，这是进行平面设计的基础，本节将详细介绍Photoshop CS6的工作界面以及新建、打开、保存和关闭图像文件的方法。

1.3.1　认识Photoshop CS6的工作界面

选择【开始】→【所有程序】→【Adobe Photoshop CS6】菜单命令，启动Photoshop CS6后，将打开如图1-55所示的工作界面，该界面主要由标题栏、菜单栏、工具箱、工具属性栏、面板组、图像窗口、状态栏组成。下面对Photoshop CS6工作界面的各组成部分进行详细讲解。

图1-55　工作界面

1. 菜单栏

菜单栏由"文件""编辑""图像""图层""选择""滤镜""分析""3D""视图""窗口""帮助"11个菜单项组成，每个菜单项下内置了多个菜单命令。菜单命令右侧标有 ▶ 符号，表示该菜单命令下还包含子菜单；若某些命令呈灰色显示，表示没有激活，或当前不可用。

2. 标题栏

标题栏左侧显示了Photoshop CS6的程序图标 Ps 和一些基本模式设置，如缩放级别、排列文档、屏幕模式等，右侧的3个按钮分别用于对图像窗口进行最小化（ ▬ ）、最大化/还原（ ▢ ）、关闭（ ✕ ）操作。

3. 工具箱

工具箱中集合了在图像处理过程中使用最频繁的工具，可以用于绘制图像、修饰图像、创建选区、调整图像显示比例等。工具箱的默认位置在工作界面左侧，将光标移动到工具箱顶部，可将其拖动到界面中的其他位置。

单击工具箱顶部的折叠按钮 ⏩，可以将工具箱中的工具以双列方式排列。单击工具箱中对应的图标按钮，即可选择该工具。工具按钮右下角有黑色小三角形，表示该工具位于一个工具组中，其下还包含隐藏的工具。在该工具按钮上按住鼠标左键不放或单击鼠标右键，即可显示该工具组中隐藏的工具。

4. 工具属性栏

工具属性栏可对当前所选工具进行参数设置，默认位于菜单栏的下方。当用户选择工具箱中的某个工具时，工具属性栏将变成相应工具的属性设置。

5. 面板组

Photoshop CS6中的面板默认显示在工作界面的右侧，是工作界面中非常重要的一个组成部分，用于进行选择颜色、编辑图层、新建通道、编辑路径、撤销编辑等操作。

选择【窗口】→【工作区】→【基本功能（默认）】菜单命令，将打开如图1-56所示的面板组合。单击面板右上方的灰色箭头 ◀◀，面板将以面板名称的缩略图方式进行显示，如图1-57所示。再次单击灰色箭头 ⏩，可以展开该面板组。当需要显示某个单独的面板时，单击该面板名称即可，如图1-58所示。

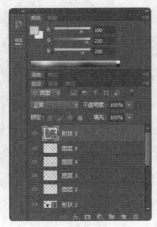
图1-56　面板组

图1-57　面板组缩略图

图1-58　显示面板

操作技巧

将鼠标指针移动到面板组的顶部标题栏处，按住鼠标左键不放，将其拖曳到窗口中间释放，可移动面板组的位置。选择"窗口"菜单命令，在打开的子菜单中选择相应的菜单命令，还可以设置面板组中显示的对象。另外，在面板组的选项卡上按住鼠标左键不放并拖曳，可将当前面板拖离该组。

6. 图像窗口

图像窗口是对图像进行浏览和编辑操作的主要场所，所有的图像处理操作都是在图像窗口中进行的。图像窗口的上方是标题栏，标题栏中可以显示当前文件的名称、格式、显示比例、色彩模式、所属通道、图层状态。如果该文件未进行存储，则标题栏中以"未命名"加上连续的数字作为文件的名称。图像的各种编辑都是在图像窗口中进行的。另外，在Photoshop CS6中，当打开多个图像文件时，可用选项卡的方式排列显示，以便切换查看和使用。

7. 状态栏

状态栏位于图像窗口的底部，最左端显示当前图像窗口的显示比例，在其中输入数值并按【Enter】键可改变图像的显示比例，中间将显示当前图像文件的大小。

知识提示　Photoshop CS6的工作界面默认为深色背景，可以更加凸显图像，使用户专注于图像设计。按【Alt+F2】组合键，可以将工作界面的亮度调亮（从黑色到深灰）；按【Alt+F1】组合键，可以将工作界面亮度调暗。

1.3.2　新建图像文件

在Photoshop中制作文件，首先需要新建一个空白文件。选择【文件】→【新建】菜单命令或按【Ctrl+N】组合键，打开如图1-59所示的"新建"对话框，其中各个选项含义如下。

◎　"名称"文本框：用于设置新建文件的名称，其中默认文件名为"未标题-1"。

◎　"预设"下拉列表框：用于设置新建文件
　　的规格，在其中可选择Photoshop CS6
　　自带的几种图像规格。

◎　"大小"下拉列表框：用于辅助"预设"
　　后的图像规格，设置出更规范的图像
　　尺寸。

◎　"宽度"/"高度"文本框：用于设置新
　　建文件的宽度和高度，在右侧的下拉列
　　表框中可以设置度量单位。

◎　"分辨率"文本框：用于设置新建图
　　像的分辨率，分辨率越高，图像品质
　　越好。

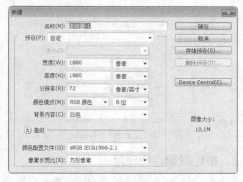

图1-59　"新建"对话框

◎　"颜色模式"下拉列表框：用于选择新建图像文件的色彩模式，在右侧的下拉列表框中还可以选择是8位图像还是16位图像。

◎　"背景内容"下拉列表框：用于设置新建图像的背景颜色，系统默认为白色，也可设置为背景色和透明色。

◎　"高级"按钮⊗：单击该按钮，在"新建"对话框底部会显示"颜色配置文件"和"像素长宽比"两个下拉列表框。

1.3.3　打开图像文件

在Photoshop中编辑一个图像，如拍摄的照片或素材等，需要先将其打开。文件的打开方法主要有以下几种。

1. 使用"打开"命令打开

选择【文件】→【打开】菜单命令，或按【Ctrl+O】组合键，打开"打开"对话框，如图1–60所示。在"查找范围"下拉列表框中选择文件存储位置，在中间的列表框中选择需要打开的文件，单击 打开(O) 按钮即可。

2. 使用"打开为"命令打开

若Photoshop无法识别文件的格式，则不能使用"打开"命令打开文件。此时可选择【文件】→【打开为】菜单命令，打开"打开为"对话框，如图1–61所示。在其中选择需要打开的文件，并为其指定打开的格式，然后单击 打开(O) 按钮。

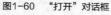

图1-60 "打开"对话框

图1-61 "打开为"对话框

3. 拖动图像启动程序

在没有启动Photoshop的情况下，将一个图像文件直接拖动到Photoshop应用程序的图标上，可直接启动程序并打开图像。

4. 打开最近使用过的文件

选择【文件】→【最近打开文件】菜单命令，在打开的子菜单中可选择最近打开的文件。选择其中的一个文件，即可将其打开。若要清除该目录，可选择菜单底部的"清除最近的文件列表"命令。

1.3.4 保存和关闭图像文件

图像制作完成后需要保存，同时对于暂时不需要操作的图像文件可将其关闭。

1. 保存图像文件

新建文件或对文件进行编辑后，必须保存文件。选择【文件】→【存储】菜单命令，打开"存储为"对话框。在"保存在"下拉列表框中选择存储文件的位置，在"文件名"文本框中输入存储文件的名称，在"格式"下拉列表框中选择存储文件的格式，然后单击 保存(S) 按钮，即可保存图像，如图1–62所示。

知识提示

　　若对保存后的图片再次进行了编辑，可按【Ctrl+S】组合键直接保存，该保存将覆盖原来保存的文件。若需要将处理后的图片以其他名称保存在其他位置，可选择【文件】→【存储为】菜单命令，在打开的对话框中设置保存参数。

图1-62　"存储为"对话框

2. 关闭图像文件

关闭图像文件的方法有以下几种。

◎ 单击图像窗口标题栏最右端的"关闭"
　按钮 ✕ 。

◎ 选择【文件】→【关闭】菜单命令或按
　【Ctrl+W】组合键。

◎ 按【Ctrl+F4】组合键。

1.3.5　课堂案例——转换图像色彩模式

本章对图像色彩模式进行了介绍，下面通过将"花草.jpg"素材图像由RGB颜色模式转换为双色模式介绍转换图像色彩模式的方法。

素材所在位置　　光盘:\素材文件\第1章\课堂案例\花草.jpg

效果所在位置　　光盘:\效果文件\第1章\花草.psd

视频演示　　　　光盘:\视频文件\第1章\转换图像色彩模式.swf

（1）选择【开始】→【所有程序】→【Adobe Photoshop CS6】菜单命令，启动Photoshop
　　　CS6。

（2）在Photoshop CS6的工作界面中选择【文件】→【打开】菜单命令，打开"打开"对话框。

（3）在"查找范围"下拉列表框中选择文件所在位置，在中间的列表框中选择要打开的文件，
　　　单击 打开(O) 按钮。

（4）打开素材文件，选择【图像】→【模式】→【灰度】菜单命令，如图1-63所示。

（5）打开如图1-64所示的"信息"对话框，单击 扔掉 按钮，图像将转换为灰度图。效果如
　　　图1-65所示。

图1-63　选择【灰度】命令

图1-64　"信息"对话框

图1-65　灰度图效果

（6）选择【图像】→【模式】→【双色调】菜单命令，打开"双色调选项"对话框，单击"油墨1"右侧的色块。

（7）打开"拾色器（墨水1颜色）"对话框，在其中设置红色（R:255,G:30,B:50），然后单击 **确定** 按钮，如图1-66所示。

（8）返回"双色调选项"对话框，在右侧的文本框中输入油墨的名称，这里输入"红色"，单击 **确定** 按钮，如图1-67所示。

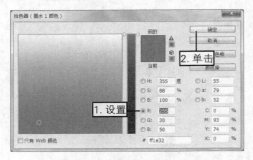

图1-66　"选择油墨颜色"对话框

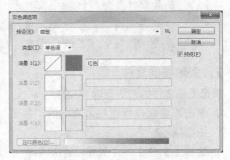

图1-67　输入油墨名称

（9）图像已添加单色，效果如图1-68所示。选择【文件】→【存储为】菜单命令，打开"存储为"对话框，在"保存在"下拉列表框中选择文件的保存位置，在"文件名"文本框中输入"花草.psd"，在"格式"下拉列表中选择PSD格式，单击 **保存(S)** 按钮保存图像，如图1-69所示。

图1-68　单色调效果

图1-69　保存图像

1.4　辅助工具的使用

Photoshop CS6中提供了多个辅助用户处理图像的工具，大多位于"视图"菜单中。这些工具对图像不起任何编辑作用，仅用于测量或定位图像，使图像处理更精确，并可提高工作效率。本节将具体介绍Photoshop CS6辅助工具的使用方法。

1.4.1　使用标尺

选择【视图】→【标尺】菜单命令或按【Ctrl+R】组合键，即可在打开的图像文件左侧边缘和顶部显示或隐藏标尺，如图1-70所示。通过标尺可查看图像的宽度和高度。

　　标尺x轴和y轴的0点坐标在左上角，在标尺左上角相交处按住鼠标左键不放，此时光标变为"＋"形状，拖动到图像中的任一位置，如图1-71所示。释放鼠标左键，此时拖动到的目标位置即为标尺的x轴和y轴的0点相交处。

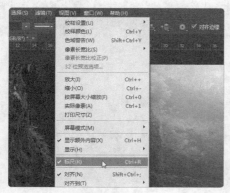

图1-70　标尺

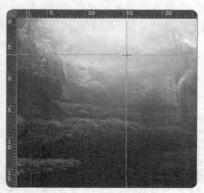

图1-71　标尺0点坐标

1.4.2　使用网格

　　在图像处理中，设置网格线可以让图像处理更精准。选择【视图】→【显示】→【网格】菜单命令或按【Ctrl+' 】组合键，可以在图像窗口中显示或隐藏网格线，如图1-72所示。

　　按【Ctrl+K】组合键打开"首选项"对话框，在左侧的列表中选择"参考线、网格和切片"选项，然后在右侧的"网格"栏中可设置网格的颜色、样式、网格线间距、子网格数量，如图1-73所示。

图1-72　显示网格

图1-73　设置首选项

1.4.3　使用参考线

　　参考线是浮动在图像上的直线，分为水平参考线和垂直参考线。它用于给设计者提供参考位置，不会被打印出来。

1．创建参考线

　　创建参考线的具体操作如下。

　　（1）选择【视图】→【新建参考线】菜单命令，打开"新建参考线"对话框，在"取向"栏中选择参考线类型，在"位置"文本框中输入参考线位置，如图1-74所示。

（2）单击 ▭确定▭ 按钮即可在相应位置处创建一条参考线，如图1-75所示。

知识提示　　通过标尺可以创建参考线，将光标置于窗口顶部或左侧的标尺处，按住鼠标左键不放并向图像区域拖动，这时光标呈 ‡ 或 ╫ 形状，同时会在右上角显示当前标尺的位置。释放鼠标后即可在释放鼠标处创建一条参考线，如图1-76所示。

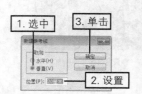

图1-74　"新建参考线"对话框　　　　图1-75　创建参考线　　　　　　图1-76　用标尺创建参考线

2. 创建智能参考线

启用智能参考线后，会在需要时自动出现。当使用移动工具移动对象时，可通过智能参考线对齐形状、切片和选区。创建智能参考线的方法是选择【视图】→【显示】→【智能参考线】菜单命令，即可启动智能参考线。如图1-77所示为移动对象时，智能参考线自动对齐到中心。

3. 智能对齐

对齐工具有助于精确地放置选区、裁剪选框、切片、形状、路径。选择【视图】→【对齐】菜单命令，使该命令处于勾选状态，然后在【视图】→【对齐到】菜单命令的子菜单中选择一个对齐项目，如图1-78所示。勾选状态表示启用了该项目。

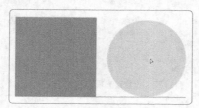

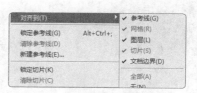

图1-77　使用智能参考线　　　　　　　　　图1-78　智能对齐

1.5　课堂练习

本课堂练习将分别赏析一个平面设计精美的案例和创建一个图像文件，以综合练习本章学习的知识点。读者应掌握平面设计的基础知识，了解图像处理的基本概念，掌握图像文件的基本操作和辅助工具的使用方法。

1.5.1　赏析"论道竹叶青"画册设计

1. 练习目标

本练习要求从平面构成、色彩构成以及设计理念方面来赏析著名设计大师陈幼坚为竹叶青设计的《论道99》画册，画册部分效果如图1-79所示。

图1-79　竹叶青画册效果

2. 操作思路

根据本练习的目标，要从平面构成、色彩构成和设计理念等方面来赏析该作品，可先对图像的色彩和明度等方面进行赏析，然后对整个画面构成进行赏析，最后对设计理念进行思考。

（1）通过观察，该画册从整个色相上来看，采用了黑色和土黄色作为主色调进行对比，体现出朴素的质感，黑色给人重量、高雅、高贵、神秘的感觉，而土黄色的明度相对较高，能够达到醒目的效果；文字的颜色采用两种色相，对比展现强烈，并采用了不同明度，可以更好地吸引人的注意力。

（2）画册的封面和封底以道德经中文字作为背景底纹，将"论道"这一理念体现出来。封面上的名称采用了平面构成中"点"的使用方法，通过一个点使整个封面重点放在该点上，即画册名称"论道竹叶青"。

（3）画册内容文字普遍采用竖版排版，主要是结合竖版画册大致走势，让观者能够跟随设计者的思路观看画册。如第2张，观者首先观看的是左上角的点，然后随着点中茶叶竖着的走势观看到下面的相关文字介绍，接着观察右侧，习惯性地从左到右观察，但大字型"壹"字又将观者吸引到右侧，并从竖向的排版中阅读该文字，这一视觉走向主要体现了中国茶叶的古朴风味。

（4）整个画册页面只采用文字和色彩来表示，为了不乏单调，作者将画册相关位置的直线更改为曲线，不仅装饰了画面，并且将"道"的飘渺的感觉表现了出来。

行业知识　　在进行平面设计前，都必须对设计的内容和理念等进行思考，然后将抽象的理念使用合适的文字、图像、版式来表现，并对色彩进行合理搭配；有时还需要先进行草图的绘制，最后才使用图像处理软件进行设计。

1.5.2　新建"名片"文件

1. 练习目标

本练习要求新建一个名称为"名片"的图像文件，用于某公司在职员工名片设计，如图1-80所示。

| 效果所在位置 | 光盘:\效果文件\第1章\课堂练习\名片.psd |
| 视频演示 | 光盘:\视频文件\第1章\新建"名片"图像文件.swf |

图1-80　新建"名片"图像文件

2. 操作思路

根据本练习的目标要求，在创建图像文件时要注意名片的尺寸，常见的名片尺寸为90mm×54mm；因为要进行印刷，因此分辨率应设置为300像素，颜色模式为"CMYK模式"，并对出血进行设置，如图1-81所示。

① "新建" 对话框　　　　　　　　　　　　　② 创建出血参考线

图1-81　新建 "名片" 图像文件的操作思路

（1）启动Photoshop CS6后，选择【文件】→【新建】菜单命令或按【Ctrl+N】组合键打开 "新建" 对话框。在 "名称" 文本框中输入 "名片"，在 "宽度" 右侧的下拉列表中选择 "毫米"，在 "宽度" 文本框中输入 "93"，在 "高度" 文本框中输入 "57"，在 "分辨率" 文本框中输入300。

（2）在 "颜色模式" 下拉列表中选择 "CMYK颜色" 模式，单击 确定 按钮。

（3）选择【视图】→【新建参考线】菜单命令，打开 "新建参考线" 对话框。在其中输入0.3毫米，分别创建水平和垂直参考线，完成出血线的设置，最后保存图像文件。

1.6 拓展知识

　　Photoshop提供的绘制和修饰图像工具不仅仅是用来合成图像和使用鼠标绘制图像，还可用来进行手动绘制图像。

　　进入新世纪，数字化和电子化以惊人的速度冲击着社会的发展，同时以超前的科学理念和实践赢得了人们的喜爱，并在社会上迅速发展壮大。漫画界也不例外，很多漫画作者放下画笔开始选择创作效率更高的计算机作画。据统计，国内有65%的漫画作品来自于计算机绘画，动漫设计开始从全手工转向数码化。大家可以在很多地方看到用计算机设计或创作的卡通漫画。

　　目前用计算机绘制卡通漫画大致有两种方法。一种是先用传统工具手绘，然后用扫描仪扫描到足够的精度再在图像处理软件中进行上色和处理。另一种就是直接在计算机软件中用鼠标或数位板绘制。如果资金允许，建议使用数位板，便于绘制出完美的效果。

　　Photoshop 7.0及以上版本提供了丰富的画笔工具和艺术画笔工具，大大增强了手绘漫画方面的能力。在漫画绘制中，可能需要首先手绘然后扫描到计算机中上色，进行漫画的后期处理和加工。如果直接在计算机上绘制，那么最好是有数位板进行辅助，这样才能够运用绘图软件的各项功能和强大的笔刷来绘制各种丰富的作品。总之，提到的软件实际上都可以分为图像处理和绘图两大类，优秀的漫画绘制需要创作者有良好的艺术功底和修养，然后才能在计算机上充分发挥其功能，绘制出精美的作品。

1.7 课后习题

　　（1）打开光盘中提供的 "房地产海报.tif" 图片，对其进行简单赏析，如图1-82所示。

提示：可先从画面整体的平面构成上分析，然后从色彩方面赏析。

素材所在位置	光盘:\素材文件\第1章\课后习题1\房地产海报.tif
视频演示	光盘:\视频文件\第1章\赏析房地产海报.swf

图1-82　房地产广告赏析

（2）打开光盘中提供的"人物照片.jpg"文件，在Photoshop中练习将图像设置为不同的色彩模式，如图1-83所示。

素材所在位置	光盘:\素材文件\第1章\课后习题2\人物照片.jpg
效果所在位置	光盘:\效果文件\第1章\人物照片.jpg
视频演示	光盘:\视频文件\第1章\设计照片色彩模式.swf

图1-83　设计照片色彩模式

Chapter

2

第2章
图像编辑基本操作

本章将详细讲解在Photoshop CS6中图像编辑的基本操作，主要包括调整图像文件大小、查看图像、图像填充与描边，以及移动、变换、缩放和复制粘贴图像等编辑操作。读者通过本章的学习能够熟练掌握图像编辑的相关操作，并能熟练运用到实践中。

学习要点

- 调整图像
- 查看图像
- 填充图像颜色
- 编辑图像
- 撤销与重做

学习目标

- 掌握图像调整和查看的相关知识
- 掌握填充图像颜色的方法
- 熟练使用编辑图像的方法

2.1 调整图像

新建或是打开图像之后，需要对图像进行一些基本操作。本节将主要讲述图像大小、画布大小、视图方向的调整方法。

2.1.1 调整图像大小

图像大小由宽度、长度、分辨率来决定。在新建文件时，"新建"对话框右侧会显示当前新建后的文件大小。当图像文件创建完成后，如果需要改变其大小，可以选择【图像】→【图像大小】菜单命令，然后在图2-1所示的对话框中进行设置。

"图像大小"对话框中各选项含义如下。

图2-1 "图像大小"对话框

◎ "像素大小"/"文档大小"栏：通过在数值框中输入数值来改变图像大小。

◎ "分辨率"数值框：在数值框中重设分辨率来改变图像大小。

◎ "缩放样式"复选框：单击选中该复选框，可以保证图像中的各种样式（如图层样式等）按比例进行缩放。当选中"约束比例"复选框后，该选项才能被激活。

◎ "约束比例"复选框：选中该复选框，在"宽度"和"高度"数值框后面将出现"链接"标识 🔗 ，表示改变其中一项设置时，另一项也将按相同比例改变。

◎ "重定图像像素"复选框：单击选中该复选框可以改变像素的大小。

2.1.2 调整画布大小

使用"画布大小"命令可以精确地设置图像画布的尺寸大小。选择【图像】→【画布大小】菜单命令，打开"画布大小"对话框，在其中可以修改画布的"宽度"和"高度"参数，如图2-2所示。

"画布大小"对话框中各选项含义如下。

图2-2 "画布大小"对话框

◎ "当前大小"栏：显示当前图像画布的实际大小。

◎ "新建大小"栏：设置调整后图像的"宽度"和"高度"，默认为当前大小。如果设定的"宽度"和"高度"大于图像的尺寸，Photoshop则会在原图像的基础上增大画布面积；反之，则减小画布面积。

◎ "相对"复选框：若单击选中该复选框，则"新建大小"栏中的"宽度"和"高度"表示在原画布的基础上增大或是减小的尺寸（而非调整后的画布尺寸），正值表示增大尺寸，负值表示减小尺寸。

◎ "定位"选项：单击不同的方格，可指示当前图像在新画布上的位置。

2.1.3 旋转图像

旋转图像是指调整图像的显示方向，选择【图像】→【图像旋转】菜单命令，在打开的子菜单中选择相应命令即可完成，如图2-3所示，旋转后的图像可满足用户的特殊要求。

各调整命令的作用如下。

◎ 180度：选择该命令可将整个图像旋转180°。

◎ 90度（顺时针）：选择该命令可将整个图像顺时针旋转90°。

◎ 90度（逆时针）：选择该命令可将整个图像逆时针旋转90°。

◎ 任意角度：选择该命令，将打开如图2-4所示的"旋转画布"对话框。在"角度"文本框中输入将要旋转的角度，范围 在

图2-3   "图像旋转"菜单

–359.99° ～ 359.99° 之间，旋转的方向由"顺时针"和"逆时针"单选项决定。

◎ 水平翻转画布：选择该选项可水平翻转画布，如图2-5所示。

图2-4   "旋转画布"对话框

图2-5   水平翻转

◎ 垂直翻转画布：选择该选项可垂直翻转画布，如图2-6所示。

图2-6   垂直翻转

操作技巧

当在文档中置入较大的文件或使用移动工具将一个较大的图像拖入到较小的文档中时，由于画布较小，无法完全显示出图像，此时可选择【图像】→【显示全部】菜单命令，Photoshop CS6将自动扩大画布，显示全部图像。

2.2 查看图像

掌握了图像的基本操作后，本小节将学习如何查看图像，包括使用缩放工具查看、使用抓手工具

查看、使用导航器查看等，下面进行详细讲解。

2.2.1 使用缩放工具查看

使用缩放工具查看图像主要有以下两种方法。

◎ 在工具箱中单击缩放工具，将鼠标指针移至图像上需要放大的位置单击即可放大图像，按住【Alt】键可缩小图像。

◎ 在工具箱中单击缩放工具，然后在需要放大的图像位置按住鼠标左键不放，向下拖动可放大图像，向上拖动可缩小图像。

图2-7所示为缩放工具属性栏。

图2-7 缩放工具属性栏

缩放工具属性栏中的各功能介绍如下。

◎ 放大按钮和缩小按钮：按下按钮后，单击图像可放大；按下按钮后，单击图像可缩小。

◎ 调整窗口大小以满屏显示：在缩放窗口的同时自动调整窗口的大小，使图像满屏显示。

◎ 缩放所有窗口：同时缩放所有打开的文档窗口。

◎ 细微缩放：单击选中该复选框，在图像中单击鼠标左键并向左或向右拖动，可以平滑的方式快速放大或缩小窗口。

◎ 实际像素 按钮：单击该按钮，图像以实际像素（即100%）的比例显示。

◎ 适合屏幕 按钮：单击该按钮，可以在窗口中最大化显示完整的图像，双击抓手工具也可达到同样的效果。

◎ 填充屏幕 按钮：单击该按钮，可在整个屏幕范围内最大化显示完整的图像。

◎ 打印尺寸 按钮：单击该按钮，图像会以实际的打印尺寸显示。

2.2.2 使用抓手工具查看

使用工具箱中的抓手工具可以在图像窗口中移动图像。使用缩放工具放大图像，然后选择抓手工具，在放大的图像窗口中按住鼠标左键拖动，可以随意查看图像，如图2-8所示。

图2-8 使用抓手工具查看图像

2.2.3 使用导航器查看

选择【窗口】→【导航器】菜单命令，打开"导航器"面板，其中显示当前图像的预览效果。按住鼠标左键左右拖动"导航器"面板底部滑动条上的滑块，可实现图像显示的缩小与放大。在滑动条左侧的数值框中输入数值，可直接按设置比例来显示图像。

　　当图像放大超过100%时，"导航器"面板中的图像预览区中便会显示一个红色的矩形线框，表示当前视图中只能观察到矩形线框内的图像。将鼠标指针移动到预览区，此时鼠标指针变成 $\square$ 状，按住左键并拖动，可调整图像的显示区域，如图2-9所示。

图2-9　显示预览

2.3　填充图像颜色

　　在Photoshop中，一般都是通过前景色和背景色、拾色器、颜色面板、吸管工具等方法来设置并填充图像颜色，下面进行具体讲解。

2.3.1　设置前景色和背景色

　　系统默认背景色为白色。在图像处理过程中通常要对颜色进行处理，为了更快速地设置前景色和背景色，工具箱中提供了用于颜色设置的前景色和背景色按钮，如图2-10所示。单击"切换前景色和背景色"按钮 $\square$ ，可以使前景色和背景色互换；单击"默认前景色和背景色"按钮 $\square$ ，能将前景色和背景色恢复为默认的黑色和白色。

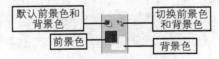

图2-10　设置前景色和背景色

操作技巧　　按【Alt + Delete】组合键可以填充前景色，按【Ctrl + Delete】组合键可以填充背景色，按【D】键可以恢复到默认的前景色和背景色。

2.3.2　使用"颜色"面板设置颜色

　　选择【窗口】→【颜色】菜单命令或按【F6】键即可打开"颜色"面板。单击需要设置前景或背景色的图标，拖动右边的R、G、B 3个滑块或直接在右侧的数值框中分别输入颜色值，即可设置需要的前景/背景色颜色，如图2-11所示。

图2-11　"颜色"面板

2.3.3　使用"拾色器"对话框设置颜色

通过"拾色器"对话框可以根据用户的需要随意设置前景色和背景色。

单击工具箱下方的前景色或背景色图标，即可打开图2-12所示的"拾色器"对话框。在对话框中拖动颜色带上的三角滑块，可以改变左侧主颜色框中的颜色范围；单击颜色区域，即可选择需要的颜色，吸取后的颜色值将显示在右侧对应的选项中，设置完成后单击 确定 按钮即可。

图2-12　"拾色器"对话框

2.3.4　使用吸管工具设置颜色

吸管工具 可以在图像中吸取样本颜色，并将吸取的颜色显示在前景色/背景色的色标中。选择工具箱中的吸管工具，在图像中单击，单击处的图像颜色将成为前景色，如图2-13所示。

在图像中移动鼠标指针的同时，"信息"面板中也将显示出指针相对应的像素点的色彩信息，选择【窗口】→【信息】菜单命令，可打开"信息"面板，如图2-14所示。

图2-13　吸取颜色

图2-14　前景色色标与"信息"面板

知识提示

"信息"面板可以用于显示当前位置的色彩信息，并根据当前使用的工具显示其他信息。使用工具箱中的任何一种工具在图像上移动指针，"信息"面板都会显示当前指针下的色彩信息。

2.3.5　使用油漆桶填充颜色

油漆桶工具 主要用于在图像中填充前景色或图案。如果创建了选区，填充区域为该选区；如果没有创建选区，则填充与鼠标单击处颜色相近的封闭区域。右键单击渐变工具 可选择油漆桶工具 ，其工具属性栏如图2-15所示，其中各选项的含义如下。

图2-15　油漆桶工具属性栏

◎ 前景 按钮：该按钮用于设置填充内容，包括"前景色"和"图案"两种方式。

◎ "模式"下拉列表框：用于设置填充内容的混合模式，将"模式"设置为"颜色"，则填充颜色时不会破坏图像原有的阴影和细节。

◎ "不透明度"：用于设置填充内容的不透明度。

◎ "容差"数值框：用于定义填充像素的颜色像素程度。低容差将填充颜色值范围内与鼠标单击点位置的像素非常相似的像素；高容差则填充更大范围内的像素。

◎ "消除锯齿"复选框：单击选中该复选框，将平滑填充选区的边缘。

◎ "连续的"复选框：单击选中该复选框，将填充鼠标单击处相邻的像素，撤销选中可填充图像中所有相似的像素。

◎ "所有图层"复选框：选中该复选框将填充所有可见图层；撤销选中则填充当前图层。

在工具属性栏中选择"前景色"填充方式，设置前景色颜色后，将鼠标指针移到要填充的区域中，当鼠标指针变成 形状时，单击鼠标左键填充前景色，如图2-16所示。在工具属性栏中选择"图案"填充方式，并设置图案，将鼠标指针移到要填充的区域中，当鼠标指针变成 形状时，单击鼠标左键填充该图案，如图2-17所示。

图2-16　填充颜色　　　　　　　　图2-17　填充图案

2.3.6　使用渐变工具填充颜色

渐变工具 可以创建出各种渐变填充效果。单击工具箱中的渐变工具 ，其工具属性栏如图2-18所示，其中各选项的含义如下。

图2-18　渐变工具属性栏

◎ 下拉列表框：单击其右侧的 按钮将打开图2-19所示的"渐变工具"面板，其中提供了16种颜色渐变模式供用户选择。单击面板右侧的 按钮，在打开的下拉列表中可以选择其他渐变集。

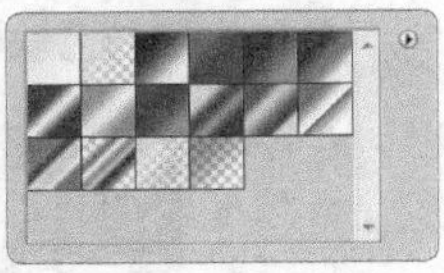

◎ "线性渐变"按钮 ：从起点（单击位置）到终点以直线方向进行颜色的渐变。

◎ "径向渐变"按钮 ：从起点到终点以圆形图案沿半径方向进行颜色的渐变。

图2-19　"渐变工具"面板

◎ "角度渐变"按钮 ：围绕起点按顺时针方向进行颜色的渐变。

◎ "对称渐变"按钮 ：在起点两侧进行对称性颜色的渐变。

◎ "菱形渐变"按钮 ：从起点向外侧以菱形方式进行颜色的渐变。

◎ "模式"下拉列表框：用于设置填充的渐变颜色与它下面的图像如何进行混合，各选项与图层的混合模式作用相同。

◎ "不透明度"数值框：用于设置渐变颜色的透明程度。

◎ "反向"复选框：单击选中该复选框后产生的渐变颜色将与设置的渐变顺序相反。

◎ **"仿色"复选框**：单击选中该复选框可使用递色法来表现中间色调，使渐变更加平滑。

◎ **"透明区域"复选框**：单击选中该复选框可在下拉列表框中设置透明的颜色段。

设置好渐变颜色和渐变模式等参数后，将鼠标指针移到图像窗口中适当的位置处单击并拖动到另一位置后释放鼠标即可进行渐变填充，拖动的方向和长短不同，得到的渐变效果也不相同。

2.3.7 课堂案例1——填充圣诞树图像

本案例将填充圣诞树图像，主要使用图2-20所示的"圣诞树.psd"图像，通过设置前景色并利用"颜色"面板为图像填充颜色。制作该案例的关键是在"拾色器"对话框中设置颜色，然后对图像进行颜色填充。

素材所在位置	光盘:\素材文件\第2章\课堂案例1\圣诞树.psd
效果所在位置	光盘:\效果文件\第2章\课堂案例1\圣诞树.psd
视频演示	光盘:\视频文件\第2章\填充圣诞树图像.swf

（1）启动Photoshop CS6，选择【文件】→【打开】菜单命令。

（2）打开"打开"对话框，在"查找范围"下拉列表框中选择素材文件所在位置，在中间的列表框中双击文件，如图2-21所示。

（3）打开"圣诞树"文件，在"图层"面板中选择"背景"图层，如图2-22所示。

图2-20 "圣诞树"图像　　　　　　图2-21 "打开"对话框　　　　　　图2-22 选择"背景"图层

（4）在工具箱中选择渐变工具，在工具属性栏中单击渐变条，如图2-23所示。

（5）打开"渐变编辑器"窗口，单击渐变条左侧下方的色标，然后在"色标"栏中单击"颜色"右侧的色块，如图2-24所示。

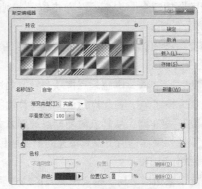

图2-23 选择工具　　　　　　　　图2-24 选择要更改颜色的色标

（6）打开"拾色器（色标颜色）"对话框，设置颜色为"R:198，G:2，B:7"，单击 确定 按钮，如图2-25所示。

（7）返回"渐变编辑器"窗口，单击选择渐变条右侧下方的色标，然后在"色标"栏中单击"颜色"右侧的色块，如图2-26所示。

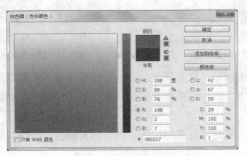

图2-25 设置颜色

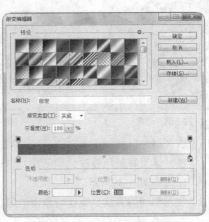

图2-26 选择需更改颜色的色标

（8）打开"拾色器（色标颜色）"对话框，设置颜色为"R:254，G:112，B:112"，单击 确定 按钮，如图2-27所示。

（9）返回"渐变编辑器"窗口，单击 确定 按钮，返回Photoshop CS6的工作界面。

（10）在渐变工具的工具属性栏中单击"径向渐变"按钮，在图像的左上角按住鼠标左键不放并向右下拖动到图形的中间位置，然后释放鼠标，如图2-28所示。

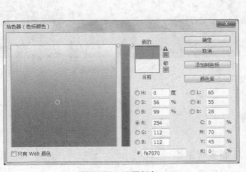

图2-27 设置颜色

图2-28 绘制渐变

（11）此时为背景图层添加了由浅红到深红的径向渐变填充，效果如图2-29所示。

（12）在工具箱中的渐变工具上单击鼠标右键，打开渐变工具组，在其中选择油漆桶工具。

（13）在工具箱中单击"前景色"色块，打开"拾色器（前景色）"对话框，在其中设置颜色为"R:72,G:248,B:194"，单击 确定 按钮，如图2-30所示。

（14）在"图层"面板中选择"圣诞树"图层。将鼠标指针移到图像上，此时指针变为 形状，在圣诞树主躯干上单击，将黑色填充为设置的颜色，如图2-31所示。

图2-29　填充结果

图2-30　设置颜色

图2-31　填充圣诞树躯干

（15）在"颜色"面板中拖动R、G、B对应的滑块，或直接在后面的数值框中输入数值以更改颜色，这里将颜色更改为"R:70,G:179,B:163"，然后在图像的黑色躯干上继续单击填充颜色，如图2-32所示。

（16）使用相同的方法，更改前景色的颜色，填充"圣诞树"图层中的图案颜色，最终效果如图2-33所示。

图2-32　填充颜色

图2-33　最终效果

2.4　编辑图像

在Photoshop中，可对图像进行相关的编辑操作，从而实现图像处理的功能。本节将详细讲解编辑图像的相关操作，主要包括移动图像、变换图像、复制和粘贴图像、填充和描边图像等。

2.4.1　移动图像

使用移动工具可移动图层或选区中的图像，还可将其他文档中的图像移动到当前文档中，下面对常见的3种移动图像的操作进行介绍。

◎　移动同一文档的图像：在"图层"面板中选择需要移动的图像所在的图层，选择移动工具在图像编辑区单击鼠标左键并拖动，即可移动该图层中的图像到不同位置，如图2-34所示。

图2-34　移动同一文档的图像

◎ 移动选区内的图像：若创建了选区，则将鼠标指针移至选区内，按住鼠标左键不放并拖动，即可移动所选对象的位置，按住【Alt】键拖动可移动并复制图像，如图2-35所示。

图2-35　移动选区内的图像

◎ 移动到不同文档中：打开两个或多个文档，选择移动工具，将鼠标指针移至一个图像中，按住鼠标左键不放并将其拖动到另一个文档的标题栏，切换到该文档，继续拖动到该文档的画面中再释放鼠标，即可将图像拖入该文档，如图2-36所示。

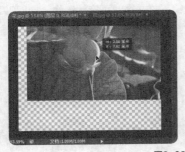

图2-36　移动到不同文档中

知识提示　　打开图片时，默认为背景图层，背景图层的图像不能进行移动、变换等操作，此时双击背景图层，在打开的对话框中单击 确定 按钮，将背景图层转换为普通图层后才能进行操作。

2.4.2　变换图像

变换图像是编辑处理图像经常使用的操作，它可以使图像产生缩放、旋转与斜切、扭曲与透视等效果。

1. 定界框、中心点和控制点

选择【编辑】→【变换】菜单命令，在打开的子菜单中可选择多种变换命令。变换命令可对图层、路径、矢量形状、所选的图像进行变换。

选择该命令时，在图像周围会出现一个定界框，如图2-37所示。定界框中央有一个中心点，用于确定在变换时，图像以它为中心进行变换，拖动它可调整其位置；四周有8个控制点，可进行变换操作。

图2-37 定界框

2. 缩放图像

选择【编辑】→【变换】→【缩放】菜单命令，出现定界框，将鼠标指针移至定界框右下角的控制点上，当其变成 形状时，按住鼠标左键不放并拖动，可放大或缩小图像。图2-38所示为缩小图像，在缩小图像的同时按住【Shift】键，可保持图像的宽高比不变。

图2-38 缩小图像

3. 旋转与斜切图像

选择【编辑】→【变换】菜单命令，然后在打开的子菜单中选择"旋转"命令，将鼠标指针移至定界框的任意一角上，当其变为 形状时，按住鼠标左键不放并拖动可旋转图像，如图2-39所示。

选择【编辑】→【变换】菜单命令，然后在打开的子菜单中选择"斜切"命令，将鼠标指针移至定界框的任意一角上，当其变为 形状时，按住鼠标左键不放并拖动可斜切图像，如图2-40所示。

图2-39 旋转图像   图2-40 斜切图像

4. 扭曲与透视图像

在编辑图像时，为了增添景深效果，常需要对图像进行扭曲或透视操作。选择【编辑】→【变换】菜单命令，在打开的子菜单中选择"扭曲"命令，将鼠标指针移至定界框的任意一角上，当其变为 形状时，按住鼠标左键不放并拖动可扭曲图像，如图2-41所示。

选择【编辑】→【变换】菜单命令，在打开的子菜单中选择"透视"命令，将鼠标指针移至定界框的任意一角上，当鼠标指针变为 形状时，按住鼠标左键不放并拖动可透视图像，如图2-42所示。

图2-41 扭曲图像

图2-42 透视图像

5. 变形与翻转图像

选择【编辑】→【变换】→【变形】菜单命令，图像中将出现由9个调整方格组成的调整区域，在其中按住鼠标左键不放并拖动可变形图像。按住每个端点中的控制杆进行拖动，还可以调整图像变形效果，如图2-43所示。

在图像编辑过程中，如需要使用对称的图像，可以对图像进行翻转。选择【编辑】→【变换】菜单命令，在打开的子菜单中选择"水平翻转"或"垂直翻转"命令即可翻转图像，如图2-44所示。

图2-43 变形图像

图2-44 水平翻转图像

2.4.3 图像自由变换

图像自由变换功能能够独立完成"变换"子菜单的各项命令操作，选择【编辑】→【自由变换】菜单命令或按【Ctrl+T】组合键，进入自由变换状态，在图像上显示出8个控制点。将鼠标指针移到控制点上并拖动鼠标可调整图像大小，进行缩放，如图2-45所示；将鼠标指针移到图像四周外部，当鼠标指针变为 形状时，可旋转图像；按住【Ctrl】键，拖动控制点可进行扭曲翻转操作，如图2-46所示；按【Ctrl+Shift】组合键，拖动控制点可进行斜切操作，如图2-47所示。

图2-45 缩放图像

图2-46 扭曲图像

图2-47 斜切图像

2.4.4　内容识别缩放

Photoshop CS6对内容识别功能进行了强化，使用该功能进行图像缩放可获得特殊效果，使操作更方便和简单。选择【编辑】→【内容识别比例】命令，拖动图像的控制点可对图像进行缩放，图2-48所示为普通缩放方式内容（包括树木和长颈鹿），将跟随背景进行缩放；而使用内容识别功能进行缩放，背景图像大小改变，背景中的内容图像大小保持不变。

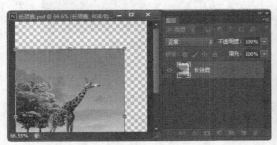

图2-48　移动选区内的图像

2.4.5　复制与粘贴图像

复制与粘贴图像指为整个图像或选择的部分区域创建副本，然后将图像粘贴到另一处或另一个图像文件中。使用选区工具选择要复制的图形，然后选择【编辑】→【拷贝】菜单命令，切换到要粘贴图像的文档或图层中，选择【编辑】→【粘贴】菜单命令即可。图2-49所示为复制图像区域，图2-50所示为粘贴图像效果。

图2-49　复制图像　　　　　　　　　　　　　图2-50　粘贴图像

2.4.6　填充和描边图像

在Photoshop CS6中除了可使用渐变工具和油漆桶工具填充图形外，还可使用菜单命令对图像进行填充和描边。但在此之前，需要在图像中绘制选区，再进行操作。

1.　填充图像

"填充"命令主要用于对选择区域或整个图层填充颜色或图案。选择【编辑】→【填充】菜单命令，打开"填充"对话框，其中参数介绍如下。

◎　"使用"下拉列表框：在该下拉列表框中有多种填充内容，包括前景色、背景色、图案、历史记录、黑色、50%灰色、白色等，如图2-51所示。

◎ "混合"栏：在该栏中可以分别设置填充模式及不透明
度等。

图2-51　"填充"对话框

在图像中创建一个选区，如图2-52所示。选择【编辑】→【填
充】菜单命令，打开"填充"对话框，在"使用"下拉列表框中选
择"图案"选项，在"自定图案"下拉列表框中选择一种喜欢的图
案，如图2-53所示。单击 确定 按钮得到图像的填充效果，如
图2-54所示。

图2-52　创建选区

图2-53　选择图案

图2-54　填充效果

2. 描边图像

"描边"命令用于在用户选择的区域边界线上，用前景色进行笔画式的描边。在图像中创建一个
选区，如图2-55所示。选择【编辑】→【描边】菜单命令，打开"描边"对话框，设置描边宽度、颜
色、位置，如图2-56所示。单击 确定 按钮得到图像的描边效果，如图2-57所示。

图2-55　创建选区

图2-56　设置描边参数

图2-57　描边效果

"描边"对话框中各选项含义如下。

◎ "宽度"数值框：可以设置描边的宽度，以像素点为单位。

◎ "颜色"栏：用于设置描边颜色。

◎ "位置"栏：设置描边的位置是选区内（居内）、选区上（居中）、选区外（居外）。

2.4.7　课堂案例2——制作水杯贴图

在Photoshop中可以实现图像处理功能，制作出简单的设计作品。本课堂案例将使用光盘中提供
的素材制作水杯的贴图，对比效果如图2-58所示。

素材所在位置　　光盘:\素材文件\第2章\课堂案例2\水杯.jpg、图贴.jpg

效果所在位置　　光盘:\效果文件\第2章\水杯贴图.psd

视频演示　　　　光盘:\视频文件\第2章\制作水杯贴图.swf

图2-58　制作水杯贴图

（1）打开"水杯.jpg""图贴.jpg"素材文件，在"图贴.jpg"文件窗口右侧的"图层"面板中双击"背景"图层，打开"新建图层"对话框，单击 确定 按钮，将背景图层更改为普通图层，如图2-59所示。

（2）在鼠标指针放置到图贴图像上，按住鼠标左键不放拖动图像到"水杯.jpg"图像文件中，如图2-60所示。

图2-59　将背景图层更改为普通图层　　　　　　图2-60　移动图像

（3）按【Ctrl+T】组合键进入自由变换状态，将鼠标指针移到右上角的控制点上，按住【Shift】键的同时拖动鼠标将图贴图像缩小，如图2-61所示。

（4）将鼠标指针移到图贴图像的中间位置，按住鼠标左键不放，拖动鼠标将图像移到杯面位置，如图2-62所示。

（5）在图贴图像上单击鼠标右键，在弹出的快捷菜单中选择"变形"命令，如图2-63所示。

图2-61　调整图像大小　　　　图2-62　移动图像位置　　　　图2-63　选择"变形"命令

（6）进入变形状态，此时图像上显示出变形网格，如图2-64所示。

（7）将鼠标指针移到图片上方两侧的控制点上，拖动鼠标，将控制点的位置移动到水杯上边缘对齐，如图2-65所示。使用相同方法，将鼠标指针移到图片下方两侧的控制点上，拖动鼠标，将控制点的位置移动到水杯下边缘对齐，如图2-66所示。

图2-64　变形网格　　　　　　　图2-65　移动至上边缘　　　　　　图2-66　移动至下边缘

（8）将鼠标指针移到上方左侧的黑色实心的锚点上，拖动鼠标调整锚点的位置，改变图像左侧上边缘的幅度，如图2-67所示。

（9）将鼠标指针移到上方右侧的黑色实心的锚点上，拖动鼠标调整锚点的位置，改变图像右侧上边缘的幅度，如图2-68所示。然后使用相同方法，调整其他锚点的位置，改变图片的幅度，使其与水杯杯面相贴，如图2-69所示。

图2-67　调整左侧边缘幅度　　　　图2-68　调整右侧边缘幅度　　　　图2-69　调整其他锚点位置

（10）最后对贴图图像进行细致调整，达到最佳效果后，按【Enter】键确认编辑，并保存图像。

2.5　撤销与重做

在Photoshop中若对已编辑的效果不满意，还可撤销操作之后重新编辑图像。若要重复某些操作，可通过相应的快捷键实现。下面进行具体讲解。

2.5.1　使用撤销与重做命令

在编辑和处理图像的过程中，发现操作失误后应立即撤销错误操作，然后重新操作。在Photoshop中主要可以通过下面几种方法来撤销误操作。

◎ 按【Ctrl+Z】组合键可以撤销最近一次进行的操作，再次按【Ctrl+Z】组合键又可以重做被撤销的操作；每按一次【Alt+Ctrl+Z】组合键可以向前撤销一步操作，每按一次【Shift+Ctrl+Z】组合键可以向后重做一步操作。

◎ 选择【编辑】→【还原】菜单命令可以撤销最近一次进行的操作，撤销后选择【编辑】→【重做】菜单命令又可恢复该步操作，每选择一次【编辑】→【后退一步】菜单命令可以向前撤销一步操作，每选择一次【编辑】→【前进一步】菜单命令可以向后重做一步操作。

2.5.2 "历史记录"画笔面板

在Photoshop中还可以使用"历史记录"面板恢复图像在某个阶段操作时的效果。选择【窗口】→【历史记录】菜单命令，或在右侧的面板组中单击"历史记录"按钮 ▣ 即可打开历史记录面板，如图2-70所示。

◎ "设置历史记录画笔的源"按钮 ✍：使用历史记录画笔时，该图标所在的位置将作为历史画笔的源图像。

◎ 快照缩览图：被记录为快照的图像状态。

◎ 当前状态：将图像恢复到该命令的编辑状态。

◎ "从当前状态创建新文档"按钮 ▣：基于当前操作步骤中图像的状态创建一个新的文件。

◎ "创建新快照"按钮 ▣：基于当前的图像状态创建快照。

图2-70　"历史记录"画笔面板

◎ "删除当前状态"按钮 ▣：选择一个操作步骤，单击该按钮可将该步骤及后面的操作删除。

2.5.3 使用快照还原图像

"历史记录"面板默认只能保存20步操作，若执行了许多相同的操作，在还原时将没有办法区分哪一步操作是需要还原的状态，此时可通过以下方法解决该问题。

1. 增加历史记录保存数量

选择【编辑】→【首选项】→【性能】菜单命令，打开"首选项"对话框，在"历史记录状态"的数值框中可设置历史记录的保存数量，如图2-71所示。但将历史记录保存数量设置得越多，占用的内存也越多。

图2-71　设置历史记录保存数量

2. 设置快照

在将图像编辑到一定程度时，单击"历史记录"面板中的"创建新快照"按钮 ▣，可将当前画面的状态保存为一个快照。此后，无论再进行多少步操作，都可以通过单击快照将图像恢复为快照所记录的效果。

　　在"历史记录"面板中选择一个快照，再单击该面板下方的"删除当前状态"按钮 ，即可删除
快照。

　　　　　　　　快照不会与文档一起保存，关闭文档后，会自动删除所有快照。

操作技巧

　　在"历史记录"面板中单击要创建为快照状态的记录，然后按住【Alt】键不放单击"创建新快
照"按钮，可打开如图2-72所示的"新建快照"对话框。在其中也可新建快照，并可设置快照选项，
对话框中各选项的含义介绍如下。

　　◎ "名称"文本框：可输入快照的名称。

　　◎ "自"下拉列表框：可选择创建快照的内容。选
　　　　择"全文档"选项，可将图像当前状态下的所
　　　　有图层创建为快照；选择"合并的图层"选
　　　　项，创建的快照会合并当前状态下图像中的所
　　　　有图层；选择"当前图层"选项，只创建当前
　　　　状态下所选图层的快照。

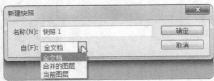

图2-72　"新建快照"对话框

3. 创建非线性历史记录

　　当选择"历史记录"面板中的一个操作步骤来还原图像时，该步骤以下的步骤将全部变暗，如果
此时进行其他操作，则该步骤后面的记录会被新操作代替。而非线性历史记录允许在更改选择的状态
时保留后面的操作。

　　在"历史记录"面板中单击 按钮，在打开的列表中选择"历史记录选项"选项，打开"历史记
录选项"对话框，单击选中"允许非线性历史记录"复选框，即可将历史记录设置为非线性的状态，
如图2-73所示。

　　该对话框中各参数介绍如下。

　　◎ "自动创建第一幅快照"复选框：打开图像文
　　　　件时，图像的初始状态自动创建为快照。

　　◎ "存储时自动创建新快照"复选框：在编辑的
　　　　过程中，每保存一次文件，都会自动创建一个
　　　　快照。

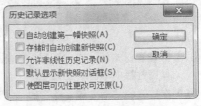

图2-73　"历史记录选项"对话框

　　◎ "默认显示新快照对话框"复选框：强制Photoshop提示操作者输入快照名称，使用面板上的
　　　　按钮时也是如此。

　　◎ "使图层可见性更改可还原"复选框：保存对图层可见性的更改。

2.6　课堂练习

　　本课堂练习将分别制作填充文字图像和海报图像，综合练习本章学习的知识点，将图像的基本编
辑操作应用到实践中。

2.6.1 填充文字

1. 练习目标

本练习需要填充文字，制作过程涉及渐变工具和填充工具的使用，填充文字的各个部分，为文字设置五彩缤纷的颜色，其效果如图2-74所示。

素材所在位置	光盘:\素材文件\第2章\课堂练习1\文字.psd
效果所在位置	光盘:\效果文件\第2章\文字.psd
视频演示	光盘:\视频文件\第2章\填充文字.swf

图2-74　填充文字的操作思路效果

2. 操作思路

根据上面的操作要求，本练习的操作思路如图2-75所示。

①渐变填充背景　　　　　　　　　　②使用油漆桶工具填充

图2-75　制作填充文字的操作思路

（1）打开素材文件，在"图层"面板中选择"背景"图层，在工具箱中选择渐变工具■，在工具属性栏中单击渐变条。

（2）在打开的"渐变编辑器"的"预设"栏中选择"前景色到背景色渐变"选项，单击渐变条左下角的色标，在"色标"栏中单击"颜色"右侧的色块。

（3）打开"拾色器（色标颜色）"窗口，在其中设置颜色为"R:0,G:102,B:210"，返回工作界面，在图像编辑窗口中按住鼠标左键不放并拖动，绘制渐变。

（4）在工具箱的渐变工具上单击鼠标右键，在弹出的工具组中选择油漆桶工具，单击工具箱中的前景色色块。

（5）打开"拾色器（前景色）"窗口，在其中设置前景色为"R:30,G:175,B:65"，在"图层"面板中选择"文字"图层，将鼠标指针移至P文字上，单击鼠标左键，填充颜色。更改前景色的颜色，然后填充其他的文字。

（6）选择【文件】→【存储为】菜单命令，在"保存在"下拉列表框中选择文件保存位置，默认文件名和格式类型，保存文件。

2.6.2　制作海报

1. 练习目标

本练习将根据提供的素材文件制作一张海报，主要涉及移动图像、复制与粘贴图像、调整图像大小等操作，效果如图2-76所示。

素材所在位置	光盘:\素材文件\第2章\课堂练习2\剪影素材.psd、背景.jpg
效果所在位置	光盘:\效果文件\第2章\海报.psd
视频演示	光盘:\视频文件\第2章\制作海报.swf

图2-76　海报效果

2. 操作思路

在掌握了基本的移动复制知识后便可开始进行设计与制作。根据上面的练习目标，本练习的操作思路如图2-77所示。

　　① 选择图像　　　　　　　② 将图像移动到背景图像中　　　　　　　③ 描边

图2-77　制作海报的操作思路

（1）打开"背景.jpg"和"剪影素材.psd"素材文件，在"剪影素材"文档的"图层"面板中选择"图层1"图层，此时在图像窗口中的内容被选中。

（2）将"图层1"的图像移动到"背景"图像中，并移动到下方。

（3）在"剪影素材"文档的"图层"面板中，按住【Ctrl】键并单击"图层2"图层的缩略图，选择该图层中的内容，然后选择【编辑】→【拷贝】菜单命令，将图像内容粘贴到"背景"图层中。

（4）使用变换命令调整图像的大小和位置。使用相同方法，将"剪影素材"文档"图层3"和"图层4"图层中的图像复制到"背景"图层中，并调整大小和位置。

（5）在"背景"文件的"图层"面板中，按住【Ctrl】键不放，单击"图层1"缩略图，创建选区，按【Delete】键删除选区内的图形。

（6）选择【编辑】→【描边】菜单命令，设置描边"宽度"为"3px"，颜色为"R:0,G:255, B:0"。

（7）按【Ctrl+D】组合键取消选区。使用同样的方法分别设置"图层2""图层3""图层4"图层中内容的选区，删除内容并进行描边。

2.7 拓展知识

设计师在设计作品时，还可以为作品添加版权信息，以保护自己的著作权。在Photoshop CS6中设置版权信息的方法是：打开一个图像文件，选择【文件】→【文件简介】菜单命令，打开以该文件名为名称的对话框，在其中单击不同的选项卡可查看相应选项卡下的数据信息。若要添加版权信息，则需要在"说明"选项卡的"版权状态"下拉列表中选择"版权所有"选项，然后在"版权公告"文本框中输入版权的相关信息，还可在"版权信息URL"文本框中输入相关的链接。

2.8 课后习题

（1）结合本课所学知识，对素材图像进行基本的编辑操作，完成后的参考效果如图2-78所示。

提示：打开素材文件中的"蜡烛.jpg"图像，改变图像的大小，并调整图像的方向。

素材所在位置	光盘:\素材文件\第2章\课后习题1\卡通人物.jpg
效果所在位置	光盘:\效果文件\第2章\卡通人物.psd
视频演示	光盘:\视频文件\第2章\改变图片大小和方向.swf

（2）通过所学知识制作一个如图2-79所示的倒影作品展示效果。

提示：在Photoshop中新建文档，打开素材文件，并拖动到新建的文档中，调整大小、位置、透视，然后复制图片制作倒影（可利用橡皮擦工具擦除图片制作倒影），最后保存文档并退出Photoshop CS6。

素材所在位置	光盘:\素材文件\第2章\课后习题2\图片1.jpg、图片2.jpg、图片3.jpg
效果所在位置	光盘:\效果文件\第2章\立体图片.psd
视频演示	光盘:\视频文件\第2章\制作图片立体效果.swf

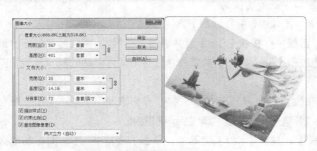

图2-78 改变图像大小和方向

图2-79 倒影效果

Chapter

3

第3章
创建和编辑选区

本章将详细讲解Photoshop CS6创建和编辑选区的功能，对各个选区工具的使用方法和使用技巧进行细致的说明。读者通过本章的学习，能够熟练掌握选区的操作技巧，并可运用Photoshop CS6的选区功能制作具有不同效果的图像。

学习要点

- 选框工具
- 套索工具
- 魔棒工具
- 快速选择工具
- 调整选区
- 编辑选区
- 储存和载入选区

学习目标

- 掌握选区工具的使用方法
- 掌握调整选区大小和位置的方法
- 掌握编辑选区的操作技巧

3.1 创建选区

使用Photoshop进行图像处理时，为了方便操作可先创建选区，这样图像编辑操作将只对选区内的图像区域有效。在Photoshop中创建选区，一般是通过各种选区工具来完成。本节将详细讲解使用选框工具、套索工具、魔棒工具、快速选择工具以及色彩范围菜单命令等创建选区的方法。

3.1.1 使用选框工具创建选区

选框工具包括矩形选框工具、椭圆选框工具、单行选框工具、单列选框工具，主要用于创建规则的选区。将鼠标指针移动到工具箱的"矩形选框工具"按钮█上，单击鼠标右键或按住鼠标左键不放，此时将打开该工具组，在其中选择需要的工具即可。

1. 使用矩形选框工具创建

矩形选框工具适用于创建外形为矩形的规则选区，矩形的长和宽可以根据需要任意控制，还可以创建具有固定长宽比的矩形选区。选择矩形选框工具后，在相应的属性栏中可以进行羽化和样式等设置。如图3-1所示为矩形选框工具的工具属性栏。

图3-1 矩形选框工具属性栏

矩形选框工具属性栏中各选项含义介绍如下。

◎ █████按钮组：用于控制选区的创建方式，选择不同的按钮将进入不同的创建类型。█表示创建新选区，█表示添加到选区，█表示从选区减去，█表示与选区交叉。

◎ "羽化"数值框：通过改变该数值框的数值，可以在选区的边缘产生一个渐变过渡，达到柔化选区边缘的目地。取值范围为0~255像素，数值越大，像素化的过渡边界越宽，柔化效果也越明显。

◎ "样式"下拉列表框：在其下拉列表中可以设置矩形选框的比例或尺寸，有"正常""固定比例""固定大小"3个选项。选择"固定比例"或"固定大小"时可激活"宽度"和"高度"文本框。

◎ "消除锯齿"复选框：用于消除选区锯齿边缘。使用矩形选框工具时，不能使用该选项。

◎ 调整边缘... 按钮：单击该按钮，可以在打开的"调整边缘"对话框中定义边缘的半径、对比度、羽化程度等，可以对选区进行收缩和扩充操作；另外还有多种显示模式可选，如快速蒙版模式和蒙版模式等。

要绘制矩形选区应先在工具属性栏中设置好参数并将鼠标指针移动到图像窗口中，按住鼠标左键拖动即可创建矩形形状的选区，如图3-2所示。在创建矩形选区时按住【Shift】键，则可创建正方形形状的选区，如图3-3所示。

图3-2 创建矩形形状的选区

图3-3 创建正方形形状的选区

2. 使用椭圆选框工具创建

选择工具箱中的椭圆选框工具 ，然后在图像上按住鼠标左键不放并拖动，即可绘制椭圆形选区，如图3-4所示。按住【Shift】键进行拖动，同样可以绘制出圆形选区，如图3-5所示。

图3-4　绘制椭圆形选区　　　　　　　图3-5　绘制圆形选区

3. 单行、单列选框工具

在Photoshop CS6中绘制表格式的多条平行线或制作网格线时，用户使用单行选框工具 和单列选框工具 会十分方便。在工具箱中选择单行选框工具 或单列选框工具 ，在图像上单击，即可创建出一个宽度为1像素的行或列选区，如图3-6和图3-7所示。

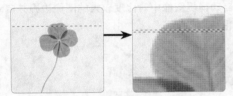

图3-6　绘制单行选区　　　　　　　　图3-7　绘制单列选区

3.1.2　使用套索工具创建选区

套索工具用于创建不规则选区。套索工具组主要包括套索工具 、多边形套索工具 、磁性套索工具 。套索工具组的打开方法与矩形选框工具组的打开方法一致。

1. 使用套索工具创建

套索工具 主要用于创建不规则选区。在工具箱中选择套索工具 ，在图像中按住鼠标左键沿图像拖动鼠标，完成选择后释放鼠标，绘制的套索线将自动闭合成为选区，如图3-8所示。

图3-8　使用套索工具绘制选区

2. 使用多边形套索工具创建

多边形套索工具主要用于边界多为直线或边界曲折的复杂图形的选择。在工具箱中选择多边形套索工具 ，先在图像中单击创建选区的起始点，然后沿着需要选取的图像区域移动鼠标指针，并在多边形的转折点处单击，作为多边形的一个顶点。当回到起始点时，鼠标指针右下角将出现一个小圆圈，即生成最终的选区，如图3-9所示。

图3-9　使用多边形套索工具绘制选区

知识提示　在使用多边形套索工具选择图像时，按【Shift】键，可按水平、垂直、45°方向选取线段；按【Delete】键，可删除最近选择的一条线段。

3. 使用磁性套索工具创建

磁性套索工具适用于在图像中沿图像颜色反差较大的区域创建选区。在工具箱中选择磁性套索工具后，按住鼠标左键不放，沿图像的轮廓拖动，系统自动捕捉图像中对比度较大的图像边界并自动产生节点，当到达起始点时单击即可完成选区的创建，如图3-10所示。

图3-10　使用磁性套索工具绘制选区

知识提示　在使用磁性套索工具创建选区的过程中，可能会由于鼠标指针未移动恰当从而产生多余的节点，此时可按【Backspace】键或【Delete】键删除最近创建的磁性节点，然后从删除节点处继续绘制选区即可。

3.1.3　使用魔棒工具创建选区

魔棒工具用于选择图像中颜色相似的不规则区域。在工具箱中选择魔棒工具，然后在图像中的某点上单击，即可将该图像附近颜色相同或相似的区域选取出来。魔棒工具的工具属性栏如图3-11所示。

图3-11　魔棒工具属性栏

魔棒工具属性栏中各主要选项含义如下。

◎ "容差"数值框：用于控制选定颜色的范围，值越大，颜色区域越广。图3-12所示的分别是容差值为5和容差值为25时的效果。

◎ "连续"复选框：单击选中该复选框，则只选择与单击点相连的同色区域；撤销选中该复选框，整幅图像中符合要求的色域将全部被选中，如图3-13所示。

◎ "对所有图层取样"复选框：当单击选中该复选框并在任意一个图层上应用魔棒工具时，所有图层上与单击处颜色相似的地方都会被选中。

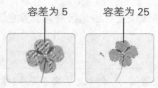

图3-12 不同容差值选择效果

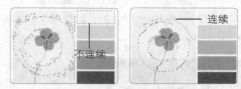

图3-13 选中连续复选框效果

3.1.4 使用快速选择工具创建选区

快速选择工具是魔棒工具的快捷版本，可以不用任何快捷键进行加选，在快速选择颜色差异大的图像会非常的直观和快捷。其属性栏中包含新选区、添加到选区、从选区减去这3种模式。使用时按住鼠标左键不放拖动选择区域，其操作如同绘画，如图3-14所示。

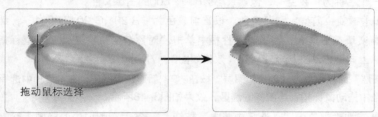

拖动鼠标选择

图3-14 快速获取选区

3.1.5 使用"色彩范围"菜单命令创建选区

"色彩范围"命令是从整幅图像中选取与指定颜色相似的像素，比魔棒工具选取的区域更广。选择【选择】→【色彩范围】菜单命令，打开"色彩范围"对话框，如图3-15所示，其中各主要选项含义如下。

◎ "选择"下拉列表框：用于选择颜色，也可通过图像的亮度选择图像中的高光、中间调、阴影部分。用户可用拾色器在图像中任意选择一种颜色，然后根据容差值来创建选区。

◎ "颜色容差"数值框：用于调整颜色容差值的大小。

◎ "选区预览"下拉列表框：用于设置预览框中的预览方式，包括"无""灰度""黑色杂边""白色杂边""快速蒙版"5种预览方式，用户可以根据需要自行选择。

图3-15 "色彩范围"对话框

◎ "选择范围"单选项：单击选中该单选项后，在预览区中将以灰度显示选择范围内的图像，白色表示被选择的区域，黑色表示未被选择的区域，灰色表示选择的区域为半透明。

◎ "图像"单选项：单击选中该单选项后，在预览区内将以原图像的方式显示图像的状态。

◎ "反相"复选框：单击选中该复选框后可实现预览图像窗口中选择区域与未选择区域之间的相互切换。

◎ 吸管工具 ：工具用于在预览图像窗口中单击选择颜色， 、 工具分别用于增加和减少选择的颜色范围。

3.1.6　课堂案例1——制作夜空图像

利用前面所学的知识制作"夜空"图像效果，本例主要是通过创建各种选区并填充颜色来完成，效果如图3-16所示。

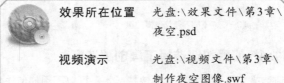

| 效果所在位置 | 光盘:\效果文件\第3章\夜空.psd |
| 视频演示 | 光盘:\视频文件\第3章\制作夜空图像.swf |

图3-16　"夜空"图像效果

（1）新建一个名称为"夜空"、像素大小为800×600的图像文件。

（2）按【D】键复位前景色和背景色。设置前景色为"R:201,G:201,B:201"，然后在工具箱中选择渐变填充工具 ▣，在工具属性栏中单击"对称渐变"按钮 ▤，将鼠标指针移动到图像中，从上向下拖动进行渐变填充，效果如图3-17所示。

（3）在"图层"面板中单击"创建新图层"按钮 ▣，新建一个图层，在工具箱中选择椭圆工具 ◯，在图像中拖动鼠标指针绘制椭圆选区，效果如图3-18所示。

（4）在工具属性栏中单击"从选区中减去"按钮 ▣，然后在图像中的椭圆上绘制选区，得到月亮选区，效果如图3-19所示。

图3-17　渐变填充图像　　　　　图3-18　绘制椭圆选区　　　　　图3-19　绘制月亮选区

（5）按【D】键复位前景色和背景色。按【Ctrl+Delete】组合键以背景色填充选区，按【Ctrl+D】组合键取消选区，如图3-20所示。

（6）在"图层"面板中单击"创建新图层"按钮 ▣，新建一个图层，在工具箱中选择多边形套索工具 ▽，在图像中单击绘制一个四角星形，如图3-21所示。

（7）使用相同的方法将其填充为白色，如图3-22所示。然后按照步骤（6）的方法绘制多个不同大小的四角星形选区，并填充为白色，完成后保存图像文件。

图3-20　填充背景色　　　　　图3-21　绘制"星星"图像　　　　　图3-22　填充颜色效果

3.2　调整与编辑选区

绘制的选区不能满足对图片处理的要求时，可进行调整与编辑，如全选和反选选区、移动、修改、变换、存储和载入选区等操作。

3.2.1　调整选区的基本方法

在图像中创建图像选区范围后，用户可以对选区进行调整，如调整其选择范围和位置。下面介绍调整选区的基本方法。

1.　全选和反选选区

在一幅图像中，若需要选择整幅图像的选区，可以选择【选择】→【全部】菜单命令或按【Ctrl＋A】组合键，如图3-23所示。选择【选择】→【反选】菜单命令或按【Shift+Ctrl+I】组合键，可以选择图像中除选区以外的区域，反选常用于对图像中复杂的区域进行间接选择或删除多余背景时，如图3-24所示。

图3-23　全选　　　　　　　　　　　图3-24　选区反选

2.　移动选区

在图像中创建选区后，选择选框工具，然后将鼠标指针移动到选区内，按住鼠标左键不放并拖动，即可移动选区的位置，如图3-25所示。使用→、←、↑、↓方向键可以进行微移。

图3-25　移动选区

3.　变换选区修改范围

使用矩形或椭圆选框工具往往不能一次性准确的框选住需要的范围，此时可使用"变换选区"命令对选区实施自由变形，该命令不会影响选区中的图像。绘制好选区后，选择【选择】→【变换选区】菜单命令，选区的边框上将出现8个控制点。

鼠标指针放在选区内时，将变为▶形状，按住鼠标左键不放并拖动可移动选区，如图3-26所示。

将鼠标指针移到控制点上，按住鼠标左键不放并拖曳控制点可以改变选区的尺寸大小，如图3-27所示。完成后按【Enter】键确定操作，按【Esc】键可以取消操作，取消后选区恢复到调整前的状态。

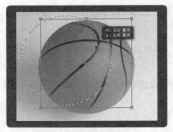

图3-26　调整选区位置

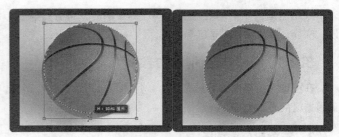

图3-27　修改选区大小

选区应用完毕后应及时取消选区，否则之后的操作将只对选区内的图像有效，选择【选择】→【取消选择】菜单命令或按【Ctrl+D】组合键均可取消选区。

操作技巧

3.2.2　编辑选区

在图像中创建选区范围后，除了可对选区进行基本调整外，用户还可以编辑选区，通过编辑操作得到所需效果，然后应用到实际案例中。下面介绍编辑选区的相关知识。

1.　修改边界

选择【选择】→【修改】→【边界】菜单命令，打开"边界选区"对话框，如图3-28所示。在"宽度"数值框中输入数值，单击 确定 按钮即可在原选区边缘的基础上向内和向外进行扩展。图3-29所示为选择边界前的选区，图3-30所示为将"宽度"设置为2，在边界的基础上向内和向外分别扩展2像素，并只选择边界的选区。

图3-28　"边界选区"对话框

图3-29　选择边界前的选区

图3-30　选择边界后的选区

2.　平滑选区

选择【选择】→【修改】→【平滑】菜单命令，打开图3-31所示的"平滑选区"对话框。在"取样半径"数值框中输入数值，可使原选区范围变得连续而平滑。

3.　扩展与收缩选区

选择【选择】→【修改】→【扩展】菜单命令，打开"扩展选区"对话框。在"扩展量"数值框中输入数值，单击 确定 按钮可将选区扩大；选择【选择】→【修改】→【收缩】菜单命令，打开"收缩选区"对话框。在"收缩量"数值框中输入数值，单击 确定 按钮可将选区缩小，扩展与收缩选区的效果如图3-32与图3-33所示。

图3-31　"平滑选区"对话框

图3-32　扩展选区

图3-33　收缩选区

4．羽化选区

羽化是图像处理中常用到的一种效果。羽化效果可以在选区和背景之间创建一条模糊的过渡边缘，使选区产生"晕开"的效果。选择【选择】→【修改】→【羽化】菜单命令，或按【Shift＋F6】组合键打开"羽化选区"对话框，如图3-34所示。单击 确定 按钮即可完成选区的羽化，羽化半径值越大，得到的选区边缘越平滑。如图3-35所示为羽化"15"像素后抠取图像的效果，如图3-36所示为羽化"40"像素后抠取图像的效果。

图3-34　"羽化选区"对话框

图3-35　羽化15像素

图3-36　羽化40像素

3.2.3　存储和载入选区

创建好的选区可进行存储操作，在下次需用时直接将其载入需要的地方可创建相同的选区。

1．存储选区

选择【选择】→【存储选区】菜单命令或在选区上单击鼠标右键，在弹出的快捷菜单中选择"存储选区"命令，打开"存储选区"对话框，如图3-37所示。

"存储选区"对话框中各参数含义如下。

◎ "文档"下拉列表框：用于选择在当前文档创建新的Alpha通道，并将选区存储为新的Alpha通道。

◎ "通道"下拉列表框：用于设置保存选区的通道，在其下拉列表中显示了所有的Alpha通道和"新建"选项。

◎ "操作"栏：用于选择通道的处理方式，包括"新建通道""添加到通道""从通道中减去""与通道交叉"4个选项。

2．载入选区

选择【选择】→【载入选区】菜单命令，打开如图3-38所示的"载入选区"对话框。在"通道"下拉列表中选择存储选区时输入的通道名称，单击 确定 按钮即可载入该选区。

图3-37　"存储选区"对话框　　　　　　　　图3-38　"载入选区"对话框

3.2.4　课堂案例2——合成风景艺术照

将光盘中提供的"小孩.jpg"和"鼠标.jpg"图像合成为一个新图像。合成图像时首先要创建选区，然后对选区进行编辑，完成图像的合成操作，效果如图3-39所示。

图 3-39　合成风景艺术照效果

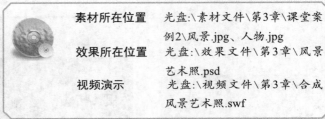

素材所在位置	光盘:\素材文件\第3章\课堂案例2\风景.jpg、人物.jpg
效果所在位置	光盘:\效果文件\第3章\风景艺术照.psd
视频演示	光盘:\视频文件\第3章\合成风景艺术照.swf

（1）打开"风景.jpg"和"人物.jpg"素材文件，在工具箱中选择快速选择工具，在属性栏中将像素大小设置为"4"，然后将鼠标指针移到人物帽子图像边缘，向下拖动鼠标选择选区区域，如图3-40所示。

（2）完成快速选择后，按住【Alt】键，在选择的区域内拖动鼠标擦除多余的选择区域，完成后的效果如图3-41所示。

（3）选择【选择】→【修改】→【扩展】菜单命令，打开"扩展选区"对话框，在其中的"扩展量"数值框中输入"2"，单击 确定 按钮，如图3-42所示。

图3-40　快速选择选区　　　　图3-41　调整选区范围　　　　　　图3-42　扩展选区

（4）在工具箱中选择移动工具，然后将选区拖动到"风景"图像中，如图3-43所示。

（5）通过观察发现，"小孩"图像在"风景"图像上偏大，按【Ctrl+T】组合键或选择【编辑】→

【变换】→【缩进】菜单命令，进入自由变换状态，将鼠标指针移动到"小孩"图像四周的控制点上，按住【Shift】键的同时利用鼠标左键拖动以调整图像大小，如图3-44所示。

（6）将鼠标指针移到图像内部，拖动鼠标移动图像位置，如图3-45所示，完成操作后保存文件。

图3-43　移动图像

图3-44　调整图像大小

图3-45　调整图像位置

3.3 课堂练习

本课堂练习将分别制作店铺横幅广告效果和店铺背景底纹效果，综合练习本章学习的知识点，巩固创建与编辑选区的具体操作。

3.3.1　制作店铺横幅广告

1．练习目标

本练习要求为闹钟店制作一个横幅广告。该店铺主要销售各类挂钟、座钟，要求画面干净整洁，店铺整体装修偏向文艺清爽风格。本练习主要涉及选择选区、编辑选区等知识，参考效果如图3-46所示。

图3-46　横幅广告

素材所在位置　光盘:\素材文件\第3章\课堂练习1\房间.psd、背景.jpg
效果所在位置　光盘:\效果文件\第3章\店铺横幅广告.psd
视频演示　　　光盘:\视频文件\第3章\制作店铺横幅广告.swf

2．操作思路

在掌握了一定的选区操作知识后，读者便可开始本练习的设计与制作。根据上面的练习目标，本练习的操作思路如图3-47所示。

① 通过选抠出需要的图像部分

② 添加阴影效果

图3-47   制作店铺横幅广告的操作思路

行业知识

制作网店横幅广告时需要注意横幅广告的尺寸和分辨率，现在常见的网店横幅广告是满屏，尺寸一般为1920像素×600像素。另外，一定要选择高精度的素材，否则会因图像的可编辑程度低而降低整体效果。

（1）新建一个像素为1920像素×600的图像文件，填充为黑色，打开"房间.psd"图像文件，在其中利用多边形套索工具和磁性套索工具等创建相关图像选区，选择床、桌子、闹钟图像。

（2）将选择的图像复制到新建的图像文件中，通过自由变换调整其大小到合适位置。打开"背景.jpg"图像，将其移动到图像文件中，然后新建一个图层，将其移动到背景图像上方，在闹钟位置创建一个矩形选区，自由变换选区，然后羽化选区，并填充为灰色。

（3）使用相同的方法为床和桌子图像创建选区，使其呈现靠墙的阴影效果。

（4）新建一个图层，设置前景色为白色，使用渐变工具，设置前景色的透明参数，然后在右上角进行渐变色填充，制作光照效果。完成后将"房间.psd"图像文件中的文字图层复制到图像中，并调整到合适位置即可。

3.3.2   绘制店铺背景

1. 练习目标

本练习主要目标为制作背景图案。根据装修风格要求，在设计背景图案时需要注意，网页美工会根据图案来平铺页面，背景图案不宜过于花哨，颜色选择上需要使用比较清新的颜色，且种类不能过多。背景图案可以只制作一部分，参考效果如图3-48所示。

图3-48   店铺背景

效果所在位置   光盘:\效果文件\第3章\店铺背景.psd
视频演示   光盘:\视频文件\第3章\制作店铺背景.swf

2. 操作思路

了解和掌握了选框工具与各种调整选区的操作后，读者便可开始本练习的设计与制作。根据上面的练习目标，本练习的操作思路如图3-49所示。

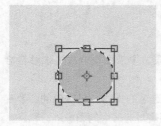

① 创建并填充选区

② 变换选区

③ 制作其他花朵

图3-49　绘制店铺背景的操作思路

（1）新建"店铺背景"图像文件，将其填充为"R:237,G:232,B:212"，然后使用椭圆选框工具
　　　绘制圆形选区，并填充为"R:217,G:207,B:180"。

（2）按【Ctrl+J】组合键复制图层，然后按【Ctrl+T】组合键进入自由变换状态，在工具属性栏
　　　中设置变换角度为50度，确认变换。

（3）多次按【Ctrl+Shift+Alt+T】组合键变换选区制作第一朵花朵，然后将该花朵图像载入选区并
　　　变换大小，填充不同颜色得到多个花朵，完成后保存即可。

3.4　拓 展 知 识

1. 选区与图层及路径之间的关系

◎ **选区**：使用选框工具在图像中根据几何形状或像素颜色来进行选择并生成的区域为选区，用于
指定操作对象。

◎ **图层**：图层可以用于保存选区中的图像，即将现有的选区在图层中填充颜色或将选区内的图像
复制到新的图层中，根据填充或新建的图层得到的图像轮廓与选区轮廓完全相同。

◎ **路径**：路径通常用来处理选区。路径上的节点可以随意编辑，一般将选区转换为路径，或直接
创建路径，进一步进行调整，然后转换成选区。

2. 选区与图层及路径之间的转换

在图像处理过程中，选区是很基本的操作，选区与图层及路径之间的转换对于图像处理而言，也
很重要。下面简单介绍它们之间的转换关系。

◎ **将选区创建为图层**：创建选区后单击鼠标右键，在弹出的快捷菜单中选择"新建图层"命
令，在打开的对话框中设置图层的相关信息；或按【Ctrl+C】组合键复制选区中的图像，然
后按【Ctrl+V】组合键粘贴选区图像；或按【Ctrl+J】组合键快速根据选区创建图层。

◎ **将图层转换为选区**：选择需要转换为选区的图层后，按住【Ctrl】键的同时，单击图层缩略图
即可为图层中的图像创建选区。

◎ **将选区转换为路径**：创建选区后单击鼠标右键，在弹出的快捷菜单中选择"建立工作路径"
命令；或在"图层"面板中单击"路径"选项卡，切换到"路径"面板，单击下方的"从选
区生成工作路径"按钮 ，即可将选区转换为路径，单击"将路径作为选区载入"按钮 又
可将路径转换为选区。

3.5 课后习题

（1）打开光盘中提供的素材文件，利用选区合成一幅画卷展开效果，要求图像合成边缘融合恰当、颜色过渡合理、画面整体美观。

提示：要求图像合成边缘能够融合，则需要在创建选区后进行羽化选区的操作，且提供的画卷素材未完全展开。因此，在梅花素材文件中创建花枝选区后，还需对选区中的图像进行变换。参考效果如图3-50所示。

素材所在位置　光盘:\素材文件\第3章\课后习题1\画卷.jpg、梅花.jpg
效果所在位置　光盘:\效果文件\第3章\画卷.psd
视频演示　　　光盘:\视频文件\第3章\制作"画卷"效果.swf

图3-50　"画卷"效果

（2）打开提供的素材文件，使用多边形套索工具和剪贴蒙版制作"窗外"效果。参考效果如图3-51所示。

提示：使用多边形套索工具选择选区，选择多个选区时按住【Shift】键。创建选区后按【Ctrl+J】组合键将选择的图像复制到新的图层，将"风景.jpg"图像拖动到"窗户"文档中，按【Alt+Ctrl+G】组合键创建剪贴蒙版。

素材所在位置　光盘:\素材文件\第3章\课后习题2\窗户.jpg、夕阳.jpg
效果所在位置　光盘:\效果文件\第3章\窗外.psd
视频演示　　　光盘:\视频文件\第3章\制作"窗外"效果.swf

 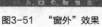 

图3-51　"窗外"效果

Chapter

4

第4章
绘制和修饰图像

Photoshop具有强大的绘图功能。通过画笔、铅笔工具，读者可以绘制出自然生动的图画，同时对于效果不佳的图像，可使用修复工具和图章工具修复润饰图像，使其更加美观；最后还可使用橡皮擦工具擦除图像或抠取图像。本章将详细讲解在Photoshop CS6中绘制和修饰图像的相关操作。读者通过本章的学习，能够熟练使用相关工具绘制图像，并能对图像进行修复、润饰和擦除处理等。

学习要点

- 使用画笔工具绘制图像
- 使用修复工具和图章工具修复图像
- 使用模糊工具和减淡工具润饰图像
- 使用橡皮擦工具擦除图像
- 使用内容识别功能擦除图像

学习目标

- 掌握绘图工具的使用方法
- 掌握修饰图像工具的操作方法
- 熟悉修饰图像工具的使用技巧

4.1　绘制图像

Photoshop的图像处理功能非常强大，多数设计师常采用在Photoshop中绘制图像的方式来完成一些特殊图像效果的制作。Photoshop的绘图工具比较多，本节主要讲解使用画笔工具、铅笔工具等绘图工具绘制图像的方法。

4.1.1　画笔工具

画笔工具是图像处理过程中使用最频繁的绘制工具，常用来绘制边缘较柔和的线条。它可以绘制出类似于毛笔画出的线条效果，也可绘制具有特殊形状的线条效果。Photoshop CS6使用了创新的侵蚀效果画笔笔尖，可以绘制出更加自然和逼真的笔触效果。

1.　认识画笔工具属性栏

在工具箱中选择画笔工具，即可在工具属性栏显示出相关画笔属性，如图4-1所示。通过画笔工具属性栏可设置画笔的各种属性参数。

图4-1　画笔工具属性栏

画笔工具属性栏中相关参数含义介绍如下。

◎ "画笔"下拉面板：用于设置画笔笔头的大小和使用样式，单击"画笔"右侧的 按钮，可打开"画笔设置"面板，如图4-2所示。在其中可以选择画笔样式，设置画笔的大小和硬度参数。

◎ "模式"下拉列表：用于设置画笔工具对当前图像中像素的作用形式，即当前使用的绘图颜色与原有底色之间进行混合的模式。

◎ "不透明度"下拉列表：用于设置画笔颜色的透明度，数值越大，不透明度越高。单击其右侧的 按钮，在弹出的滑动条上拖动滑块也可实现透明度的调整。

图4-2　"画笔设置"面板

◎ "流量"下拉列表：用于设置绘制时颜色的压力程度，值越大，画笔笔触越浓。

◎ "喷枪工具"按钮：单击该按钮可以启用喷枪工具进行绘图。

◎ "绘图板压力控制大小"按钮：单击该按钮，使用数位板绘画时，光感压力可覆盖"画笔"面板中的不透明度和大小设置。

2.　画笔预设

选择【窗口】→【画笔预设】菜单命令，打开"画笔预设"面板。在"画笔预设"面板中选择画笔样式后，可拖动"大小"滑块调整笔尖大小。单击"画笔预设"面板右上角的 按钮，可打开图4-3所示的画笔预设的面板菜单，在其中可以选择面板的显示方式，以及载入预设的画笔库等。

画笔预设的面板菜单中的部分选项含义介绍如下。

◎ 新建画笔预设：用于创建新的画笔预设。

◎ **重命名画笔**：选择一个画笔样式后，可选择该命令重命名画笔。

◎ **删除画笔**：选择一个画笔样式后，可选择该命令将其删除。

◎ **仅文本/小缩览图/大缩览图/小列表/大列表/描边缩览图**：可设置画笔在面板中的显示方式。选择"仅文本"选项，只显示画笔的名称；选择"小缩览图"和"大缩览图"选项，只显示画笔的缩览图和画笔大小；选择"小列表"和"大列表"选项，则以列表的形式显示画笔的名称和缩览图；选择"描边缩览图"选项，可显示画笔的缩览图和使用时的预览效果。图4-4和图4-5所示分别为在大列表和描边缩览图下的预览效果。

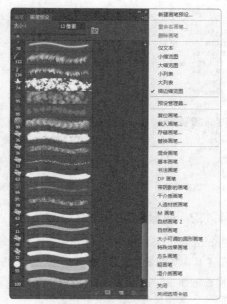

图4-3 画笔预设的面板菜单

◎ **预设管理器**：选择该命令可打开"预设管理器"窗口。

◎ **复位画笔**：当添加或删除画笔后，可选择该命令使面板恢复为显示默认的画笔状态。

◎ **载入画笔**：选择该命令可以打开"载入"对话框，选择一个外部的画笔库，单击 [载入(L)] 按钮，可将新画笔样式载入"画笔"下拉面板和"画笔预设"面板中，如图4-6所示。

图4-4 "大列表"显示

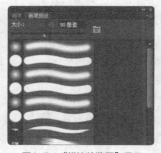

图4-5 "描边缩览图"显示

图4-6 添加的画笔样式

◎ **存储画笔**：可将面板中的画笔保存为一个画笔库。

◎ **替换画笔**：选择该命令可打开"载入"对话框，在其中可选择一个画笔库来替换面板中的画笔。

◎ **画笔库**：该菜单中所列的是Photoshop提供的各种预设的画笔库。选择任意一个画笔库，如图4-7所示，在打开的如图4-8所示的提示对话框中单击 [追加(A)] 按钮，可将画笔载入面板中，如图4-9所示。

知识提示　　　载入画笔时会打开提示对话框，若单击 [确定] 按钮，则添加的画笔样式将覆盖原来的画笔样式；若单击 [取消] 按钮，可取消载入操作。

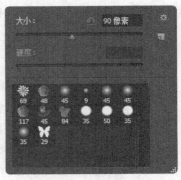

图4-7　选择画笔库　　　　图4-8　提示对话框　　　　　　图4-9　添加的画笔样式

4.1.2　设置与应用画笔样式

Photoshop CS6的画笔可根据需要在"画笔"面板中更改样式属性设置，以满足设计的需要。选择画笔工具，将前景色设置为所需的颜色，单击属性栏中的"切换画笔面板"按钮，即可打开"画笔"面板，如图4-10所示。其中部分参数含义介绍如下。

◎　画笔预设 按钮：单击该按钮，可将"画笔"面板切换到"画笔预设"面板。

◎　画笔设置：单击选中相关复选框，面板中会显示该选项的详细设置内容。

◎　锁定/未锁定：当显示为 锁定图标时，表示当前画笔的笔尖形状属性为锁定状态，再次单击该图标，该图标显示为 状态，则表示取消锁定。

◎　画笔笔尖：显示Photoshop提供的预设画笔笔尖，单击即可选中需要的画笔笔尖。

◎　画笔参数：调整画笔的各种参数。

图4-10　"画笔"面板

◎　"显示画笔样式"按钮：使用毛刷笔尖时，在窗口中显示笔尖样式。

◎　"打开预设管理器"按钮：单击该按钮，可以打开"预设管理器"窗口。

◎　"创建新画笔"按钮：对某预设的画笔进行调整后，可单击该按钮，将其保存为一个新的预设画笔。

1．设置画笔笔尖形状

"画笔"面板默认显示"画笔笔尖形状"选项卡的内容，用户可在右侧列表框中选择需要的笔尖样式。面板下方的参数含义介绍如下。

◎　"大小"数值框：主要用于设置画笔笔尖直径大小，可在其后的数值框中直接输入大小值，也可拖动下方的滑块以调整大小。

◎　"翻转"复选框：画笔翻转可分为水平翻转和垂直翻转，分别对应"翻转X"和"翻转Y"复选框。图4-11所示为对树叶状的画笔进行垂直翻转后的效果。

图4-11   垂直翻转树叶状画笔前后的效果

◎ **"角度"数值框**：用来设置画笔旋转的角度，值越大，则旋转的效果越明显。图4-12所示为角度分别为0度和90度时的画笔效果。

图4-12   角度分别为0度和90度时的画笔效果

◎ **"圆度"数值框**：用来设置画笔垂直方向和水平方向的比例关系，值越大画笔越趋于正圆显示，值越小则越趋于椭圆显示。图4-13所示为圆度分别为70%和10%时的画笔效果。

图4-13   圆度分别为70%和10%时的画笔效果

◎ **"硬度"数值框**：用来设置画笔绘图时的边缘晕化程度，值越大画笔边缘越清晰，值越小则边缘越柔和。图4-14所示为硬度分别为80%和30%时的画笔效果。

图4-14   硬度分别为80%和30%时的画笔效果

◎ **"间距"数值框**：用来设置连续运用画笔工具绘制时，画笔之间的距离。只需在"间距"数值框中输入相应的百分比数值即可，值越大，间距就越大。图4-15所示为间距分别为50%和100%时的效果。

图4-15   间距分别为50%和100%时的效果

2. 设置形状动态画笔

通过为画笔设置形状动态效果，可以绘制出具有渐隐效果的图像，如烟雾从生成到渐渐消逝的过程或表现物体的运动轨迹等。单击选中"画笔"面板中的"形状动态"复选框后，面板显示如图4-16所示。

"画笔"面板中相关参数含义介绍如下。

◎ **"控制"下拉列表框**：面板中的"控制"下拉列表框用来控制画笔抖动的方式，默认情况为不可用状态，只有在其下拉列表中选择一种抖动方式时才变为可用。如果计算机中没有安装绘图板或光电笔等设置，只有"渐隐"抖动方式有效。在"控制"下

图4-16   形状动态对应的"画笔"面板

拉列表中选择某种抖动方式后，如果其右侧的数值框变为可用，表示当前设置的抖动方式有效，否则无效。

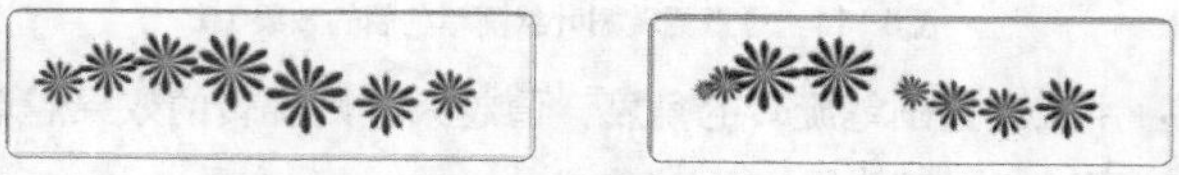

图4-17　抖动分别为40%和100%时的效果

◎ "大小抖动"栏：用来控制画笔产生的画笔大小的动态效果，值越大抖动越明显。图4-17所示为大小抖动分别为40%和100%时的效果。当设置大小抖动方式为渐隐时，其右侧的数值框用来设置渐隐的步数，值越小，渐隐就越明显。图4-18所示为渐隐步数分别为20和10时的效果。

图4-18　渐隐步数分别为20和10时的效果

◎ "角度抖动"栏：当设置角度抖动方式为渐隐时，其右侧的数值框用来设置画笔旋转的步数。图4-19所示为4步和10步时的旋转效果。

图4-19　4步和10步时的旋转效果

◎ "圆度抖动"栏：当设置圆度抖动方式为渐隐时，其右侧的数值框用来设置画笔圆度抖动的步数。图4-20所示为25步和4步时的圆度抖动效果。

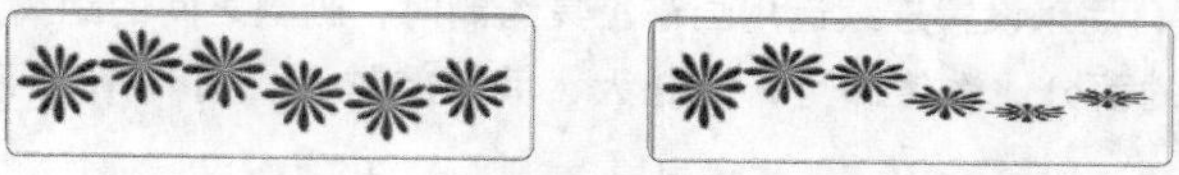

图4-20　25步和4步时的圆度抖动效果

3. 设置散布画笔

通过为画笔设置散布可以使绘制后的画笔图像在图像窗口随机分布。单击选中"画笔"控制面板中的"散布"复选框后，即可在右侧设置相关的参数。部分参数含义介绍如下。

◎ "散布"栏：用来设置画笔散布的距离，值越大，散布范围越宽。图4-21所示为散布分别为100%和200%时的效果。

图4-21　散布分别为100%和200%时的效果

◎ "数量"栏：用来控制画笔产生的数量，值越大，数值量越多。图4-22所示为数量分别为1和3时的效果。

图4-22　数量分别为1和3时的效果

4. 设置纹理画笔

通过为画笔设置纹理可以使绘制后的画笔图像产生纹理化效果。单击选中"画笔"控制面板中的"纹理"复选框后，即可在右侧设置相关的参数。部分参数含义介绍如下。

◎ "缩放"下拉列表框：用来设置纹理在画笔中的大小显示，值越大，纹理显示面积就越大。图 4-23所示为缩放比分别为15%和1000%时的效果。

图4-23 缩放比分别为15%和1000%时的效果

◎ "深度"数值框：用来设置纹理在画笔中融入的深度，值越小，显示就越不明显。

◎ "深度抖动"数值框：用来设置纹理融入画笔中的变化，值越大，抖动越强，效果越明显。

◎ "模式"下拉列表：用来设置纹理与画笔的融入模式，选择不同的模式得到的纹理效果也就不同。用户可试着选择不同的模式进行观察。

5. 设置双重画笔

通过为画笔设置双重画笔，可以使绘制后的画笔图像中具有两种画笔样式的融入效果，其具体操作如下。

（1）在"画笔笔尖"面板的画笔预览框中选择一种画笔样式作为双重画笔中的一种画笔样式，如图4-24所示。

（2）单击选中"双重画笔"复选框，在面板中选择一种画笔样式作为双重画笔中的第二种画笔样式，如图4-25所示。

（3）设置第二种画笔样式的直径、间距、散布、数量，以及与第一种画笔样式间的混合模式，效果如图4-26所示。

图4-24 选择第一种画笔样式

图4-25 选择第二种画笔样式

图4-26 双重画笔效果

6. 设置颜色动态画笔

通过为画笔设置颜色动态，可以使绘制后的画笔图像在两种颜色之间产生渐变过渡，其具体操作如下。

（1）设置前景色和背景色，选择画笔工具 ，在"画笔"面板中选择图4-27所示的画笔样式。

（2）单击选中"颜色动态"复选框，并在控制面板中进行设置，使颜色的色相、饱和度、亮度和纯度产生渐隐样式，如图4-28所示。

（3）在打开的图像中拖动鼠标进行绘制，绘制后的图像颜色将在前景色和背景色之间起过渡作用，效果如图4-29所示。

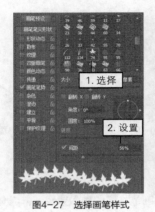

图4-27 选择画笔样式   图4-28 设置颜色动态   图4-29 颜色动态画笔效果

7. 设置画笔笔势

画笔笔势是Photoshop CS6的新增功能，主要用来调整毛刷画笔笔尖、侵蚀画笔笔尖的角度和绘制速率等。单击选中"画笔"控制面板中的"画笔笔势"复选框后，面板显示如图4-30所示。设置画笔笔势的毛刷笔尖如图4-31所示，侵蚀画笔笔尖如图4-32所示。

其相关参数含义介绍如下。

◎ 倾斜X/倾斜Y：用来设置笔尖沿x轴或y轴倾斜的角度。

◎ 旋转：用来设置笔尖的旋转角度。

◎ 压力：用于调整画笔压力，该值越高，绘制速度越快，线条越粗犷。

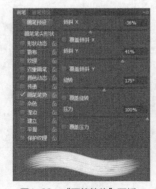
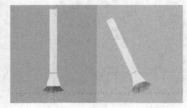

图4-30 "画笔笔势"面板   图4-31 毛刷笔尖   图4-32 侵蚀画笔笔尖

4.1.3 使用铅笔工具

在工具箱的画笔工具上单击鼠标右键，在打开的画笔组中可选择铅笔工具 。使用铅笔工具可绘制硬边的直线或曲线。它与画笔工具的设置与使用方法完全一样，工具属性栏如图4-33所示。

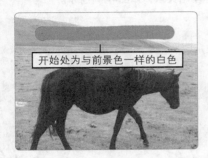

图4-33 铅笔工具属性栏

在属性栏中单击选中"自动抹除"复选框后，当开始拖动鼠标时，如果指针所在位置的中心在包含前景色的区域上，可将该区域涂抹成背景色，如图4-34所示；如果指针的中心在不包含前景色的区域上，则可将该区域涂抹成前景色，如图4-35所示（这里前景色为白色，背景色为粉红色）。

图4-34 涂抹成背景色   图4-35 涂抹成前景色

4.1.4 课堂案例1——绘制水墨梅花

Photoshop能够实现各种风格图像的绘制。下面将使用画笔工具绘制一幅水墨梅花画，主要练习如何灵活运用画笔工具绘制图像，效果如图4-36所示。

 效果所在位置　　光盘:\效果文件\第4章\课堂案例1\水墨梅花.psd
　　　　　　　　视频演示　　　　光盘:\视频文件\第4章\绘制水墨梅花.swf

（1）新建一个名称为"梅花"的图像文档，大小为"500×500"像素，分辨率为"300"。

（2）设置前景色为"R:240,G:243,B:234"，然后按【Alt+Delete】组合键使用前景色填充图像背景颜色，如图4-37所示。

（3）设置前景色为黑色，选择画笔工具，按【F5】键打开"画笔"面板，单击 画笔预设 按钮，打开"画笔预设"面板，单击 ▼≡ 按钮，在打开的下拉列表中选择"湿介质画笔"选项。

（4）在打开的提示对话框中单击 追加(A) 按钮，添加的"湿介质画笔"样式将显示在面板中。再次单击"画笔预设"面板中的 ▼≡ 按钮，在打开的下拉列表中选择"大列表"选项，改变画笔样式的显示状态，效果如图4-38所示。

图4-36 水墨梅花效果　　　　　　图4-37 填充图像背景颜色　　　　图4-38 改变画笔样式的显示状态

（5）在"画笔"控制面板中选择"深描水彩笔"样式，按【D】键复位前景色和背景色，在绘图区域拖动鼠标绘制梅花枝条雏形，注意绘制过程中可通过【 [】和【] 】键来控制画笔笔尖大小，绘制出梅花枝条的质感，如图4-39所示。

（6）继续使用当前画笔沿枝条边缘绘制细节，以突出枝条的苍劲感，如图4-40所示。

（7）设置前景色为"R:107,G:108,B:102"，在工具属性栏中设置画笔不透明度为"30%"，然后使用不同的画笔沿枝条涂抹，以突出枝条的明暗关系，如图4-41所示。

图4-39　绘制梅花枝条

图4-40　增加枝条细节

图4-41　突出枝条明暗关系

（8）按照载入"湿介质画笔"的方法载入"自然画笔2"到"画笔"面板中，然后选择"旋绕画笔60像素"画笔样式。

（9）在工具属性栏中设置画笔的不透明度和流量均为"50%"，然后设置不同大小的画笔绘制不同大小的花瓣，在花瓣颜色较深处可多单击几次，如图4-42所示。

（10）在"画笔"面板中选择"柔角45"画笔样式，并将其主直径设置为"2px"，单击选中"动态画笔"复选框，并将画笔设置为渐隐模式，渐隐范围为"25"步，如图4-43所示。

（11）在工具属性栏中设置画笔的不透明度为"80%"，放大显示某个花瓣，然后拖动鼠标绘制4条渐隐线条，得到花蕊效果，如图4-44所示。

图4-42　绘制花瓣

图4-43　设置画笔动态效果

图4-44　绘制花蕊

（12）继续在其他花瓣处拖动鼠标绘制花蕊，然后使用铅笔工具在图像左下侧手动绘制"暗香浮动"文字图像，最后保存图像文件即可。

4.2　修饰图像

通过Photoshop绘制或使用数码相机拍摄获得的图像，质量往往存在问题，如绘制后的图像具有明显的人工处理痕迹、没有景深感、色彩不平衡、明暗关系不明显、存在曝光或杂点等，这时就需要利用Photoshop CS6提供的不同图像修饰工具对图像进行修饰美化。本节将详细介绍污点修复画笔工具组、图章工具组、模糊工具组、减淡工具组等常用的图像修饰工具的操作方法。

4.2.1　使用修复工具修复图像

污点修复画笔工具组主要包括污点修复画笔工具、修复画笔工具、修补工具、红眼工具，其作用是将取样点的像素信息非常自然地复制到图像其他区域，并保持图像的色相、饱和度、高度、纹理等属性，是一组快捷高效的图像修饰工具。下面分别进行介绍。

1. 污点修复画笔工具

污点修复画笔工具主要用于快速修复图像中的斑点或小块杂物等，直接在工具箱中单击"污点修复画笔工具"按钮即可选择该工具，对应的工具属性栏如图4-45所示。

图4-45　污点修复画笔工具属性栏

污点修复画笔工具属性栏中相关参数含义介绍如下。

◎　"画笔"下拉列表：与画笔工具属性栏对应的选项一样，用于设置画笔的大小和样式等参数。

◎　"模式"下拉列表框：用于设置绘制后生成图像与底色之间的混合模型。其中选择"替换"模式时，可保留画笔描边边缘处的杂色、胶片颗粒、纹理。

◎　"类型"栏：用于设置修复图像区域过程中采用的修复类型。单击选中"近似匹配"单选项，可使用选区边缘周围的像素来查找用作选定区域修补的图像区域；单击选中"创建纹理"单选项，可使用选区中的所有像素创建一个用于修复该区域的纹理，并使纹理与周围纹理相协调；单击选中"内容识别"单选项，可使用选区周围的像素进行修复。

◎　"对所有图层取样"复选框：单击选中该复选框将从所有可见图层中对数据进行取样。

2. 修复画笔工具

修复画笔工具是利用图像或图案中的样本像素来进行绘画的，它可以从被修饰区域的周围取样，并将样本的纹理、光照、透明度、阴影等与所修复的像素匹配，从而去除照片中的污点和划痕。在工具箱中，右键单击污点修复画笔工具，在打开的工具组中可选择修复画笔工具，对应的工具属性栏如图4-46所示。其相关选项的含义介绍如下。

图4-46　修复画笔工具属性栏

污点修复画笔工具属性栏中相关选项的含义介绍如下。

◎　"源"栏：设置用于修复像素的来源。单击选中"取样"单选项，则使用当前图像中定义的像素进行修复；单击选中"图案"单选项，则可从后面的下拉列表中选择预定义的图案对图像进行修复。

◎ "对齐"复选框：用于设置对齐像素的方式。

3. 修补工具

修补工具是一种使用最频繁的修复工具，其工作原理与修复工具一样。一般与套索工具一样，先绘制一个自由选区，然后通过将该区域内的图像拖动到目标位置，从而完成对目标处图像的修复。选择该工具后，对应的工具属性栏如图4-47所示。

图4-47　修补工具属性栏

修补工具属性栏中相关选项的含义介绍如下。

◎ 选区创建方式：单击"新选区"按钮，可以创建一个新的选区，若图像中已有选区，则绘制的新选区会替换原有的选区；单击"添加到选区"按钮，可在当前选区的基础上添加新的选区；单击"从选区减去"按钮，可在原选区中减去当前绘制的选区；单击"与选区交叉"按钮，可得到原选区与当前创建选区相交的部分。

◎ 修补：用于设置修补方式。若单击选中"源"单选项，将选区拖至需修补的区域后，将用当前选区中的图像修补之前选中的图像；若单击选中"目标"单选项，则会将选中的图像复制到目标区域。

◎ "透明"复选框：单击选中该复选框后，可使修补的图像与原图像产生透明的叠加效果。

◎ 使用图案 按钮：在图案下拉面板中选择一个图案，单击该按钮，可使用图案修补选区内的图像。

操作技巧　　修补工具绘制选区的方法与自由套索工具绘制选区的方法一样。为了绘制精确选区，可以使用选区工具，然后切换到修补工具进行修补。

4. 内容感知移动工具

内容感知移动工具是Photoshop CS6新增的修复工具，使用该工具将图像移至其他区域后，可以重组图像，并且自动使图像与背景融合，其操作和效果与修补工具相似。选择该工具后，对应的工具属性栏如图4-48所示。

图4-48　内容感知移动工具属性栏

内容感知移动工具属性栏中相关选项的含义介绍如下。

◎ "模式"下拉列表框：包括"移动"和"扩展"两个选项，用于设置移动的方式。"移动"选项是指将把源选区直接移动到目标区域；"扩展"选项则会在目标区域复制一个与源区域完全相同的内容。

◎ "适应"下拉列表框：用于设置图像修复的精度。

◎ "对所有图层取样"复选框：当文档中包含多个图层时有效，单击选中该复选框，将对所有图层中的图像进行取样。

选择内容感知移动工具后，将鼠标指针移到图像目标位置，拖动鼠标创建选区，如图4-49所示，然后移动选区内的图像到新的位置，空缺的部分将自动进行填补。使用"移动"选项的效果如图4-50所示；使用"扩展"选项的效果如图4-51所示。

图4-49 创建选区

图4-50 移动图像

图4-51 扩展移动

5. 红眼工具

利用红眼工具 可以快速去掉照片中人物眼睛由于闪光灯引发的红色、白色、绿色反光斑点。选择该工具后，对应的工具属性栏如图4-52所示。

图4-52 红眼工具属性栏

红眼工具属性栏中相关选项的含义介绍如下。

◎ "瞳孔大小"下拉列表框：用于设置瞳孔（眼睛暗色的中心）的大小。

◎ "变暗量"下拉列表框：用于设置瞳孔的暗度。

红眼工具在影楼的婚纱设计中运用十分广泛，其具体操作如下。

图4-53 修复红眼的效果

（1）在工具箱中选择红眼工具 ，在工具属性栏中将瞳孔大小和变暗量都设置为"50%"。

（2）将鼠标指针移动到人物右眼中的红斑处单击，即可去掉该处的红眼。继续在人物左眼处的红斑处单击，可去掉该处的红眼，如图4-53所示。

4.2.2 使用图章工具修复图像

图章工具组由仿制图章工具和图案图章工具组成，可以使用颜色或图案填充图像或选区，实现图像的复制或替换。

1. 仿制图章工具

利用仿制图章工具可以将图像窗口中的局部图像或全部图像复制到其他的图像中。选择仿制图章工具 ，工具属性栏如图4-54所示。

图4-54 仿制图章工具属性栏

仿制图章工具属性栏中相关选项的含义介绍如下。

◎ "对齐"复选框：单击选中该复选框，可连续对像素进行取样；撤销选中该复选框，则每单击一次鼠标，都会使用初始取样点中的样本像素进行绘制。

◎ "样本"下拉列表框：用于选择从指定的图层中进行数据取样。若要从当前图层及其下方的可见图层取样，应在其下拉列表中选择"当前和下方图层"选项；若仅从当前图层中取样，可选择"当前图层"选项；若要从所有可见图层中取样，可选择"所有图层"选项；若要从调整层以外的所有可见图层中取样，可选择"所有图层"选项，然后单击选项右侧的"忽略调整图层"按钮 ⊗ 即可。

◎   "切换仿制源面板"按钮 ▣ ：单击该按钮可打开"仿制源"面板。

图4-55所示为使用仿制图章工具去除照片中多余图像的效果。

图4-55   使用仿制图章工具修复照片背景

2. 图案图章工具

使用图案图章工具可以将Photoshop CS6自带的图案或自定义的图案填充到图像中，就和使用画笔工具绘制图案一样。在工具箱中选择仿制图章工具 ▣ 上单击鼠标右键，在打开的工具组中即可选择图案图章工具 ▣ ，工具属性栏如图4-56所示。

图4-56   图案图章工具属性栏

图案图章工具属性栏中相关选项的含义介绍如下。

◎   "对齐"复选框：单击选中该复选框，可保持图案与原始起点的连续性；撤销单击选中该复选框，则每次单击鼠标都会重新应用图案。

◎   ▦ 下拉列表框：单击右侧的 按钮，在打开的下拉列表框中可以选择所需的图案样式。

◎ "印象派效果"复选框：单击选中该复选框时，绘制的图案具有印象派绘画的艺术效果。

4.2.3   使用模糊工具润饰图像

模糊工具组由模糊工具、锐化工具、涂抹工具组成，用于降低或增强图像的对比度和饱和度，从而使图像变得模糊或清晰，甚至还可以生成色彩流动的效果。

1. 模糊工具

使用模糊工具可以降低图像中相邻像素之间的对比度，从而使图像产生模糊的效果。选择工具箱中的模糊工具 ▣ ，在图像需要模糊的区域单击并拖动鼠标，即可进行模糊处理，其工具属性栏如图4-57所示。其中"强度"数值框用于设置运用模糊工具时着色的力度，值越大，模糊的效果越明显，取值范围为1%~100%。

图4-57   模糊工具属性栏

2. 锐化工具

锐化工具的作用与模糊工具刚好相反，它能使模糊的图像变得清晰，常用于增加图像的细节表现，但并不代表进行模糊操作的图像再经过锐化处理就能恢复到原始状态。在工具箱中的模糊工具 △ 上单击鼠标右键，在打开的工具组中可选择锐化工具 △ ，锐化工具的属性栏各选项与模糊工具的作用完全相同。

图4-58　锐化图像效果

图4-58所示为使用锐化工具修饰图像的效果。

3. 涂抹工具

涂抹工具用于选取单击鼠标起点处的颜色，并沿拖移的方向扩张颜色，从而模拟出用手指在未干的画布上进行涂抹的效果，此工具常在效果图后期用来绘制毛料制品。其工具属性栏各选项含义与模糊工具一样。

图4-59所示为涂抹处理前的效果，图4-60所示为涂抹处理后的效果。

图4-59　涂抹前

图4-60　涂抹后

4.2.4　使用减淡工具润饰图像

减淡工具组由减淡工具、加深工具、海绵工具组成，用于调整图像的亮度或饱和度。

1. 减淡工具和加深工具

减淡工具可通过提高图像的曝光度来提高涂抹区域的亮度。加深工具的作用与减淡工具相反，即通过降低图像的曝光度来降低图像的亮度。图4-61所示为减淡工具的属性栏。

图4-61　减淡工具属性栏

减淡工具属性栏中相关选项的含义介绍如下。

◎ "范围"下拉列表框：可选择要修改的色调。选择"阴影"选项，可处理图像中的暗色区域；选择"中间调"选项，可处理图像的中间调区域；选择"高光"选项，可处理图像的亮部色调区域。

◎ "曝光度"下拉列表框：可为减淡工具或加深工具指定曝光度，值越高，效果越明显。

◎ "喷枪"按钮 ：单击该按钮，可为画笔开启喷枪功能。

◎ "保护色调"复选框：可保护图像的色调不受影响。

对图4-62所示的图像进行减淡和加深处理。图4-63所示为使用减淡工具处理后的效果，图4-64所示为使用加深工具处理后的效果。

图4-62　原图像

图4-63　减淡处理

图4-64　加深处理

2. 海绵工具

海绵工具可增加或降低图像的饱和度，即像海绵吸水一样，为图像增加或减少光泽感。其工具属性栏如图4-65所示。

图4-65　海绵工具属性栏

海绵工具属性栏中相关选项的含义介绍如下。

◎ "模式"下拉列表框：用于设置是否增加或降低饱和度，选择"降低饱和度"选项，表示降低图像中色彩饱和度；选择"饱和"选项，表示增加图像色彩饱和度。

◎ "流量"下拉列表框：可设置海绵工具的流量，流量值越大，饱和度改变的效果越明显。

◎ "自然饱和度"复选框：单击选中该复选框后，在进行增加饱和度的操作时，可避免颜色过于饱和而出现溢色。

图4-66所示为原图；图4-67所示为使用海绵工具降低饱和度后的效果。

图4-66　原图

图4-67　降低饱和度后的效果

4.2.5　课堂案例2——人物面部精修

在进行平面设计时，一般的素材不是直接使用的，通常需要设计师进行相关处理。下面对提供的"人物.jpg"素材图像的面部进行处理，使其面部干净整洁，效果如图4-68所示。

图 4-68　人物面部精修前后效果对比

素材所在位置	光盘:\素材文件\第4章\课堂案例2\人物.jpg
效果所在位置	光盘:\效果文件\第4章\面部精修.jpg
视频演示	光盘:\视频文件\第4章\人物面部精修.swf

（1）打开"人物.jpg"素材文件，在工具箱中选择污点修复画笔工具 ，按【[】键将画笔笔尖调大，然后在图像中有斑点的位置单击，如图4-69所示。

（2）继续按【]】键将画笔笔尖调小，使用相同的方法修复图像中较小的斑点和痘痘，效果如图4-70所示。

（3）在工具箱中选择模糊工具 ，然后在图像中拖动鼠标模糊皮肤，如图4-71所示。

（4）按【]】键将画笔笔尖调小，然后在图像的两颊处再次模糊，以达到光滑皮肤的效果。

（5）在工具箱中选择修复画笔工具 ，在人物眼影光滑处按住【Alt】键单击取样，再在眼皮皱纹处拖动鼠标进行修复，如图4-72所示。

（6）再次在脸颊处取样，然后在人物眼角处涂抹，处理人物眼角皱纹，如图4-73所示。

（7）在工具箱中选择减淡工具 ，将画笔笔尖调整到人物面部大小，然后在其中单击，统一减淡图像色调，效果如图4-74所示。

图4-69　单击去除斑点

图4-70　去除其他瑕疵

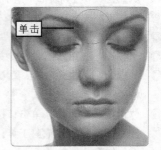

图4-71　模糊面部

图4-72　处理眼皮皱纹

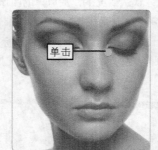

图4-73　处理眼角皱纹

图4-74　减淡图像

（8）观察发现，人物眼影、眉毛、嘴唇部分的色调偏低，在工具箱中选择加深工具 ，在其上拖动鼠标，对相应位置图像进行加深处理。完成后保存图像即可。

4.3　裁剪与擦除图像

处理图像时，根据需要可以对图像进行裁剪和擦除等编辑。本节将详细介绍裁剪工具和橡皮擦工具的使用方法。

4.3.1　使用裁剪工具裁剪图像

Photoshop CS6提供了对图像进行规则裁剪的功能，因此在处理图像时，用户可根据需要裁剪出像素大小符合要求的图像。

1．裁剪工具

当仅需要图像的一部分时，可以使用裁剪工具来快速删除部分图像。使用该工具在图像中拖动绘制一个矩形区域，矩形区域内部代表裁剪后图像保留部分，矩形区域外部表示将被删除的部分。需要注意的是，裁剪工具的属性栏在执行裁剪操作时的前后显示状态不同。选择裁剪工具 🔲 ，工具属性栏如图4-75所示。

图4-75　裁剪工具属性栏

裁剪工具属性栏中相关选项的含义介绍如下。

◎　📋 下拉列表框：用于设置裁剪比例，选择"原始比例"选项可以自由调整裁剪框的大小。

◎　"宽度""高度"数值框：用于输入裁剪图像的宽度、高度的数值。

◎　"纵向与横向旋转裁剪框"按钮 🔁 ：用于设置裁剪框的方向。

◎　"拉直"按钮 🔲 ：单击该按钮，可将图片中倾斜的内容拉直。

◎　"视图"下拉列表框：默认显示为"三等分"，用于设置裁剪的参考线，帮助用户进行合理构图。

◎　"设置"按钮 ⚙ ：单击该按钮，在打开的下拉列表框中单击选中"使用经典模式"复选框将使用以前版本的裁剪工具；单击选中"启用裁剪屏蔽"复选框，裁剪区域外将被颜色选项中设置的颜色覆盖。

◎　"删除裁剪的像素"复选框：默认情况下，裁剪掉的图像保留在文件中，使用移动工具可使隐藏的部分显示出来，如果要彻底删除裁剪的图像，需要选中"删除裁剪的像素"复选框。

选择裁剪工具 🔲 后，将鼠标指针移到图像窗口中，按住鼠标左键拖动，框选出需保留的图像区域，如图4-76所示。在保留区域四周有一个定界框，拖动定界框上的控制点可调整裁剪区域的大小，如图4-77所示。

图4-76　框选图像区域

图4-77　调整区域大小

2．透视裁剪工具

透视裁剪工具是Photoshop CS6新增加的裁剪工具，可以解决由于拍摄不当造成的透视畸变的问题，选择裁剪工具 █ 后，工具属性栏如图4-78所示。

| ☐ ▾ | W: 3.493 厘米 | ⇄ | H: 1.879 厘米 | 分辨率: 300 | 像素/英寸 ▾ | 前面的图像 | 清除 | ✓ 显示网格 |

图4-78　透视裁剪工具属性栏

透视裁剪工具属性栏中相关选项的含义介绍如下。

◎　"W/H"数值框：用于输入图像的宽度和高度值，可以按照设定的尺寸裁剪图像。

◎　"分辨率"数值框：用于输入裁剪图像的分辨率，裁剪图像后，图像的分辨率自动调整为设置的大小，在实际操作中尽量将分别率值设高。

◎　"纵向与横向旋转裁剪框"按钮 ◐：用于设置裁剪框的方向。

◎　前面的图像 按钮：单击该按钮，"W/H"数值框、"分辨率"数值框中显示当前文档的尺寸和分辨率。如果打开了两个文档，则将显示另一文档的尺寸和分辨率。

◎　清除 按钮：单击该按钮，可清除"W/H"数值框、"分辨率"数值框中的数据。

◎　"显示网格"复选框：单击选中该复选框将显示网格线，撤销选中则隐藏网格线。

使用透视裁剪工具调整透视畸变照片，其具体操作如下。

（1）选择裁剪工具 █，在工具属性栏中将宽和高分别设置为"3.2""2"厘米，将分辨率设置为"1500像素"。

（2）在图像中单击鼠标确定第一个控制点，然后拖动鼠标创建矩形裁剪框，如图4-79所示。

（3）将鼠标指针移到右侧上方的控制点，然后按住鼠标左键不放向左侧拖动，图像内容将向右侧调整，如图4-80所示。

（4）至适当位置后释放鼠标，按【Enter】键确认裁剪，如图4-81所示。

图4-79　创建矩形裁剪框

图4-80　拖动裁剪

图4-81　最终效果

3. 切片工具

切片工具常用于网页效果图设计中，是网页设计时必不可少的工具。其使用方法是选择切片工具 █，在图像中需要切片的位置拖动鼠标绘制即可创建切片。与裁剪工具不同的是，使用切片工具创建区域后，区域内和区域外都将被保留，区域内为用户切片，区域外为其他切片。

4.3.2　使用橡皮擦工具擦除图像

Photoshop CS6提供的图像擦除工具有橡皮擦工具、背景橡皮擦工具、魔术橡皮擦工具，分别实现不同的擦除功能。

1. 橡皮擦工具

橡皮擦工具主要用来擦除当前图像中的颜色。选择橡皮擦工具后，可以在图像中拖动鼠标，根据画笔形状对图像进行擦除，擦除后图像将不可恢复。其工具属性栏如图4-82所示。

![橡皮擦工具属性栏]

图4-82　橡皮擦工具属性栏

橡皮擦工具属性栏中相关选项的含义介绍如下。

◎　"模式"下拉列表框：单击其右侧的下拉按钮，在打开的下拉列表中包含了3种擦除模式，即画笔、铅笔和块。

◎　"不透明度"下拉列表框：用于设置工具的擦除强度，100%的不透明度可完全擦除像素，较低的不透明度将部分擦除像素。将"模式"设置为"块"时，不能使用该选项。

◎　"流量"下拉列表框：用于控制工具的涂抹速度。

◎　"抹到历史记录"复选框：其作用与历史记录画笔工具的作用相同。单击选中该复选框，在"历史记录"面板中选择一个状态或快照，在擦除时可将图像恢复为指定状态。

知识提示　　　　在图像中按住鼠标左键，然后按住【Alt】键的同时拖动鼠标，与选中"抹到历史记录"复选框实现的效果相同。

2. 背景橡皮擦工具

与橡皮擦工具相比，使用背景橡皮擦工具可以将图像擦除到透明色，在擦除时会不断吸取涂抹经过地方的颜色作为背景色。其属性栏如图4-83所示。

![背景橡皮擦工具属性栏]

图4-83　背景橡皮擦工具属性栏

背景橡皮擦工具属性栏中相关选项的含义介绍如下。

◎　"取样连续"按钮：单击该按钮，在擦除图像过程中将连续采集取样点。

◎　"取样一次"按钮：单击该按钮，将以第一次单击鼠标位置的颜色作为取样点。

◎　"取样背景色板"按钮：单击该按钮，将当前背景色作为取样色。

◎　"限制"下拉列表框：单击右侧的下拉按钮，在打开的下拉列表中，选择"不连续"选项，擦除整幅图像上样本色彩的区域；选择"连续"选项则只擦除连续的包含样本色彩的区域；选择"查找边缘"选项自动查找与取样色彩区域连接的边界，也能在擦除过程中更好地保持边缘的锐化效果。

◎　"容差"数值框：用于调整需要擦除的与取样点色彩相近的颜色范围。

◎　"保护前景色"复选框：单击选中该复选框，可保护图像中与前景色匹配区域不被擦除。

背景橡皮擦工具有别于橡皮擦工具，其作用是可以擦除指定的颜色。使用背景橡皮擦对如图4-84所示的图像进行处理，擦除后的效果如图4-85所示。

图4-84　原图像

图4-85　擦除后的效果

3. 魔术橡皮擦工具

魔术橡皮擦工具是一种根据像素颜色擦除图像的工具。用魔术橡皮擦工具在图层中单击，所有相似的颜色区域将被擦除且变成透明的区域。其属性栏如图4-86所示。

图4-86　魔术橡皮擦工具属性栏

魔术橡皮擦工具属性栏中相关选项的含义介绍如下。

◎　"容差"文本框：用于设置可擦除的颜色范围。容差值越小，擦除的像素范围越小；容差值越大，擦除的范围越大。

◎　"消除锯齿"复选框：单击选中该复选框，会使擦除区域的边缘更加光滑。

◎　"连续"复选框：单击选中该复选框，则只擦除与临近区域中颜色类似的部分；撤销选中该复选框，会擦除图像中所有颜色类似的区域。

◎　"对所有图层取样"复选框：单击选中该复选框，可以利用所有可见图层中的组合数据来采集色样；撤销单击选中该复选框，则只采集当前图层的颜色信息。

◎　不透明度：用于设置擦除强度，100%的不透明度将完全擦除像素，较低的不透明度可部分擦除像素。

图4-87　使用魔术橡皮擦擦除图像的效果

图4-87所示为擦除图像的效果。

4.3.3　使用内容识别功能擦除图像

当图像元素简单，并且擦除图像周围颜色相近时，可以通过内容识别功能快速擦除图像。在文档中选择需要擦除的图像选区，如图4-88所示，按【Delete】键或选择【编辑】→【填充】菜单命令，在打开的"填充"对话框的"使用"下拉列表中默认选择"内容识别"选项，单击 确定 按钮，如图4-89所示。此时，图像将被擦除，并且删除图像的选区将自动获取周围的图像进行相似内容填充，擦除后效果如图4-90所示。

图4-88　创建擦除图像选区

图4-89　内容识别填充

图4-90　最终效果

4.4　课堂练习

本课堂练习将分别制作美容院招贴和商场横幅广告，综合练习本章学习的知识点，将图像的绘制和编辑操作应用到实践中。

4.4.1   制作美容院招贴

1.   练习目标

本练习要求为"静美"美容院制作一个招贴广告，要求画面精美，突出美容效果。制作时可打开光盘中提供的素材文件进行操作，参考效果如图4-91所示。

图4-91   美容院招贴效果

素材所在位置	光盘:\素材文件\第4章\课堂练习1\文字.psd、光斑.jpg、人物.jpg、花朵.abr
效果所在位置	光盘:\效果文件\第4章\美容院招贴.psd
视频演示	光盘:\视频文件\第4章\制作美容院招贴.swf

2.   操作思路

掌握了图片的修复等操作后，即可开始本练习的设计与制作。根据本练习的练习目标，要实现画面精美，且突出美容效果，首先需要对人物图片的面部进行精修，然后对背景部分进行相关处理。本练习的操作思路如图4-92所示。

① 精修人物图片

② 合成素材和人物

图4-92   制作美容院招贴的操作思路

（1）打开提供的"人物.jpg"素材图像，对人物图像的面部进行修复处理，主要包括去除面部的痘痘、皱纹、红眼，并使用减淡工具提亮人物肤色，对于五官位置使用加深工具将其突出。花朵部分使用海绵工具增加饱和度。

（2）使用裁剪工具将人物图像多余部分裁剪掉，然后打开"光斑.jpg"素材。通过复制粘贴的操作将其铺在人物图像背景位置，然后使用橡皮擦工具擦除与人物重叠部分像素，最后载入提供的花朵画笔，设置前景色为"R:178,G:88,B:186"，使用画笔工具在光斑交接处绘制花朵图像。

（3）打开提供的"文字.psd"素材，将"文字"图层复制到图像中，并调整好位置，保存图像即可。

4.4.2　绘制商场横幅广告

1．练习目标

本练习要求为某商场在中秋节时的促销活动制作一个横幅广告，以吸引顾客消费，参考效果如图4-93所示。

素材所在位置	光盘:\素材文件\第4章\课堂练习2\中秋.psd
效果所在位置	光盘:\效果文件\第4章\商场横幅广告.psd
视频演示	光盘:\视频文件\第4章\制作商场横幅广告.swf

图4-93　商场横幅广告效果

2．操作思路

根据上面的练习目标，可先对横幅广告效果进行构图，因为是中秋节进行的促销活动，在构图时则需要选择一些中国风元素来突出中秋这一传统节日。另外对于促销的内容，本练习通过大号文字的形式来体现，以达到吸引顾客眼球的目的。本练习的操作思路如图4-94所示。

① 绘制中国风花枝

② 合成图像

图4-94　制作商场横幅广告的操作思路

（1）新建一个像素为"2684×1181"的图像文件，将其颜色填充为"R:249,G:249,B:231"，使用画笔工具绘制花枝图像，并通过不断调整画笔笔尖形态和大小来完成。

（2）打开提供的"中秋.psd"图像文件，将其中的图像复制到商场横幅广告图像中，调整好大小位置，最后保存文件即可。

4.5 拓展知识

在Photoshop软件中，标尺工具可用来精准测量图像和修正图像。选择标尺工具，在图像中绘制一条直线后，会在属性栏显示这条直线的详细信息，如直线的坐标、宽、高、长度、角度等，这些都是以水平线为参考的。有了这些数值，就可以判断一些角度不正的图像的偏斜角度，方便精确校正。

4.6 课后习题

（1）打开提供的"照片.jpg"图像文件，将照片中多余的人物擦除，处理后的原图与效果图对比如图4-95所示。

　　提示：先使用修复工具修复人物图像区域，然后使用锐化工具、减淡工具、海绵工具进一步修饰
　　　　　照片，使照片颜色更加明亮鲜艳。本练习可结合光盘中的视频演示进行。

素材所在位置	光盘:\素材文件\第4章\课后习题1\照片.jpg
效果所在位置	光盘:\效果文件\第4章\修复照片.psd
视频演示	光盘:\视频文件\第4章\修复照片.swf

图4-95　调整和修饰照片前后对比

（2）使用画笔工具，在"画笔"面板中设置画笔的参数，然后通过建立不同的图层，在不同的图层中绘制水粉画，参考效果如图4-96所示。

　　提示：先载入"湿介质画笔"画笔库，选择合适的画笔，设置画笔参数，开始绘制植物轮廓，然
　　　　　后设置前景色并绘制花朵，最后更改前景色绘制昆虫，并为植物轮廓上色。

| 效果所在位置 | 光盘:\效果文件\第4章\水粉画.psd |
| 视频演示 | 光盘:\视频文件\第4章\绘制水粉画.swf |

图4-96　绘制水粉画

Chapter

5

第5章
图层的应用

本章将详细讲解在Photoshop CS6中图层的使用方法，包括图层的管理、图层和透明度的设置、图层样式的使用等。读者通过本章的学习能够熟练使用图层的相关知识，并能使用图层进行简单的图像合成制作。

学习要点

- 创建图层
- 管理图层
- 设置图层混合模式和不透明度
- 使用图层样式

学习目标

- 掌握图层的创建方法
- 掌握图层的基本操作
- 熟悉图层混合模式和不透明度的设置
- 掌握图层样式的使用方法

5.1　创建图层

使用Photoshop CS6对多个不同的对象进行处理时，需要在不同的图层中实现。默认情况下，Photoshop只有"背景"图层，此时需要设计者自行创建图层。本节将详细讲解创建各种图层的方法。

5.1.1　认识图层

图层是Photoshop最重要的功能之一，对图像的编辑基本上都是在不同的图层中完成的。

1.　图层的概念

用Photoshop制作的作品通常由多个图层合成，Photoshop可以将图像的各个部分置于不同的图层中，并将这些图层叠放在一起形成完整的图像效果。用户可以独立地对各个图层中的图像内容进行编辑、修改、效果处理等操作，同时不影响其他图层。

当新建一个图像文件时，系统会自动在新建的图像窗口中生成一个图层，即背景图层，这时用户就可以通过绘图工具在图层上进行绘图。

2.　"图层"面板

在Photoshop CS6中，对图层的操作可通过"图层"面板和"图层"菜单来实现。选择【窗口】→【图层】菜单命令，打开"图层"面板，如图5-1所示。

"图层"面板中显示了图像窗口所有的图层，用于创建、编辑、管理图层，以及为图层添加图层样式。"图层"面板中常用按钮作用介绍如下。

◎　"锁定"栏：用于设置选择图层的锁定方式，其中包括"锁定透明像素"按钮、"锁定图像像素"按钮、"锁定位置"按钮、"锁定全部"按钮。

◎　"填充"数值框：用于设置图层内部的不透明度。

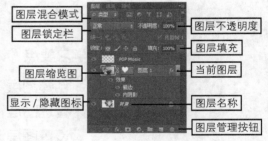

图5-1　"图层"面板

◎　"链接图层"按钮：用于链接两个或两个以上的图层，链接图层后可同时进行缩放或透视等变换操作。

◎　"添加图层样式"按钮：用于选择和设置图层的样式。

◎　"添加图层蒙版"按钮：单击该按钮，可为图层添加蒙版。

◎　"创建新的填充和调整图层"按钮：用于在图层上创建新的填充和调整图层，其作用是调整当前图层中所有图层的色调效果。

◎　"创建新组"按钮：单击该按钮，可以创建新的图层组。图层组可将多个图层放置在一起，以方便用户的查找和编辑操作。

◎　"创建新图层"按钮：用于创建一个新的空白图层。

◎　"删除图层"按钮：用于删除当前选择的图层。

3.　图层的类型

Photoshop CS6中常用的图层类型包括以下5种。

◎ **普通图层**：普通图层是最基本的图层类型，相当于一张透明纸。

◎ **背景图层**：Photoshop中的背景图层相当于绘图时最下层不透明的画纸。在Photoshop软件中，一幅图像只能有一个背景图层。背景图层无法与其他图层交换堆叠次序，但可以与普通图层相互转换。

◎ **文本图层**：使用文本工具在图像中创建文字后，软件会自动新建一个图层。文本图层主要用于编辑文字的内容、属性和取向。文本图层可以进行移动、调整堆叠、复制等操作，但大多数编辑工具和命令不能在文本图层中使用。需要对文本图层进行编辑时，首先要将文本图层转换成普通图层。

◎ **调整图层**：调整图层可以调节其下所有图层中图像的色调、亮度、饱和度等，单击"图层"面板下的 按钮，在打开的列表中即可选择。

◎ **效果图层**：当为图层添加图层样式后，在"图层"面板上该层右侧将出现一个样式图标，表示该图层添加了样式。

除此之外，在"图层"面板中还可添加一些其他类型的图层，介绍如下。

◎ **链接图层**：保持链接状态的多个图层。

◎ **剪贴蒙版**：蒙版中的一种，可使用一个图层中的图像控制其上面多个图层的显示范围。

◎ **智能对象**：包含有智能对象的图层。

◎ **填充图层**：填充了纯色、渐变、图案的特殊图层。

◎ **图层蒙版图层**：添加了图层蒙版的图层，蒙版可以控制图像的显示范围。

◎ **矢量蒙版图层**：添加了矢量形状的蒙版图层。

◎ **图层组**：以文件夹的形式组织和管理图层，以便查找和编辑图层。

◎ **变形文字图层**：进行变形处理后的文字图层。

◎ **视频图层**：包含视频文件帧的图层。

◎ **3D图层**：包含3D文件或置入3D文件的图层。

5.1.2　新建图层

创建图层时，首先要新建或打开一个图像文件，然后通过"图层"面板快速创建，也可以通过菜单命令进行创建。在Photoshop中可创建多种图层，下面讲解常用图层的创建方法。

1．新建普通图层

新建普通图层指在当前图像文件中创建新的空白图层，新建的图层将位于当前图层的最上方。用户可通过以下两种方法进行创建。

◎ 选择【图层】→【新建】→【图层】菜单命令，打开如图5-2所示的"新建图层"对话框。在其中设置图层的名称、颜色、模式、不透明度，然后单击 确定 按钮，即可新建图层，如图5-3所示。

图5-2　"新建图层"对话框

图5-3　新建的图层

◎　单击"图层"面板底部的"创建新图层"按钮 ▣ ，即可新建一个普通图层。

2．新建文字图层

当用户在图像中输入文字后，"图层"面板中将自动新建一个相应的文字图层。方法是在工具箱的文字工具组中选择一种文字工具，如图5-4所示。在图像中单击定位插入点，输入文字后即可得到一个文字图层，如图5-5所示。

图5-4　选择文字工具

图5-5　新建的文字图层

3．新建填充图层

Photoshop CS6中有3种填充图层，分别是纯色、渐变、图案。选择【图层】→【新建填充图层】菜单命令，在打开的子菜单中选择相应的命令即可打开"新建图层"对话框，如图5-6所示。单击 ▭ 确定 ▭ 按钮，打开"图案填充"对话框，在其中可设置填充图层的图案，如图5-7所示。

图5-6　"新建图层"对话框

图5-7　"图案填充"对话框

知识提示　　若在图像中创建了选区，选择【图层】→【新建】→【通过拷贝的图层】菜单命令，或按【Ctrl+J】组合键，可将选区内的图像复制到一个新的图层中，原图层中的内容保持不变；若没有创建选区，则执行该命令时会将当前图层中的全部内容复制到新图层中。

4．新建形状图层

在工具箱的形状工具组中选择一种形状工具，如图5-8所示。在工具属性栏中默认为"形状"模式，然后在图像中绘制形状，此时"图层"面板中将自动创建一个形状图层。图5-9所示为使用矩形工具绘制图形后创建的形状图层。

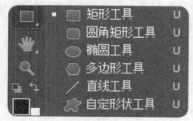
图5-8　选择形状工具

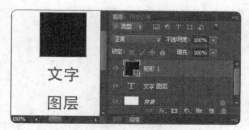
图5-9　创建的形状图层

5.1.3　创建调整图层

调整图层主要是用于精确调整图层的颜色。通过色彩命令调整颜色时，一次只能调整一个图层，而通过创建调整图层则可同时对多个图层上的图像进行调整。

1. 认识调整图层

调整图层类似于图层蒙版，由调整缩略图和图层蒙版缩略图组成。

调整缩略图由于创建调整图层时选择的色调或色彩命令不一样而显示出不同的图像效果；图层蒙版随调整图层的创建而创建，默认情况下填充为白色，即表示调整图层对图像中的所有区域起作用；调整图层名称会随着创建调整图层时选择的调整命令来显示，例如当创建的调整图层是用来调整图像的色彩平衡时，则名称为"色彩平衡1"。

2. 新建调整图层

在创建调整图层的过程中还可以根据需要对图像进行色调或色彩调整，同时在创建后也可随时修改及调整，而不用担心损坏原来的图像。其具体操作如下。

（1）选择【图层】→【新建调整图层】菜单命令，在打开的子菜单中选择一个调整命令，如图5-10所示，这里选择"色彩平衡"命令。

（2）在打开的"新建图层"对话框中单击 确定 按钮，如图5-11所示。然后在打开的"色彩平衡"对话框中进行参数调整，也可直接单击 确定 按钮完成调整图层的创建，如图5-12所示。

图5-10　选择调整命令　　　　　图5-11　"新建图层"对话框　　　图5-12　创建色彩平衡调整图层

知识提示　　在"新建图层"对话框中若单击选中"使用前图层创建剪贴蒙版"复选框，则调整图层中效果时只对其下面相邻的图层起作用；撤销选中，将对其下面所有的图层起作用。

3. 编辑调整图层

调整图层创建完成后，如果用户觉得图像不理想，还可以通过调整图层继续调整图像。编辑调整图层的方法是在创建的调整图层上双击调整缩略图，打开对应的"色彩调整"面板，在其中进行相关的色彩调整即可，如图5-13所示。

操作技巧　　如果只想通过调整图层调整部分图像区域，可先单击调整图层中的图层蒙版缩略图，然后使用绘图工具在蒙版中填充颜色，黑色填充的部分对应的图像区域将受到保护，不会随调整图层的调整而发生任何改变。

图5-13　"色彩调整"面板

5.1.4 课堂案例1——为图像添加柔和日光

掌握了各种图层的创建操作后，就可以对图像进行编辑。下面以为图像添加柔和日光为例进行练习，效果如图5-14所示。

素材所在位置	光盘:\素材文件\第5章\课堂案例1\花朵.jpg
效果所在位置	光盘:\效果文件\第5章\柔和日光.psd
视频演示	光盘:\视频文件\第5章\为图像添加柔和日光.swf

（1）在Photoshop中打开"花朵.jpg"图像，在工具栏中单击前景色色块，打开"拾色器（前景色）"对话框，将前景色设为"R:255,G:249,B:157"，如图5-15所示。

图5-14 柔和日光效果

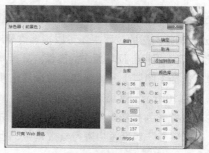
图5-15 设置前景色

（2）选择【图层】→【新建填充图层】→【渐变】菜单命令，打开"新建图层"对话框。在"名称"文本框中可输入新建图层的名称，这里保持默认，如图5-16所示，单击 确定 按钮。

（3）打开"渐变填充"对话框，在"渐变"下拉列表框中选择渐变颜色为"前景到透明"选项，然后单击渐变色块，打开"渐变编辑器"对话框。设置渐变色块左上角色标的不透明度为"80%"，在中间单击添加一个色标，设置不透明度为"50%"，如图5-17所示。

（4）单击 确定 按钮返回"渐变填充"对话框，在"角度"数值框中输入"-45"，如图5-18所示，单击 确定 按钮。

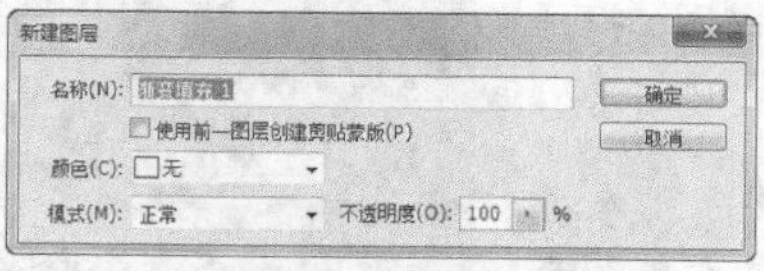

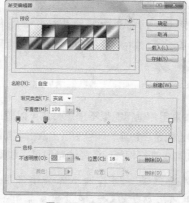

图5-16 新建图层

图5-17 设置渐变色块

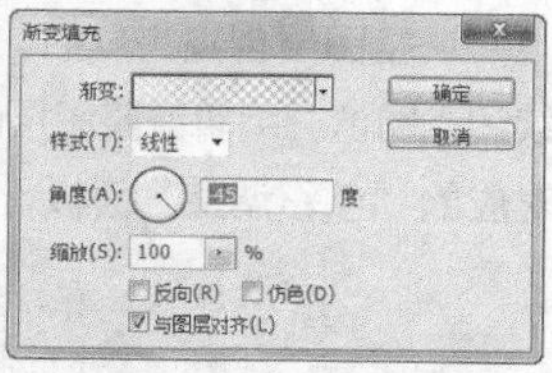

图5-18 设置渐变参数

（5）应用渐变填充，同时生成填充图层，"图层"面板中将出现一个填充图层，如图5-19所示。

（6）在工具箱中选择文字工具，然后在工具属性栏中设置字体为"汉仪凌波体简"，字号为
"24点"，颜色为"R:249,G:216,B:202"。

（7）在图像中单击定位插入点，输入文本"岁月静好"，按【Enter】键确认输入，并生成文字
图层，如图5-20所示。保存图像文件，完成本例制作。

图5-19　填充图层

图5-20　文字图层

5.2 管理图层

在编辑图像的过程中，经常需要对添加的图层进行管理，如调整图层的顺序、链接图层、图层分
组等，以方便用户处理图像。本节将详细介绍管理图层的相关操作。

5.2.1 复制与删除图层

复制图层就是为已存在的图层创建图层副本，对于不需使用的图层可以将其删除，删除图层后该
图层中的图像也将被删除。

1. 复制图层

复制图层主要有以下两种方法。

◎ 在"图层"面板中复制：在"图层"面板中选择需要复制的图层，按住鼠标左键不放将其拖
动到"图层"面板底部的"创建新图层"按钮上，释放鼠标，即可在该图层上复制一个图
层副本，如图5-21所示。

◎ 通过菜单命令复制：选择需要复制的图层，选择【图层】→【复制图层】菜单命令，打开
图5-22所示的"复制图层"对话框，在"为"文本框中输入图层名称并设置选项，单击
确定 按钮即可复制图层。

图5-21　在"图层"面板中复制

图5-22　"复制图层"对话框

2. 删除图层

删除图层有以下两种方法。

◎ **通过菜单命令删除**：在"图层"面板中选择要删除的图层，选择【图层】→【删除】→【图层】菜单命令即可。

◎ **通过"图层"面板删除**：在"图层"面板中选择要删除的图层，单击"图层"面板底部的"删除图层"按钮 即可。

知识提示　　　选择要复制的图层，按【Ctrl+J】组合键也可进行复制。注意，若图像区域创建了选区，则直接复制选区中的图像生成新图层。另外，在"图层"面板中选择要删除的图层，按【Delete】键也可快速删除图层。

5.2.2　合并与盖印图层

图层数量以及图层样式的使用都会占用计算机资源，合并相同属性的图层或者删除多余的图层能减小文件的大小，同时便于管理。合并与盖印图层是图像处理中的常用操作。

1. 合并图层

合并图层就是将两个或两个以上的图层合并到一个图层上。较复杂的图像处理完成后，一般都会产生大量的图层，从而使图像变大，使计算机处理速度变慢。这时可根据需要对图层进行合并，以减少图层的数量。合并图层的操作主要有以下几种。

◎ **合并图层**：在"图层"面板中选择两个或两个以上要合并的图层，选择【图层】→【合并图层】菜单命令或按【Ctrl+E】组合键即可。

◎ **合并可见图层**：选择【图层】→【合并可见图层】菜单命令，或按【Shift+Ctrl+E】组合键即可，该操作不合并隐藏的图层。

◎ **拼合图像**：选择【图层】→【拼合图像】菜单命令，可将"图层"面板中所有可见图层合并，并打开对话框询问是否丢弃隐藏的图层，同时以白色填充所有透明区域。

操作技巧　　　选择要合并的图层后，单击鼠标右键，在弹出的快捷菜单中也可选择相关的合并图层命令。

2. 盖印图层

盖印图层是比较特殊的图层合并方法，可将多个图层的内容合并到一个新的图层中，同时保留原来的图层不变。盖印图层的操作主要有以下几种。

◎ **向下盖印**：选择一个图层，按【Ctrl+Alt+E】组合键，可将该图层盖印到下面的图层中，原图层保持不变，如图5-23所示。

◎ **盖印多个图层**：选择多个图层，按【Ctrl+Alt+E】组合键，可将选择的图层盖印到一个新的图层中，原图层中的内容保持不变，如图5-24所示。

◎ **盖印可见图层**：按【Shift+Ctrl+Alt+E】组合键，可将所有可见图层中的图像盖印到一个新的图层中，原图层保持不变。

图5-23　向下盖印

图5-24　盖印多个图层

◎　盖印图层组：选择图层组，按【Ctrl+Alt+E】组合键，可将图中的所有图层内容盖印到一个新的图层中，原图层组保持不变。

5.2.3　改变图层排列顺序

在"图层"面板中，图层是按创建的先后顺序堆叠在一起的，上面图层中的内容会遮盖下面图层的内容。改变图层的排列顺序即为改变图层的堆叠顺序。改变图层排列顺序的方法是选择要移动的图层，选择【图层】→【排列】菜单命令，从打开的子菜单中选择需要的命令即可移动图层，如图5-25所示。

图5-25　排序命令

其相关选项含义如下。

◎　置为顶层：将当前选择的活动图层移动到最顶部。

◎　前移一层：将当前选择的活动图层向上移动一层。

◎　后移一层：将当前选择的活动图层向下移动一层。

◎　置为底层：将当前选择的活动图层移动到最底部。

知识提示　　使用鼠标直接在"图层"面板拖动图层也可改变图层的顺序。如果选择的图层在图层组中，则在选择"置为顶层"或"置为底层"命令时，可将图层调整到当前图层组的最顶层或最底层。

5.2.4　对齐与分布图层

在Photoshop中可通过对齐与分布图层快速调整图层内容，以实现图像间的精确移动。

1.　对齐图层

若要将多个图层中的图像内容对齐，可以按住【Shift】键，在"图层"面板中选择多个图层，然后选择【图层】→【对齐】菜单命令，在其子菜单中选择对齐命令进行对齐，如图5-26所示。如果所选图层与其他图层链接，则可以对齐与之链接的所有图层。

2.　分布图层

若要让3个或更多的图层采用一定的规律均匀分布，可选择这些图层，然后选择【图层】→【分布】菜单命令，在其子菜单中选择相应的分布命令，如图5-27所示。

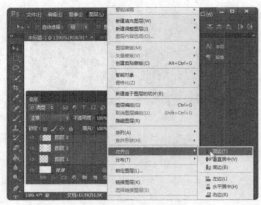

图5-26　图层对齐命令 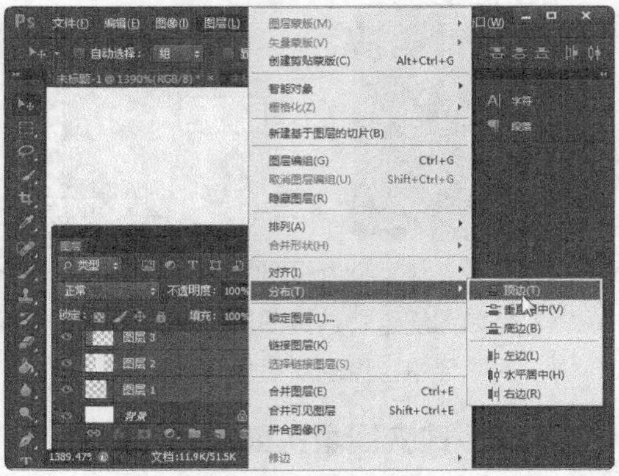　　　　　　　　　　　图5-27　图层分布命令

3. 将选区与图层对齐

在图像窗口中创建选区后，选择一个包含图像的图层，选择【图层】→【将图层与选区对齐】菜单命令，在其子菜单中选择相应的对齐命令，如图5-28所示。可基于选区对齐所选图层，如图5-29所示。

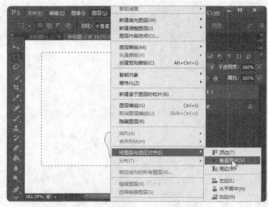

图5-28　对齐命令 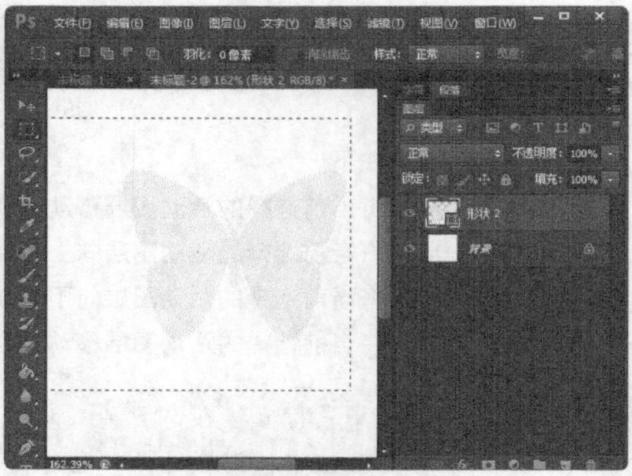　　　　　　　　　　　　图5-29　对齐图层

5.2.5　链接图层

若要同时处理多个图层中的图像，如同时变换、颜色调整、设置滤镜等，则可将这些图层链接在一起再进行操作。

在"图层"面板中选择两个或多个需要处理的图层，单击面板中的"链接图层"按钮，或选择【图层】→【链接图层】菜单命令，即可将其链接，如图5-30所示。

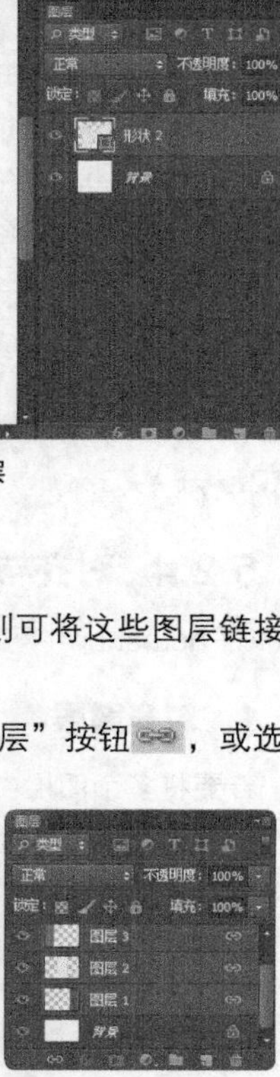

知识提示　　　如果要取消图层间的链接，需要先选择所有的链接图层，然后单击"图层"面板底部的"链接图层"按钮；如果只想取消某一个图层与其他图层间的链接关系，只需选择该图层，再单击"图层"面板底部的"链接图层"按钮即可。

图5-30　链接图层

5.2.6　修改图层名称和颜色

在图层数量较多的文件中，可在"图层"面板中对各个图层命名，或设置不同颜色以区别于其他图层，以便能快速找到所需图层。

1．修改图层名称

选择需要修改名称的图层，选择【图层】→【重命名图层】菜单命令，或直接双击该图层的名称，使其呈可编辑状态，然后输入新的名称即可，如图5-31所示。

2．修改图层颜色

选择要修改颜色的图层，在  图标上单击鼠标右键，在弹出的快捷菜单中选择一种颜色，效果如图5-32所示。

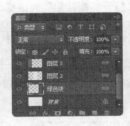

图5-31　修改图层名称　　　　　　　　　　　　　　　　图5-32　修改图层颜色

5.2.7　锁定、显示与隐藏图层

在"图层"面板中可对图层执行锁定、显示、隐藏操作，以便处理图层中的内容，或保护其中的内容不被更改。

1．锁定图层

锁定图层可防止该图层中的内容被更改。在"图层"面板中有4个选项用于设置锁定图层内容。

◎　"锁定透明像素"按钮 ：单击该按钮，当前图层上透明的部分被保护起来，不允许被编辑，后面的所有操作只对不透明图像起作用。

◎　"锁定图像像素"按钮 ：单击该按钮，当前图层被锁定，不管是透明区域还是图像区域都不允许填充或进行色彩编辑。此时，如果将绘图工具移动到图像窗口上会出现 图标。该功能对背景图层无效。

◎　"锁定位置"按钮 ：单击该按钮，当前图层的变形编辑将被锁定，图层上的图像不允许被移动或进行各种变形编辑，但仍然可以对该图层进行填充或描边等操作。

◎　"锁定全部"按钮 ：单击该按钮，当前图层的所有编辑将被锁定，不允许对图层上的图像进行任何操作。此时只能改变图层的叠放顺序。

2．显示与隐藏图层

单击"图层"面板前方的 图标，可隐藏"图层"面板中的图像，再次单击该图标可显示"图层"面板中的图像，如图5-33所示。

图5-33　隐藏图层

5.2.8　使用图层组管理图层

当图层的数量越来越多时，可创建图层组来进行管理，将同一属性的图层归类，从而方便快速找到需要的图层。图层组以文件夹的形式显示，可以像普通图层一样执行移动、复制、链接等操作。

1. 创建图层组

选择【图层】→【新建】→【组】菜单命令，打开"新建组"对话框，如图5-34所示。在该对话框中可以分别设置图层组的名称、颜色、模式、不透明度，单击 确定 按钮，即可在面板上创建一个空白的图层组。

在"图层"面板中单击面板底部的"创建新组"按钮，也可创建一个图层组，如图5-35所示。选择创建的图层组，单击面板底部的"创建新图层"按钮，可在该图层组中创建一个新图层，如图5-36所示。

图5-34　"新建组"对话框　　　　图5-35　创建新组　　　　图5-36　创建新图层

知识提示　　　　　　图层组的默认模式为"穿透"，表示图层组不产生混合效果。若选择其他模式，则组中的图层将以该组的混合模式与下面的图层混合。

2. 从所选图层创建图层组

若要将多个图层创建在一个组内，可先选择这些图层，然后选择【图层】→【图层编组】菜单命令，或按【Ctrl+G】组合键进行编组，效果如图5-37所示。编组后，可单击组前的三角图标展开或者收缩图层组，如图5-38所示。

图5-37　编组　　　　　　　　　　图5-38　展开图层组

知识提示　　选择图层后，选择【图层】→【新建】→【从图层建立组】菜单命令，打开"从图层新建组"对话框，在其中设置图层组的名称、颜色、模式等属性，可将其创建在设置特定属性的图层组内。

3. 创建嵌套结构的图层组

创建图层组后，在图层组内还可以继续创建新的图层组，这种多级结构的图层组称为嵌套图层组，如图5-39所示。

4. 将图层移入或移出图层组

将一个图层拖入另一个图层组，可将其添加到该图层组中，如图5-40所示。将一个图层拖出另一个图层组，则可将其从该图层组中移出，如图5-41所示。

图5-39　嵌套图层组　　　　图5-40　移入图层组　　　　　　图5-41　移出图层组

知识提示　　若要取消图层编组，可以选择该图层组，选择【图层】→【取消图层编组】菜单命令，或按【Shift+Ctrl+G】组合键。

5.2.9　栅格化图层内容

若要使用绘画工具编辑文字图层、形状图层、矢量蒙版、智能对象等包含矢量数据的图层，需要先将其转换为位图，然后才能进行编辑。转换为位图的操作即为栅格化。

选择需要栅格化的图层，选择【图层】→【栅格化】菜单命令，在其子菜单中可选择栅格化图层选项，如图5-42所示。

部分命令介绍如下。

◎ 文字：栅格化文字图层，使文字变为光栅图像，即位图。栅格化以后，不能使用文字工具修改文字。

◎ 形状/填充内容/矢量蒙版：选择"形状"命令，可以栅格化形状图层；选择"填充内容"命令，可以栅格化形状图层的填充内容，并基于形状创建矢量蒙版；选择"矢量蒙版"命令，可以栅格化矢量蒙版，将其转换为图层蒙版。

图5-42　栅格化命令

◎ 智能对象：栅格化智能对象，使其转换为像素。

◎ 视频：栅格化视频图层，选择的图层将拼合到"时间轴"面板中所选的当前帧的图层中。

◎ 3D：栅格化3D图层。

◎ 图层样式：栅格化图层样式，将其应用到图层内容中。

◎ 图层/所有图层：选择"图层"命令，可以栅格化当前选择的图层；选择"所有图层"命令，可以栅格化包含矢量数据、智能对象、生成数据的所有图层。

5.2.10　清除图像杂边

在移动或粘贴选区时，选区边框周围的一些像素也包含在选区内。这时选择【图层】→【修边】菜单命令，在打开的子菜单中可选择相应的命令清除这些多余的像素，如图5-43所示。

相关命令含义如下。

◎ 颜色净化：去除彩色杂边。

◎ 去边：用包含纯色（不含背景色的颜色）的邻近像素的颜色替换任何边缘像素的颜色。

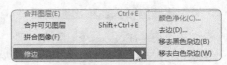

◎ 移去黑色杂边：若将黑色背景上创建的消除锯齿的选区粘贴到其他颜色的背景上，可选择该命令消除黑色杂边。

图5-43　修边命令

◎ 移去白色杂边：若将白色背景上创建的消除锯齿的选区粘贴到其他颜色的背景上，可选择该命令消除白色杂边。

5.2.11　课堂案例2——制作儿童成长艺术照

合成图像是Photoshop的特色功能之一，通过对图层进行处理可以合成具有特殊效果的图像文件，以符合设计需要。本案例以合成一张儿童艺术照为例进行介绍，参考效果如图5-44所示。

图 5-44　儿童成长艺术照参考效果

素材所在位置	光盘:\素材文件\第5章\课堂案例2\照片.jpg、照片1.jpg、照片2.jpg、气球.jpg、背景.jpg
效果所在位置	光盘:\效果文件\第5章\儿童艺术照.psd
视频演示	光盘:\视频文件\第5章\制作儿童成长艺术照.swf

（1）打开"背景.jpg"和"气球.jpg"素材文件，将花纹图像复制到背景图像窗口中，在"图层"面板中单击"图层模式"下拉按钮，在打开的下拉列表中选择"正片叠底"选项，效果如图5-45所示。

（2）选择"背景"和"图层1"图层，单击鼠标右键，在弹出的快捷菜单中选择"合并图层"命令，合并图层，如图5-46所示。

图5-45　设置图层模式

图5-46　合并图层

（3）选择【图像】→【调整】→【亮度/对比度】菜单命令，打开"亮度/对比度"对话框，在"亮度""对比度"文本框中分别输入"20""15"，单击 确定 按钮，如图5-47所示。

（4）在工具箱中选择椭圆工具 ，设置前景色为"R:190,G:230,B:200"，然后在图像左上角绘制一个椭圆，如图5-48所示。

（5）在"图层"面板中将鼠标指针移动到"图层2"图层上，按住鼠标左键不放并拖动到下方的"新建图层"按钮 上，复制一个图层，如图5-49所示。

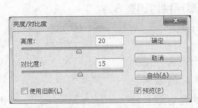

图5-47　调整"亮度/对比度"

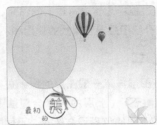

图5-48　绘制形状

图5-49　复制图层

（6）按【Ctrl+T】组合键自由变换图像，并调整位置，完成后使用相同的方法制作另一个底纹图像，效果如图5-50所示。

（7）打开"照片.jpg""照片1.jpg""照片2.jpg"素材，使用椭圆选框工具分别在头像处创建椭圆选区，如图5-51所示。

（8）然后将其复制到"椭圆"形状中，并进行自由变换，调整其大小和位置，效果如图5-52所示，然后使用相同方法完成其他照片的编辑。

图5-50　变换图像

图5-51　选择选区

图5-52　复制并调整选区

（9）在"图层"面板中将"图层3"拖动到"椭圆1副本2"图层的上方，将"图层2"拖动到"椭圆1副本"图层的上方，将"图层3"拖动到"椭圆1"图层的上方，如图5-53所示。

（10）按住【Shift】键选择"图层1"和"椭圆1"图层，在"图层"面板中单击 按钮将其链接，如图5-54所示。

（11）使用相同的方法，链接其他几个图层，如图5-55所示。完成后保存图像文件即可。

图5-53　调整图层顺序

图5-54　链接图层

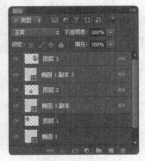

图5-55　链接其他图层

5.3 设置图层混合模式和不透明度

图层的混合模式在图像处理过程中起着非常重要的作用，主要用来调整图层间的相互关系，从而生成新的图像效果。本节将详细介绍图层混合模式的使用和不透明度的调整方法。

5.3.1　设置图层混合模式

图层混合模式是指对上一层图层与下一层图层的像素进行混合，从而得到一种新的图像效果。通常情况下，上层的像素会覆盖下层的像素。Photoshop CS6提供了二十多种不同的色彩混合模式，不同的色彩混合模式可以产生不同的效果。

单击"图层"面板中的 正常 按钮，在打开的下拉列表中即可选择需要的模式，如图5-56所示。下面分别介绍应用各种混合模式后的效果。

图5-56　混合模式

◎ **正常**：系统默认的图层混合模式，上面图层中的图像完全遮盖下面图层上对应的区域。

◎ **溶解**：如果上面图层中的图像具有柔和的半透明效果，选择该混合模式可生成像素点状效果。

◎ **变暗**：选择该模式后，上面图层中较暗的像素将代替下面图层中与之相对应的较亮像素，而下面图层中较暗的像素将代替上面图层中与之相对应的较亮像素，从而使叠加后的图像区域变暗。

◎ **正片叠底**：该模式对上面图层中的颜色与下面图层中的颜色进行混合相乘，形成一种光线透过两张叠加在一起的幻灯片的效果，从而得到比原来两种颜色更深的颜色效果。

◎ **颜色加深**：选择该模式后，可增强上面图层与下面图层之间的对比度，从而得到颜色加深的图像效果。

◎ **颜色减淡**：该模式将通过减小上下图层中像素的对比度来提高图像的亮度。

◎ **线性加深**：该模式将查看每个颜色通道中的颜色信息，变暗所有通道的基色，并通过提高其他颜色的亮度来反映混合颜色。此模式对于白色将不产生任何变化。

◎ **线性减淡**：该模式与"线性加深"模式的作用刚好相反，是通过加亮所有通道的基色，并通过降低其他颜色的亮度来反映混合颜色。此模式对于黑色将不产生任何变化。

◎ **变亮**：该模式与"变暗"模式作用相反，将下面图层中比上面图层中更暗的颜色作为当前显示颜色。

◎ **滤色**：该模式对上面图层与下面图层中相对应的较亮颜色进行合成，从而生成一种漂白增亮的图像效果。

◎ **叠加**：该模式根据下面图层的颜色，与上面图层中相对应的颜色进行相乘或覆盖，产生变亮或变暗的效果。

◎ **柔光**：该模式根据下面图层中颜色的灰度值与对上面图层中相对应的颜色进行处理，高亮度的区域更亮，暗部区域更暗，从而产生一种柔和光线照射的效果，具体取决于混合色。此效果与发散的聚光灯照在图像上相似。如果混合色（光源）比50%灰色亮，则图像变亮，就像被减淡一样；如果混合色（光源）比50%灰色暗，则图像变暗，就像被加深一样。用纯黑色或纯白色绘画会产生明显较暗或较亮的区域，但不会产生纯黑色或纯白色。

◎ **强光**：该模式与"柔光"模式类似，也是对下面图层中的灰度值与上面图层进行处理。不同的是产生的效果就像一束强光照射在图像上一样，具体取决于混合色。此效果与耀眼的聚光灯照在图像上相似。如果混合色（光源）比50%灰色亮，则图像变亮，就像过滤后的效果，这对于向图像添加高光非常有用；如果混合色（光源）比50%灰色暗，则图像变暗，就像复合后的效果，这对于向图像添加阴影非常有用。用纯黑色或纯白色绘画会产生纯黑色或纯白色。

◎ **亮光**：该模式通过增加或减小上下图层中颜色的对比度来加深或减淡颜色，具体取决于混合色。如果混合色比50%灰色亮，则通过减小对比度使图像变亮；如果混合色比50%灰色暗，则通过增加对比度使图像变暗。

◎ **线性光**：该模式将通过减小或增加上下图层中颜色的亮度来加深或减淡颜色，具体取决于混合色。如果混合色比50%灰色亮，则通过增加亮度使图像变亮；如果混合色比50%灰色暗，则通过减小亮度使图像变暗。

◎ **点光**：该模式与"线性光"模式相似，是根据上面图层与下面图层的混合色来决定替换部分较暗或较亮像素的颜色。如果混合色（光源）比50%灰色亮，则替换比混合色暗的像素，而不改变比混合色亮的像素；如果混合色比50%灰色暗，则替换比混合色亮的像素，而不改变比混合色暗的像素，这对于向图像添加特殊效果非常有用。

◎ **实色混合**：该模式是将混合颜色的红色、绿色、蓝色通道值添加到基色的RGB值。如果通道的结果总和大于或等于255，则值为255；如果小于255，则值为0。因此，所有混合像素的红色、绿色、蓝色通道值要么是0，要么是255。这会将所有像素更改为原色：红色、绿色、蓝色、青色、黄色、洋红、白色、黑色。

◎ **差值**：该模式对上面图层与下面图层中颜色的亮度值进行比较，将两者的差值作为结果颜色。当不透明度为100%时，白色将全部反转，而黑色保持不变。

◎ **排除**：该模式由亮度决定是否从上面图层中减去部分颜色，得到的效果与"差值"模式相似，只是更柔和一些。

◎ **色相**：该模式只是对上下图层中颜色的色相进行相融，形成特殊的效果，但并不改变下面图层的亮度与饱和度。

◎ **饱和度**：该模式只是对上下图层中颜色的饱和度进行相融，形成特殊的效果，但并不改变下面图层的亮度与色相。

◎ **颜色**：该模式只将上面图层中颜色的色相和饱和度融入下面图层中，并与下面图层中颜色的亮度值进行混合，但不改变其亮度。

◎ **明度**：该模式与"颜色"模式相反，只将当前图层中颜色的亮度融入下面图层中，但不改变下面图层中颜色的色相和饱和度。

5.3.2　设置图层不透明度

通过设置图层的不透明度可以使图层产生透明或半透明效果，其方法为在"图层"面板右上方的"不透明度"数值框中输入数值来进行设置，范围是0%～100%。

要设置某图层的不透明度，应先在"图层"面板中选择该图层，当图层的不透明度小于100%时，将显示该图层和下面图层的图像，不透明度值越小，就越透明；当不透明度值为0%时，该图层将不会显示，而完全显示其下面图层的内容。

图5-57所示为具有两个图层的图像，背景图层上为一个"鹰"图层。将"鹰"所在图层的不透明度分别设置为70%和40%时，效果分别如图5-58和图5-59所示。

图5-57　不透明度为100%　　　　图5-58　不透明度为70%　　　　图5-59　不透明度为40%

5.4　使用图层样式

在编辑图像过程中，可通过设置图层样式创建出各种特殊的图像效果。图层样式的使用非常广泛，组合使用可设计出具有立体效果的作品。本节将详细讲解各种图层样式的应用效果。

5.4.1　添加图层样式

Photoshop CS6图层样式不仅可为图层中的图像内容添加阴影或高光等效果，还可创建水晶、玻璃、金属等特效。在Photoshop中主要可通过以下几种方式添加图层样式。

◎ 选择【图层】→【图层样式】菜单命令，在打开的子菜单中选择一种效果命令，如图5-60所示，即可打开"图层样式"对话框，并进入相应效果的设置面板。

◎ 在"图层"面板中单击"添加图层样式"按钮 *fx.*，在打开的下拉列表中选择一种效果选项，如图5-61所示，也可打开"图层样式"对话框，并进入相应效果的设置面板。

图5-60 选择命令　　　　　　　　图5-61 样式按钮

◎　双击需要添加效果的图层右侧的空白部分，可快速打开"图层样式"默认的"混合选项：默认"对话框。

5.4.2 设置图层样式

Photoshop CS6提供了多种图层样式，用户应用其中一种或多种样式后，就可以制作出光照、阴影、斜面、浮雕等特殊效果。

1．混合选项

混合选项图层样式可以控制图层与其下面的图层像素混合的方式。选择【图层】→【图层样式】菜单命令，即可打开"图层样式"对话框。在其中可对整个图层的不透明度与混合模式进行详细设置，其中某些设置可以直接在"图层"面板上进行。

混合选项中包括常规混合、高级混合、混合颜色带等，如图5-62所示，其含义如下。

◎　"常规混合"栏：此栏中的"混合模式"用于设置图层之间的色彩混合模式，单击右侧的下拉按钮，在打开的下拉列表中可以选择图层和下方图层之间的混合模式；"不透明度"用于设置当前图层的不透明度，与在"图层"面板中的操作一样。

◎　"高级混合"栏：此栏中的"填充不透明度"数值框用于设置当前图层上应用填充操作的不透明度；"通道"用于控制单独通道的混合；"挖空"

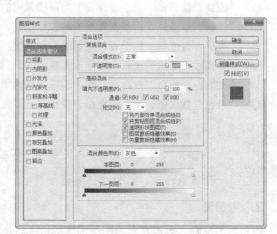

图5-62 混合选项

下拉列表框用于控制通过内部透明区域的视图，其下方的"将内部效果混合成组"复选框用于将内部形式的图层效果与内部图层混合。

◎　"混合颜色带"栏：此栏用于设置进行混合的像素范围。单击右侧的下拉按钮，在打开的下拉列表中可以选择颜色通道，与当前的图像色彩模式相对应。若是RGB模式的图像，则下拉菜单包含灰色、红色、绿色、蓝色4个选项。若是CMYK模式的图像，则下拉菜单包含灰色、青色、洋红、黄色、黑色5个选项。

◎ **本图层**：拖动滑块可以设置当前图层所选通道中参与混合的像素范围，其值在0~255之间。在左右两个三角形滑块之间的像素就是参与混合的像素范围。

◎ **下一图层**：拖动滑块可以设置当前图层的下一层中参与混合的像素范围，其值在0~255之间。在左右两个三角形滑块之间的像素就是参与混合的像素范围。

2. 投影

投影图层样式用于模拟物体受光后产生的投影效果，可以增加层次感。"投影"面板如图5-63所示，相关选项的含义如下。

◎ **"混合模式"下拉列表框**：用于设置投影图像与原图像间的混合模式。其右侧的颜色块用来控制投影的颜色，单击它可在打开的"拾色器"对话框中设置投影颜色，系统默认为黑色。

◎ **"不透明度"数值框**：用于设置投影的不透明度。

◎ **"角度"数值框**：用于设置光照的方向，投影在该方向的对面出现。

◎ **"使用全局光"复选框**：单击选中该复选框，图像中所有图层效果使用相同光线照入角度。

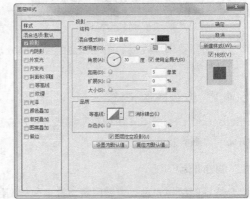

图5-63　"投影"面板

◎ **"距离"数值框**：用于设置投影与原图像间的距离，值越大距离越远。

◎ **"扩展"数值框**：用于设置投影的扩散程度，值越大扩散越多。

◎ **"大小"数值框**：用于设置投影的模糊程度，值越大越模糊。

◎ **"等高线"下拉列表框**：用于设置投影的轮廓形状。

◎ **"图层挖空投影"复选框**：用于消除投影边缘的锯齿。

◎ **"杂色"数值框**：用于设置是否使用噪波点来对投影进行填充。

知识提示　按住【Alt】键不放，"图层样式"窗口中的[取消]按钮会变为[复位]按钮，此时单击[复位]按钮，可将"图层样式"窗口中所有设置的值恢复为默认值。

3. 内阴影

内阴影图层样式可以在紧靠图层内容的边缘内添加阴影，使图层图像产生凹陷效果。内阴影与投影的选项设置方式基本相同，不同之处在于：投影是通过"扩展"选项来控制投影边缘的渐变程度；而内阴影则通过"阻塞"选项来控制。"阻塞"可以在模糊之前收缩内阴影的边界，且其与"大小"选项相关联，"大小"值越高，可设置的"阻塞"范围也就越大。"内阴影"面板如图5-64所示。

4. 外发光

外发光图层样式是沿图像边缘向外产生发光效果。其参数面板如图5-65所示，相关选项的含义如下。

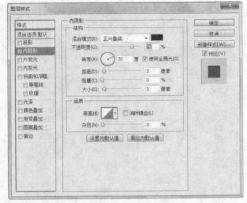

图5-64   "内阴影"面板

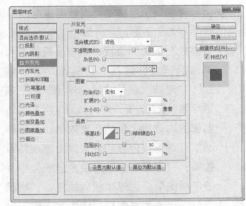

图5-65   "外发光"面板

◎ "混合模式"下拉列表框、"不透明度"数值框："混合模式"下拉列表框用于设置发光效果与下面图层的混合方式；"不透明度"数值框用于设置发光效果的不透明度，值越低发光效果越弱。

◎ "杂色"数值框：在发光效果中添加随机的杂色，使光晕呈现颗粒感。

◎ "颜色"单选项：单击选中该单选项，则使用单一的颜色作为发光效果的颜色。单击其中的色块，在打开的"拾色器"对话框中可以选择其他颜色。

◎ "渐变条"单选项：单击选中该单选项，则使用一个渐变颜色作为发光效果的颜色。单击按钮，可在打开的下拉列表框中选择其他渐变色作为发光颜色。

◎ "方法"下拉列表框：用于设置对外发光效果，可以选择"柔和"和"精确"选项。选择"柔和"选项，可以对发光应用模糊效果，得到柔和的边缘；选择"精确"选项，则得到精确的边缘。

◎ "扩展/大小"数值框："扩展"用于设置发光范围的大小；"大小"数值框用于设置光晕范围的大小。

◎ "范围"数值框：用于设置外发光效果的轮廓范围。

◎ "抖动"数值框：用于改变渐变的颜色和不透明度的范围。

5. 内发光

内发光图层样式可以沿图层图像的边缘向内创建发光效果。"内发光"的参数面板如图5-66所示，相关选项的含义如下。

◎ "源"栏：用于控制发光光源的位置。单击选中"居中"单选项，表示应用从图层

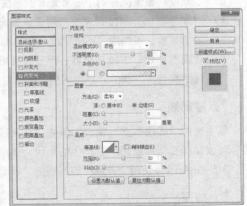

图5-66   "内发光"面板

图像的中心发出的光；单击选中"边缘"单选项，表示应用从图层图像的内部边缘发出的光。

◎ "阻塞"数值框：用于在模糊之前收缩内发光的杂边边界。

6. 斜面和浮雕

"斜面和浮雕"图层样式可以使图层中的图像产生凸出和凹陷的斜面和浮雕效果，还可以添加不同组合方式的高光和阴影。"斜面和浮雕"面板如图5-67所示，相关选项的含义如下。

◎ "样式"下拉列表框：用于设置斜面和浮雕的样式，包括"内斜面""外斜面""浮雕效果""枕状浮雕"和"描边浮雕"5个选项。"内斜面"可在图层图像的内边缘上创建斜面效果；"外斜面"可在图层内容的外边缘上创建斜面效果；"浮雕效果"可使图层图像相对于下层图层呈现浮雕状的效果；"枕状浮雕"可产生将图层边缘压入下层图像中的效果；"描边浮雕"可将浮雕效果仅应用于图像的边界。

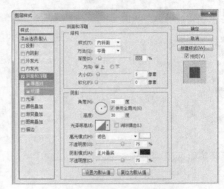

图5-67   "斜面和浮雕"面板

◎ "方法"下拉列表框："平滑"表示将生成平滑的浮雕效果；"雕刻清晰"表示将生成一种线条较生硬的雕刻效果；"雕刻柔和"表示将生成一种线条柔和的雕刻效果。

◎ "深度"数值框：用于控制斜面和浮雕效果的深浅程度，取值范围在1%~1000%。

◎ "方向"栏：单击选中"上"单选项，表示高光区在上，阴影区在下；单击选中"下"单选项，表示高光区在下，阴影区在上。

◎ "大小"数值框：用于设置斜面和浮雕中阴影面积的大小。

◎ "软化"数值框：用于设置斜面和浮雕的柔和程度，该值越高，效果越柔和。

◎ "角度"数值框：用于设置光源的照射角度，可在数值框中输入数值进行调整，也可以拖动圆形图标内的指针来调整。单击选中"使用全局光"复选框，则可以让所有浮雕样式的光照角度保持一致。

◎ "高度"数值框：用于设置光源的高度。

◎ "高光模式"下拉列表框：用于设置高光区域的混合模式。单击右侧的颜色块可设置高光区域的颜色，下侧的"不透明度"数值框用于设置高光区域的不透明度。

◎ "阴影模式"下拉列表框：用于设置阴影区域的混合模式。单击右侧的颜色块可设置阴影区域的颜色，下侧的"不透明度"数值框用于设置阴影区域的不透明度。

7. 等高线

单击选中"图层样式"窗口左侧的"等高线"复选框，可切换到"等高线"面板中。使用"等高线"可以勾画在浮雕处理中被遮住的起伏、凹陷、凸起的线，且设置不同等高线生成的浮雕效果也不同。图5-68所示为使用"锥形"等高线的"等高线"面板。

8. 纹理

单击选中左侧的"纹理"复选框，可切换到"纹理"面板，如图5-69所示。

图5-68　"等高线"面板

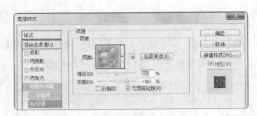
图5-69　"纹理"面板

"纹理"面板中相关选项的含义如下。

◎ "图案"下拉列表框：单击图案右侧的 按钮，可在打开的下拉列表中选择一个图案，将其应用到斜面和浮雕上。

◎ "从当前图案创建新的预设"按钮 ：单击该按钮，可以将当前设置的图案创建为一个新的预设图案，新图案会保存在"图案"下拉列表中。

◎ "缩放"数值框：拖动滑块或输入数值可以调整图案的大小。

◎ "深度"数值框：用于设置图案的纹理应用程度。

◎ "反相"复选框：单击选中该复选框，可以反转图案纹理和凹凸方向。

◎ "与图层链接"复选框：单击选中该复选框可以将图案链接到图层。此时对图层进行变换操作，图案也会一同变换，单击选中该复选框后，单击 贴紧原点(A) 按钮，可将图案的原点对齐到文档的原点；若撤销选中该复选框，则单击 贴紧原点(A) 按钮，可将原点放在图层的左上角。

知识提示　等高线和纹理在"斜面和浮雕"复选框下，只有单击选中"斜面和浮雕"复选框，才能激活等高线和纹理复选框。

9. 光泽

通过为图层添加光泽样式，可以在图像中产生游离的发光效果。"光泽"面板参数如图5-70所示。

10. 颜色叠加

颜色叠加图层样式可以在图层上叠加指定的颜色，通过设置颜色的混合模式和不透明度来控制叠加效果。图5-71所示为"颜色叠加"面板。

图5-70　"光泽"面板

图5-71　"颜色叠加"面板

11. 渐变叠加

渐变叠加图层样式可以在图层上叠加指定的渐变颜色。"渐变叠加"面板如图5-72所示。

12. 图案叠加

图案叠加图层样式可以在图层上叠加指定的图案，并且可以缩放图案，设置图案的不透明度和混合模式。"图案叠加"面板如图5-73所示。

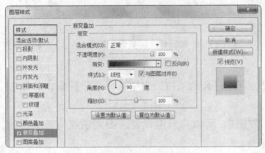

图5-72　"渐变叠加"面板

图5-73　"图案叠加"面板

13. 描边

描边图层样式可以沿图像边缘填充一种颜色。"描边"面板如图5-74所示，相关选项的含义如下。

◎ "位置"下拉列表框：用于设置描边的位置，包含了"外部""内部"和"居中"3个选项。

◎ "填充类型"下拉列表框：用于设置描边填充的类型，包含了"颜色""渐变"和"图案"3种类型。

图5-74　"描边"面板

5.5　课堂练习

本课堂练习将分别制作"忆江南"图像和衣服纹饰效果，综合本章学习的知识点，将图层的相关操作结合应用到实践中。

5.5.1　制作忆江南图像

1. 练习目标

本练习要求将一幅现代风格的图片处理出浓浓的古典韵味，可打开光盘中提供的素材文件进行操作，参考效果如图5-75所示。

素材所在位置　光盘:\素材文件\第5章\课堂练习1\画布.jpg、江南.jpg、梅花.jpg、亭子.jpg
效果所在位置　光盘:\效果文件\第5章\忆江南.psd
视频演示　　　光盘:\视频文件\第5章\制作忆江南图像.swf

图5-75　"忆江南"图像效果

2. 操作思路

掌握了图层的相关操作后，即可开始本练习的设计与制作。根据本练习的目标，要制作出一幅古典韵味浓厚的画卷，首先应打开素材，通过复制图像的方法复制其他素材图像，然后调整图层的混合模式和不透明度，以达到画面颜色融洽的效果。本练习的操作思路如图5-76所示。

① 设置图层混合模式

② 设置图层不透明度

图5-76　制作"忆江南"的操作思路

行业知识

水墨江南具有很浓厚的中国古典风格，在设计时可注意以下几方面。
① 一定要选择与当前设计主题相切合的素材。
②文字内容和字体等最好都带有古典宁静的气息。
③注意对色彩的调整。

（1）打开"画布.jpg"和"梅花.jpg"素材文件，合并梅花图层和空白图层。

（2）分别设置不同图层的混合模式，将两幅图像完美融合。

（3）为亭子所在的图层设置图层不透明度，以达到很好的过渡效果，最后保存图像即可。

5.5.2　制作衣服纹饰效果

1. 练习目标

本练习将制作衣服纹饰图像效果，将光盘中提供的图像素材作为图案填充到衣服上作为服饰纹路，制作好的画框效果如图5-77所示。

素材所在位置	光盘:\素材文件\第5章\课堂练习2\人物.jpg、花纹.jpg
效果所在位置	光盘:\效果文件\第5章\课堂练习2\衣服纹饰.psd
视频演示	光盘:\视频文件\第5章\制作衣服纹饰效果.swf

图5-77　衣服纹饰效果

2. 操作思路

　　根据上面的练习目标，首先将"花纹"定义为图案，然后通过快速选择工具选择衣服选区，然后将"花纹"图案填充到衣服选区中，再调整图像的混合模式和不透明度。本练习的操作思路如图5-78所示。

① 选择衣服选区

② 填充图案

③ 设置填充透明度

图5-78　衣服纹饰效果的操作思路

（1）打开"人物.jpg""花纹.jpg"素材文件，将"花纹.jpg"置为当前，选中【编辑】→【定义图案】菜单命令，将其定义为图案。

（2）切换到"人物.jpg"文件，使用快速选择工具将衣服选择为选区，并按【Alt】键擦除多余背景。

（3）选择【图层】→【新建填充图层】→【图案】菜单命令，在打开的对话框中将"缩放"设置为"45%"，填充图案。

（4）选择填充图层，设置其图层不透明度为"90%"。

（5）将填充图层混合模式更改为"线性加深"，保存图像完成制作。

5.6　拓展知识

图层是Photoshop中非常强大的功能，下面补充介绍图层的相关知识。

1. 将背景图层转换为普通图层

将背景图层转换为普通图层，方法是在"图层"面板中双击背景图层，打开"新建图层"对话框，输入图层名称再单击 确定 按钮即可。按住【Alt】键双击"背景"图层，可以在不打开"新建图层"对话框的情况下将背景图层转换为普通图层。

2. 将普通图层转换为背景图层

在创建图像文件时，若在"新建"对话框的"背景内容"下拉列表框中选择"白色"或"背景色"选项，那么创建的图像文件在"图层"面板最底层的便是背景图层。若选择"透明"选项，则创建的图像文件没有背景图层。若需要将普通图层转换为背景图层，可选择其中一个图层，选择【图层】→【新建】→【背景图层】菜单命令。

3. 合理使用"背后"和"清除"选项

"背后"模式和"清除"模式是绘图工具、填充命令、描边命令特有的混合模式。"背后"模式仅在图层的透明部分编辑，不影响图层中原有的图像，图5-79所示为"正常"模式下和"背后"模式下使用画笔涂抹的效果；"清除"模式下画笔工具与橡皮擦工具作用类似，图5-80所示为画笔不透明度分别为100%和50%时涂抹的效果。

图5-79　"背后"模式效果

图5-80　"清除"模式效果

4. 在设计作品时关于图层的应用需注意的问题

操作图层时应注意以下几点：①文字图层若不需要添加滤镜等特殊效果，最好不要将其栅格化，因为栅格化后再对文字进行修改会比较麻烦；②一幅作品并不是图层越多越好，图层越多，图像文件就越大，在制作过程中或制作完成后可以将某些图层合并，并删除不再使用的隐藏图层；③含有图层的作品最终一定要保存为PSD格式文件，以便于后期修改，同时为防止他人修改和盗用，传文件给他人查看时可另存为TIF或JPG等格式。

5.7　课后习题

（1）利用光盘中提供的素材设计一个汽车网页，要求画面体现出高端产品的视觉效果，并且具有一定的神秘色彩，参考效果如图5-81所示。

　　提示：首先需要利用素材制作页面背景，然后通过设置图层制作出需要的效果。

素材所在位置　　光盘:\素材文件\第5章\课后习题1\云彩.jpg、汽车.psd

效果所在位置　　光盘:\效果文件\第5章\课后习题\汽车网页.psd

视频演示　　　　光盘:\视频文件\第5章\制作汽车网页.swf

　　（2）制作一个特效文字图像。要求特效文字具有金属感，参考效果如图5-82所示。

　　提示：打开素材，合成图像，然后添加"投影""内发光""斜面和浮雕""等高线"等图层样
　　　　　式，创建金属文字。

素材所在位置　　光盘:\素材文件\第5章\课后习题2\乱石.jpg、荷花.jpg、背景.jpg

效果所在位置　　光盘:\效果文件\第5章\课后习题\特效文字.psd

视频演示　　　　光盘:\视频文件\第5章\制作特效文字.swf

图5-81　汽车网页设计效果　　　　　　　　　　图5-82　特效文字效果

第6章
调整图像色彩

本章将详细讲解在Photoshop CS6中使用各种色彩命令调整图像色彩的方法，其中包括调整图像明暗度、饱和度、替换颜色，添加渐变颜色效果等知识。读者通过本章的学习能够熟练使用相关的调色命令进行调色。

学习要点
- 调整图像全局色彩
- 调整图像局部色彩

学习目标
- 掌握色彩的基本知识
- 掌握常用色彩调整命令的使用方法

6.1 调整图像全局色彩

Photoshop CS6作为一款专业的平面图像处理软件，内置了多种全局色彩调整命令。本节将详细介绍调整图像全局色彩的知识，使读者能够对图像色彩进行分析，并能使用相关的色彩调整命令对图像色彩进行调整。

6.1.1 使用色阶

使用"色阶"命令可以调整图像的高光、中间调、暗调的强度级别，校正色调范围和色彩平衡，即不仅可以调整色调，还可以调整色彩。

使用"色阶"命令可以对整个图像进行操作，也可以对图像的某一范围、某一图层图像、某一颜色通道进行调整。方法是选择【图像】→【调整】→【色阶】菜单命令或按【Ctrl+L】组合键打开"色阶"对话框，如图6-1所示。其各选项的含义如下。

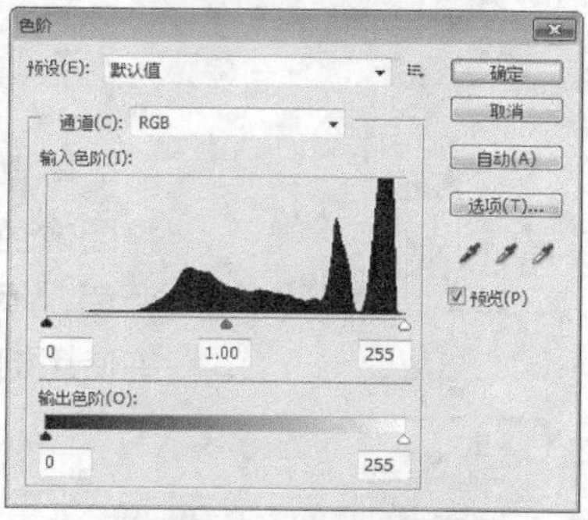

◎ "预设"下拉列表框：单击"预设"选项右侧的 按钮，在打开的下拉列表中选择"存储"选项，可将当前的调整参数保存为一个预设文件。在使用相同的方式处理其他图像时，可以用预设的文件自动完成调整。

◎ "通道"下拉列表框：在其下拉列表中可以选择要调整的颜色通道。调整通道会改变图像颜色。

图6-1   "色阶"对话框

◎ 输入色阶：左侧滑块用于调整图像的暗部，中间滑块用于调整中间调，右侧滑块用于调整亮部。可通过拖动滑块或在滑块下的数值框中输入数值进行调整。调整暗部时，低于该值的像素将变为黑色；调整亮部时，高于该值的像素将变为白色。

◎ 输出色阶：用于限制图像的亮度范围，如图6-2所示。从而降低图像对比度，使其呈现褪色效果，如图6-3所示。

图6-2   限制图像亮度范围

图6-3   图像效果对比

◎ "设置黑场"按钮 ：使用该工具在图像中单击，可将单击点的像素调整为黑色，原图中比该点暗的像素也变为黑色，如图6-4所示。

◎ "设置灰场"按钮 ：使用该工具在图像中单击，可根据单击点像素的亮度来调整其他中间色调的平均亮度，如图6-5所示。它常用于校正偏色。

◎ **"设置白场"按钮** ✎：使用该工具在图像中单击，可将单击点的像素调整为白色，比该点亮度值高的像素都将变为白色，如图6-6所示。

图6-4 设置黑场　　　　　　　图6-5 设置灰场　　　　　　　图6-6 设置白场

◎ 自动(A) 按钮：单击该按钮，Photoshop会以0.5%的比例自动调整色阶，使图像的亮度分布更加均匀。

◎ 选项(T)... 按钮：单击该按钮，将打开"自动颜色校正选项"对话框，在其中可设置黑色像素和白色像素的比例。

6.1.2 自动调整颜色

Photoshop CS6中提供了自动调整颜色命令，选择"图像"菜单命令，在打开的菜单中可看到自动色调、自动对比度和自动颜色3个命令。

◎ **自动色调**：该命令可自动调整图像中的黑场和白场，将每个颜色通道中最亮和最暗的像素映射到纯白（色阶为255）和纯黑（色阶为0），中间像素值按比例重新分布，从而增强图像的对比度。图6-7所示为应用该命令前后的图像对比。

图6-7 自动色调对比效果

◎ **自动对比度**：该命令可自动调整图像的对比度，使高光看上去更亮、阴影看上去更暗。图6-8所示为应用该命令前后的图像对比。

图6-8 自动对比度对比效果

◎ **自动颜色**：该命令可通过搜索图像来标识阴影、中间调、高光，从而调整图像的对比度和颜色，还可以校正偏色的照片。图6-9所示为校正偏蓝的图像。

图6-9 自动颜色对比效果

6.1.3 使用曲线

使用"曲线"命令也可以调整图像的亮度、对比度、纠正偏色等，但与"色阶"命令相比，该命令的调整更为精确，是选项最丰富、功能最强大的颜色调整工具。其具体操作如下。

（1）打开任意一幅图像后，选择【图像】→【调整】→【曲线】菜单命令或按【Ctrl+M】组合键，打开"曲线"对话框，如图6-10所示。该对话框中包含了一个色调曲线图，其中曲线的水平轴代表图像原来的亮度值，即输入值；垂直轴代表调整后的亮度值，即输出值。其相关选项的含义如下。

◎ "通道"下拉列表：显示当前图像文件色彩模式，可从中选择单色通道对单一的色彩进行调整。

◎ "编辑点以修改曲线"按钮：是系统默认的曲线工具。单击该按钮后，可以通过拖动曲线上的调节点来调整图像的色调。

◎ "通过绘制来修改曲线"按钮：单击该按钮，可在曲线图中绘制自由形状的色调曲线。

◎ "曲线显示选项"栏：单击名称前的按钮，可以展开隐藏的选项。展开项中有两个田字型按钮，用于控制曲线调节区域的网格数量。

（2）将鼠标指针移动到曲线中间，单击可增加一个调节点，按住鼠标左键不放向上方拖动添加的调节点，这时图像会即时显示亮度增加后的效果，如图6-11所示。

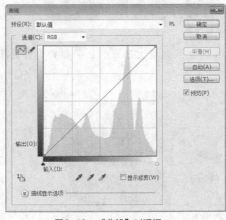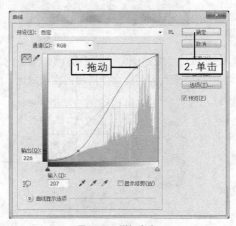

图6-10 "曲线"对话框   图6-11 增加亮度

（3）单击 确定 按钮，调整图像曲线前后的对比效果如图6-12所示。

图6-12 调整曲线前后的对比效果

6.1.4 使用"色彩平衡"命令

使用"色彩平衡"命令可以在图像原色的基础上根据需要来添加其他颜色，或通过增加某种颜色的补色以减少该颜色的数量，从而改变图像的原色彩，多用于调整明显偏色的图像。其具体操作如下。

（1）打开任意一幅图像，如图6-13所示。选择【图像】→【调整】→【色彩平衡】菜单命令，或按【Ctrl+B】组合键打开图6-14所示的"色彩平衡"对话框，其中相关选项的含义如下。

◎ "色彩平衡"栏：拖动3个滑块或在色阶后的数值框中输入相应的值，可使图像增加或减少相应的颜色。

◎ "色调平衡"栏：用于选择用户需要着重进行调整的色彩范围。包括"阴影""中间调""高光"3个单选项，单击选中某个单选项，就会对相应色调的像素进行调整。单击选中"保持明度"复选框，可保持图像的色调不变，防止亮度值随颜色的更改而改变。

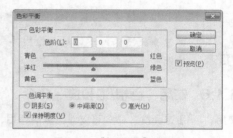

图6-13 原图像　　　　　　　　　　　　　图6-14 "色彩平衡"对话框

（2）在"色调平衡"栏中单击选中"高光"单选项，将"色彩平衡"栏的"黄色"滑块向左移动，减少蓝色；将"青色"栏的滑块向右移动，减少青色，如图6-15所示。

（3）单击 确定 按钮，完成后的效果如图6-16所示。

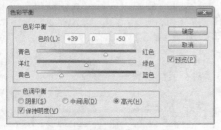

图6-15 调整高光区域的色彩　　　　　　　　图6-16 调整色彩平衡后的效果

6.1.5　使用"亮度/对比度"命令

使用"亮度/对比度"命令可以调整图像的亮度和对比度。方法是选择【图像】→【调整】→【亮度/对比度】菜单命令，即可打开图6-17所示的"亮度/对比度"对话框进行调整。对话框中的相关选项的含义如下。

◎　"亮度"数值框：拖动亮度下方的滑块或在右侧的数值框中输入数值，可以调整图像的明亮度。

◎　"对比度"数值框：拖动对比度下方的滑块或在右侧的数值框中输入数值，可以调整图像的对比度。

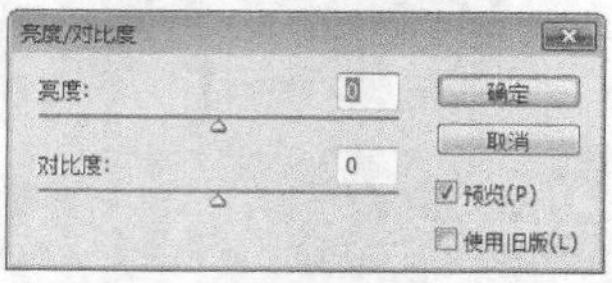

◎　"使用旧版"复选框：单击选中该复选框，可得到

与Photoshop CS6以前的版本相同的调整结果。图6-18所示为撤销单击选中该复选框的调整结果，亮度值为60，对比度值为3。图6-19所示为单击选中了该复选框的调整结果。使用旧版的对比度更强，但图像细节丢失较多。

图6-17　"亮度/对比度"对话框

图6-18　调整图像

图6-19　单击选中"使用旧版"后的效果

知识提示　　　　"亮度/对比度"命令没有"色阶"和"曲线"命令的可控性强，在调整时有可能丢失图像细节。对于输出要求比较高的图像，建议使用"色阶"或"曲线"进行调整。

6.1.6　使用"色相/饱和度"命令

使用"色相/饱和度"命令可以对图像的色相、饱和度、亮度进行调整，从而达到改变图像色彩的目的。

选择【图像】→【调整】→【色相/饱和度】菜单命令或按【Ctrl+U】组合键，打开"色相/饱和度"对话框，如图6-20所示。对话框中相关选项的含义如下。

◎　"全图"下拉列表：在其下拉列表中可以选择调整范围，系统默认选择"全图"选项，即对图像中的所有颜色有效；也可在该下拉列表中选择对单个的颜色进行调整，有红色、黄色、绿色、青色、蓝色、洋红选项。

◎　"色相"数值框：通过拖动滑块或输入数值，可以调整图像中的色相。

◎　"饱和度"数值框：通过拖动滑块或输入数值，可以调整图像中的饱和度。

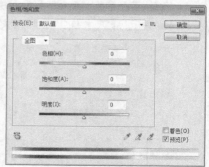

图6-20　"色相/饱和度"对话框

◎ "明度"数值框：通过拖动滑块或输入数值，可以调整图像中的明度。

◎ "着色"复选框：单击选中该复选框，可使用同种颜色来置换原图像中的颜色。

对图6-21所示的图像使用"色相/饱和度"命令调整后的图像效果如图6-22所示。

图6-21　原图像　　　　　　　　　图6-22　调整色相和饱和度

6.1.7　使用"通道混合器"命令

使用"通道混合器"命令可以对图像不同通道中的颜色进行混合，从而达到改变图像色彩的目的。方法是选择【图像】→【调整】→【通道混合器】菜单命令，打开图6-23所示的"通道混合器"对话框。对话框中相关选项的含义如下。

◎ "输出通道"下拉列表：单击其右侧的下拉按钮，在打开的下拉列表中选择要调整的颜色通道。不同颜色模式的图像，其中的颜色通道选项也各不相同。

◎ "源通道"栏：拖动下方的颜色通道滑块，可调整源通道在输出通道中所占的颜色百分比。

◎ "常数"数值框：用于调整输出通道的灰度值，负值将增加更多的黑色，正值将增加更多的白色。

◎ "单色"复选框：单击选中该复选框，可以将图像转换为灰度模式。

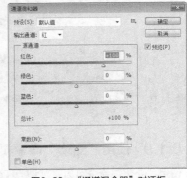

图6-23　"通道混合器"对话框

使用"通道混合器"命令对图像的通道进行颜色调整的效果如图6-24所示。

图6-24　使用"通道混合器"命令调整颜色

6.1.8　使用"渐变映射"命令

使用"渐变映射"命令可以用渐变颜色对图像进行叠加,从而改变图像色彩。方法是选择【图像】→【调整】→【渐变映射】菜单命令,打开图6-25所示的"渐变映射"对话框。对话框中相关选项的含义如下。

图6-25　"渐变映射"对话框

◎　"灰度映射所用的渐变"栏:在其中可以选择
要使用的渐变颜色,也可单击中间的渐变条打
开"渐变编辑器"对话框,在其中编辑所需的
渐变颜色。

◎　"仿色"复选框:单击选中该复选框,将实现
抖动渐变。

◎　"反向"复选框:单击选中该复选框,将实现反转渐变。

使用"渐变映射"命令对图像的通道进行颜色调整的效果如图6-26所示。

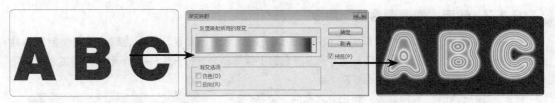

图6-26　使用"渐变映射"命令调整颜色

操作技巧　　渐变映射是根据图像的明度来映射渐变条上的色彩的,因此在制作上图中的线圈字时,需要对文字进行模糊处理,否则边缘过渡将直接由最高明度过渡到最低明度,不能达到理想的效果。

6.1.9　使用"变化"命令

使用"变化"命令可以直观地为图像增加或减少某些色彩,还可以方便地控制图像的明暗关系。

选择【图像】→【调整】→【变化】菜单命令,打开图6-27所示的"变化"对话框。对话框中相关选项的含义如下。

◎　"阴影"单选项:单击选中该单选项,将对图像中的阴影区域进行调整。

◎　"中间色调"单选项:单击选中该单选项,将对图像中的中间色调区域进行调整。

◎　"高光"单选项:单击选中该单选项,将对图像中的高光区域进行调整。

◎　"饱和度"单选项:单击选中该单选项,将调整图像的饱和度。

知识提示　　使用"变化"命令调整图像的实质是通过改变图像的色彩平衡、对比度、饱和度、亮度来达到改变图像色彩的目的。另外,在"变化"对话框中,除了"原稿"和3个"当前挑选"缩略图单击无效外,单击其他缩略图都可根据缩略图名称来即时调整图像的颜色或明暗度,单击次数越多,变化越明显。

图6-27 "变化"对话框

6.1.10 使用"去色"命令

使用"去色"命令可以去除图像中的所有颜色信息，从而使图像呈黑白色显示。选择【图像】→【调整】→【去色】菜单命令或按【Ctrl+Shift+U】组合键即可为图像去掉颜色，图6-28所示为使用"去色"命令制作旧照片的效果。

图6-28 去色前后的对比效果

6.1.11 使用"反相"命令

使用"反相"命令可以反转图像中的颜色信息，常用于制作胶片效果，如图6-29所示。使用该命令可以创建边缘蒙版，以便向图像的选定区域应用锐化和其他操作。当再次使用该命令时，即可还原图像颜色。

图6-29　反相前后的对比效果

6.1.12　使用"色调分离"命令

使用"色调分离"命令可以指定图像的色调级数，并按此级数将图像的像素映射为最接近的颜色。选择【图像】→【调整】→【色调分离】菜单命令，打开"色调分离"对话框，在"色阶"数值框中输入不同的数值即可。图6-30所示为色阶值分别为"8"和"15"时的效果。

图6-30　色阶值分别为"8"和"15"时的效果

6.1.13　使用"阈值"命令

使用"阈值"命令可以将一张彩色或灰度的图像调整成高对比度的黑白图像，常用于确定图像的最亮和最暗区域。

选择【图像】→【调整】→【阈值】菜单命令，打开"阈值"对话框。该对话框中显示了当前图像亮度值的坐标图，拖动滑块或者在"阈值色阶"数值框中输入数值来设置阈值，其取值范围为1~255，完成后单击 确定 按钮，效果如图6-31所示。

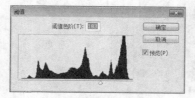

图6-31　调整阈值前后的对比效果

6.1.14　使用"色调均化"命令

使用"色调均化"命令能重新分布图像中的亮度值，以便更均匀地呈现所有范围的亮度值。选择【图像】→【调整】→【色调均化】菜单命令，图像中的最亮值呈现为白色，最暗值呈现为黑色，中间值则均匀地分布在整个图像灰度色调中，如图6-32所示。

图6-32　色调均化前后的对比效果

6.1.15　课堂案例1——调整照片色彩效果

　　若想拍摄出漂亮的照片，不仅需要高像素的照相机，对于天气和季节等自然因素要求也很高，而且掌握拍摄的时机和角度也很重要。如果拍摄的照片效果不理想，则可通过Photoshop CS6对拍摄的照片进行后期调色加工处理，使其达到理想效果。本案例提供了一张曝光不足的长城照片，要求将其调整为明媚大气，具有艺术气息的照片效果，效果如图6-33所示。

素材所在位置	光盘:\素材文件\第6章\课堂案例1\照片.jpg
效果所在位置	光盘:\效果文件\第6章\照片.jpg
视频演示	光盘:\视频文件\第6章\调整照片色彩效果.swf

图6-33　调整照片色彩前后的对比效果

　（1）打开"照片.jpg"照片，观察发现照片整体偏暗，且对比度不够，因此选择【图像】→【调整】→【色阶】菜单命令，打开"色阶"对话框，在其中按照如图6-34所示进行设置。

　（2）单击　确定　按钮，调整后效果如图6-35所示。

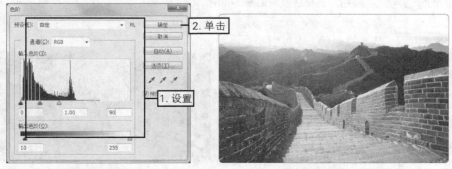

图6-34　调整色阶　　　　　　　　　　图6-35　调整色阶效果

（3）选择【图像】→【调整】→【曲线】菜单命令，打开"曲线"对话框，在其中的"通道"下拉列表中选择"蓝"选项，按照如图6-36所示进行调整。

（4）在"通道"下拉列表中选择"RGB"选项，再按照如图6-37所示调整曲线。

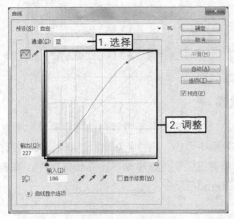
图6-36　调整"蓝"通道

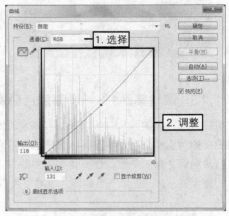
图6-37　调整"RGB"通道

（5）单击 确定 按钮，调整后效果如图6-38所示。

（6）选择【图像】→【调整】→【色相/饱和度】菜单命令，打开"色相/饱和度"对话框，在其中拖动"饱和度"滑块调整图像饱和度，如图6-39所示。

图6-38　调整曲线后的效果

图6-39　调整饱和度

（7）观察发现图像中的阶梯仍然有点偏红色，因此在下拉列表中选择"红色"选项，拖动"色相"和"饱和度"滑块进行调整，如图6-40所示。

（8）单击 确定 按钮，调整后效果如图6-41所示。

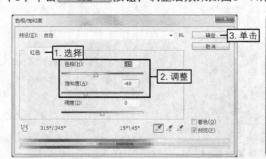
图6-40　调整"红色"色相

图6-41　调整色相/饱和度效果

（9）选择【图像】→【调整】→【照片滤镜】菜单命令，打开"照片滤镜"对话框，单击选中"滤镜"单选项，在其下拉列表中选择"加温滤镜（85）"选项，将"浓度"设置为"73"，设置暖调效果，如图6-42所示。

（10）单击 确定 按钮，调整后效果如图6-43所示。

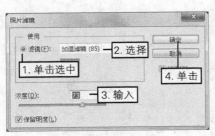

图6-42　设置照片滤镜

图6-43　照片滤镜效果

（11）选择【图像】→【调整】→【阴影/高光】菜单命令，打开"阴影/高光"对话框，调整阴影数量和高光数量，如图6-44所示。

（12）单击 确定 按钮，应用设置，效果如图6-45所示。完成后对照片进行保存即可。

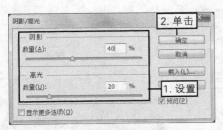

图6-44　设置阴影/高光

图6-45　阴影/高光效果

6.2　调整图像局部色彩

　　学习了如何使用调整命令调整图像全局色彩后，本节将介绍如何使用调整命令快速调整图像中的部分色彩。调整图像局部色彩命令主要包括"替换颜色"命令、"可选颜色"命令、"匹配颜色"命令、"照片滤镜"命令和"阴影/高光"命令。

6.2.1　使用"匹配颜色"命令

　　"匹配颜色"命令可以匹配不同图像之间、多个图层之间或者多个颜色选区之间的颜色，还可以通过更改图像的亮度、色彩范围、中和色调来调整图像的颜色。

　　选择【图像】→【调整】→【匹配颜色】菜单命令，打开图6-46所示的"匹配颜色"对话框，其中相关选项的含义如下。

◎ "目标"栏：用来显示当前图像文件的名称。

◎ "图像选项"栏：用于调整匹配颜色时的亮度、颜色强度、渐隐效果。单击选中"中和"复选框对两幅图像的中间色进行色调的中和。

◎ "图像统计"栏：用于选择匹配颜色时图像的来源或所在的图层。

在图像之间进行颜色匹配的具体操作如下。

（1）打开一幅图像，如图6-47所示。选择【图像】→【调整】→【匹配颜色】菜单命令，打开"匹配颜色"对话框。

（2）在其中的"源"下拉列表中选择打开的另一个图像文件。在"图像选项"栏中

图6-46　"匹配颜色"对话框

调整图像的明亮度、颜色强度、渐隐程度，单击选中"中和"复选框，如图6-48所示。

（3）单击　确定　按钮，对图像进行匹配颜色后的效果如图6-49所示。

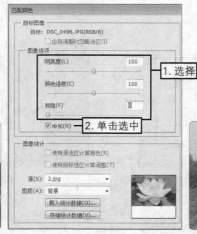

图6-47　原图像　　　　图6-48　设置"匹配颜色"对话框　　　　图6-49　匹配颜色后的效果

6.2.2　使用"替换颜色"命令

使用"替换颜色"命令可以改变图像中某些区域颜色的色相、饱和度、明暗度，从而达到改变图像色彩的目的。

选择【图像】→【调整】→【替换颜色】菜单命令，打开图6-50所示的"替换颜色"对话框，其中相关选项的含义如下。

◎ 吸管工具 、 、 ：使用这3个吸管工具在图像中单击，可分别进行拾取、增加、减少颜色的操作。

◎ "本地化颜色簇"复选框：若需在图像中选择相似且连续的颜色，则单击选中该复选框，可

使选择范围更加精确。

◎ **颜色容差**：用于控制颜色选择的精度，值越高，选择的颜色范围越广。在该对话框的预览区域中，白色代表了已选的颜色。

◎ **"选区"单选项**：以白色蒙版的方式在预览区域中显示图像，白色代表已选区域，黑色代表未选的区域，灰色代表部分被选择的区域。

◎ **"图像"单选项**：以原图的方式在预览区域中显示图像。

◎ **"替换"栏**：该栏分别用于调整图像所拾取颜色的色相、饱和度、明度的值，调整后的颜色变化将显示在"结果"缩略图中，原图像也会发生相应的变化。图6-51所示为将图像中的红色替换为蓝色的前后效果。

图6-50　"替换颜色"对话框

图6-51　替换颜色

6.2.3　使用"可选颜色"命令

使用"可选颜色"命令可以对RGB、CMYK、灰度等模式图像中的某种颜色进行调整，而不影响其他颜色。

选择【图像】→【调整】→【可选颜色】菜单命令，打开图6-52所示的"可选颜色"对话框，其中相关选项的含义如下。

◎ **"颜色"下拉列表**：设置要调整的颜色，再拖动下面的各个颜色色块，即可调整所选颜色中青色、洋红色、黄色、黑色的含量。

◎ **"方法"栏**：选择增减颜色模式，单击选中"相对"单选项，按CMYK总量的百分比来调整颜色；单击选中"绝对"单选项，按CMYK总量的绝对值来调整颜色。

对图像中的白色进行调整，效果如图6-53所示。

图6-52　"可选颜色"对话框

图6-53　使用可选颜色调整图像中白色的效果

6.2.4　使用"照片滤镜"命令

使用"照片滤镜"命令可以模拟传统光学滤镜特效，以使图像呈暖色调、冷色调、其他颜色色调显示。

选择【图像】→【调整】→【照片滤镜】菜单命令，打开图6-54所示的"照片滤镜"对话框，其中相关选项的含义如下。

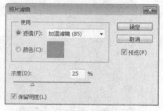

图6-54　"照片滤镜"对话框

◎ "滤镜"下拉列表：在其下拉列表中可选择滤镜的类型。

◎ "颜色"单选项：单击右侧的色块，可以在打开的对话框中自定义滤镜的颜色。

◎ "浓度"数值框：通过拖动滑块或输入数值来调整所添加颜色的浓度。

◎ "保留明度"复选框：单击选中该复选框后，添加颜色滤镜时仍然保持原图像的明度。

对图像使用照片滤镜调整后的效果如图6-55所示。

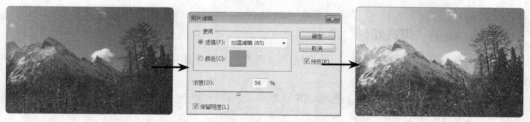

图6-55　使用照片滤镜调整

6.2.5　使用"阴影/高光"命令

使用"阴影/高光"命令可以修复图像中过亮或过暗的区域，从而使图像尽量显示更多的细节。其具体操作如下。

（1）打开一幅逆光图片，选择【图像】→【调整】→【阴影/高光】菜单命令，打开"阴影/高光"对话框。将图像的阴影数量设置为"53%"、高光数量设置为"20%"，如图6-56所示。其中相关选项的含义如下。

◎ "阴影"栏：用来增加或降低图像中的暗部色调。

◎　"高光"栏：用来增加或降低图像中的高光部分色调。

（2）单击 确定 按钮，调整后效果如图6-57所示。

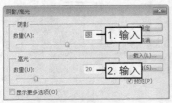

图6-56　设置"阴影/高光"参数

图6-57　使用阴影/高光调整前后的对比效果

6.2.6　课堂案例2——制作甜美婚纱照

对于外景婚纱照，用户可根据个人爱好调整照片色调。下面将对光盘中提供的婚纱照进行调色处理，要求采用暖色调，使照片整体给人甜美的感觉。效果如图6-58所示。

图 6-58　甜美婚纱照效果

素材所在位置　光盘:\素材文件\第6章\课堂案例2\婚纱1.jpg、婚纱2.jpg、文字.psd

效果所在位置　光盘:\效果文件\第6章\课堂案例2\甜美婚纱照.psd

视频演示　光盘:\视频文件\第6章\制作甜美婚纱照.swf

（1）打开"婚纱1.jpg"素材文件，按【Ctrl+J】组合键复制背景图层。

（2）选择【图像】→【调整】→【色彩平衡】菜单命令，打开"色彩平衡"对话框，单击选中"中间调"单选项，然后调整对应色调，如图6-59所示。

（3）单击 确定 按钮，调整后效果如图6-60所示。

（4）选择【图像】→【调整】→【曲线】菜单命令，打开"曲线"对话框，在"通道"下拉列表中选择"红"选项，调整曲线如图6-61所示。

（5）单击 确定 按钮，调整后效果如图6-62所示。

（6）选择【图像】→【调整】→【可选颜色】菜单命令，打开"可选颜色"对话框，在"颜色"下拉列表中选择"黄色"和"中性色"选项，调整参数如图6-63所示。

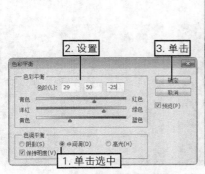

2. 设置　3. 单击

1. 单击选中

图6-59　设置"色彩平衡"对话框

图6-60　调整色彩平衡后的效果

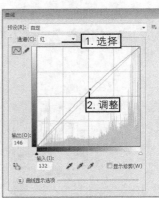

1. 选择

2. 调整

图6-61　调整"红"通道

图6-62　调整曲线后的效果

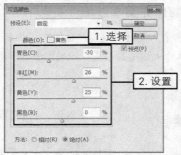

1. 选择

2. 设置

1. 选择

2. 设置

图6-63　调整"可选颜色"参数

（7）确认设置后，新建一个"渐变映射"调整图层，在"调整"面板中设置渐变色分别为"R:1,G:1,B:1"和"R:250,G:250,B:222"，并将该图层的不透明度设置为"30%"，效果如图6-64所示。

（8）新建"可选颜色"调整图层，在"调整"面板中对"红色"和"黄色"进行调整，如图6-65所示。

（9）按【Ctrl+Alt+2】组合键创建高光选区，新建图层，将其颜色填充为"R:250,G:250,B:222"，然后取消选区，效果如图6-66所示。

设置

图6-64　使用渐变映射调整

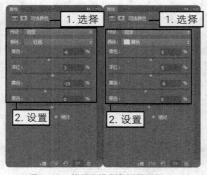

1. 选择　1. 选择

2. 设置　2. 设置

图6-65　使用可选颜色调整图层

图6-66　填充图层

（10）设置该图层的"混合模式"为"柔光"，"不透明度"为"50%"，然后新建"色彩平衡"调整图层,在"调整"面板中对中间调进行调整,如图6-67所示。

(11)按【Ctrl+Shift+Alt+E】组合键盖印图层,然后选择【图像】→【模式】→【Lab颜色】菜单命令,在打开的提示对话框中单击 确定 按钮,转换图像的色彩模式。

(12)选择【图像】→【应用图像】菜单命令,在打开的"应用图像"对话框中设置"通道"为"a","混合"为"柔光","不透明度"为"60%",如图6-68所示。

图6-67 调整色彩平衡

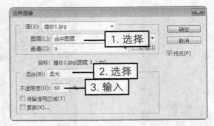

图6-68 设置"应用图像"对话框

(13)完成后新建一个"曲线"调整图层,在"调整"面板中对通道进行调整,如图6-69所示。

(14)调整完成后,将该调整图层的"不透明度"设置为"50%",使用黑色的柔角画笔在人物的衣服上进行涂抹,效果如图6-70所示。

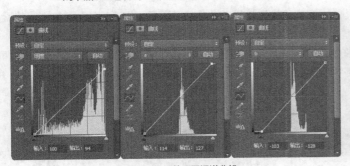

图6-69 调整不同通道曲线

图6-70 涂抹人物衣服

(15)盖印图层,选择【滤镜】→【模糊】→【高斯模糊】菜单命令,在打开的对话框中设置"半径"为"5像素",如图6-71所示。

(16)设置模糊后的图层"混合模式"为"柔光","不透明度"为"30%",效果如图6-72所示。

图6-71 设置高斯模糊

图6-72 模糊设置后的效果

(17)选择【图像】→【模式】→【RGB颜色】菜单命令,在打开的提示对话框中单击 拼合 按钮。新建"色彩平衡"调整图层，在"调整"面板中对中间调进行调整，如图6-73所示。

（18）创建"曲线"调整图层，在"调整"面板中按照图6-74所示分别对"红"和"蓝"通道进行调整，完成后将图层"不透明度"设置为"80%"，效果如图6-75所示。

图6-73　调整色彩平衡

图6-74　调整曲线

图6-75　设置"不透明度"后的效果

（19）新建"可选颜色"调整图层，在"调整"面板中分别对红色和黄色进行调整，如图6-76所示。

（20）选择工具箱中的减淡工具，在其工具属性栏中设置"曝光度"为"10%"，在人物的脸部进行涂抹，以增加亮度。

（21）新建"通道混合器"调整图层，在"调整"面板中对"蓝"通道按照图6-77所示进行调整。完成后将"不透明度"设置为"30%"，效果如图6-78所示。

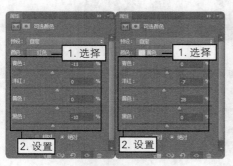
图6-76　设置可选颜色

图6-77　调整"蓝通"道

图6-78　通道混合后的效果

（22）按【Ctrl+N】组合键打开"新建"对话框，在其中设置宽度和高度的像素为"1200×900"，分辨率为"300"像素/英寸，完成后使用"R:251,G:248,B:215"进行填充。

（23）在调整后的图像中按住【Shift】键选择所有图层，将其拖到新建的图像文件中，并按【Ctrl+T】组合键调整其大小，如图6-79所示。

（24）打开"婚纱2.jpg"素材文件，按相同的方法调整色彩后合并图层，并将其拖至要编辑的图像窗口中缩放图像。打开"文字1.psd"素材文件，将其拖到图像窗口中，并按【Ctrl+T】组合键缩放图像，效果如图6-80所示。

图6-79　变换图像

图6-80　添加素材和文字

6.3 课堂练习

本课堂练习将分别制作黄昏暖色调效果的照片和矫正一幅建筑后期效果图，综合练习本章学习的知识点，灵活运用各种调色命令以满足工作中不同色彩调整的需要。

6.3.1　制作黄昏暖色调效果

1.　练习目标

在拍摄风景时，有时因为阳光或其他原因，使拍摄出来的风景照并没有达到想象中的效果。本练习将为一张风景照进行暖色调处理，要求色调自然，带有黄昏时候的暖色效果。参考效果如图6-81所示。

图6-81　黄昏暖色调效果

素材所在位置　　光盘:\素材文件\第6章\课堂练习1\风景.jpg
效果所在位置　　光盘:\效果文件\第6章\风景.psd
视频演示　　　　光盘:\视频文件\第6章\制作黄昏暖色调效果.swf

2. 操作思路

根据本练习的目标，要实现将原图的青色调转换为暖色调，则应该在图像中减少青色、增加黄色。本练习的操作思路如图6-82所示。

① 选取颜色　　　　　② 调整曲线　　　　　③ 色彩平衡

图6-82　制作黄昏暖色调效果的操作思路

行业知识　　对一张图片进行调色前，先需要对图片上存在的颜色问题或需要实现的效果进行分析，如图片缺少亮度应增加亮度，缺少对比度则应增加对比度。若要调整有色调的图片，则应该增加相应的颜色等。

（1）打开"风景.jpg"素材文件，单击"图层"面板中的"创建新的填充或调整图层"按钮，在打开的列表中选择"可选颜色"选项。

（2）在打开的面板中设置"黄色""绿色""白色"值，然后创建曲线调整图层进行调整。

（3）新建"色彩平衡"调整图层对图像的色调进行修改，然后新建图层，填充为黄色，并设置颜色模式为"滤色"。新建一个图层蒙版，用黑色到白色进行渐变填充，最后盖印图层即可。

6.3.2　矫正建筑后期效果图

1. 练习目标

本练习需对某建筑园林后期效果图进行调色，矫正其偏红的色彩，通过本练习的操作，可熟练掌握调整图像色彩的方法。矫正色调前后效果对比如图6-83所示。

素材所在位置　　光盘:\素材文件\第6章\课堂练习2\园林后期.psd
效果所在位置　　光盘:\效果文件\第6章\园林后期.psd
视频演示　　　　光盘:\视频文件\第6章\矫正建筑后期效果图.swf

行业知识　　在使用三维工具渲染后期图时，往往并不能一次就得到需要的效果，通常还需将渲染出的图片导入Photoshop中进行编辑，调整一些偏色问题。

图6-83　矫正建筑后期效果图的对比效果

2．操作思路

本练习可先通过色彩平衡去除多余的红色调，然后调整阴影和高光，增加亮度，最后设置照片滤镜对图片整体色调进行加温处理。本练习的操作思路如图6-84所示。

① 调整色彩平衡　　　　　　② 调整阴影和高光　　　　　　③ 设置照片滤镜

图6-84　矫正建筑后期效果图的操作思路

（1）打开"园林后期.psd"素材文件，发现图片红色调偏多，缺少绿色，阴影区域过暗。
（2）打开"色彩平衡"对话框，在其中进行调整，去除图像中过多的红色，增加图像中的绿色，
　　　以真实反映树木的颜色。
（3）通过"阴影/高光"命令增加图像中暗部区域的亮度。
（4）通过"照片滤镜"命令为图像增加一点暖色调，以体现黄昏的感觉。

6.4 拓展知识

色彩在广告表现中具有迅速诉诸感觉的作用。它与公众的生理和心理反应密切相关，公众对广告的第一印象是通过色彩而得到的。艳丽、典雅、灰暗等色彩感觉，影响着公众对广告内容的注意力。鲜艳、明快、和谐的色彩组合会对公众产生较好的吸引力，陈旧或破碎的用色会导致公众产生"这是旧广告"的观念，而不会注意。因此，色彩在平面广告上有着特殊的诉求力。现代平面广告设计，是由色彩、图形、文案三大要素构成，图形和文案都不能离开色彩的表现，色彩传达从某种意义来说是第一位的。

设计师要表现出广告的主题和创意，充分展现色彩的魅力，首先必须认真分析研究色彩的各种因素。由于生活经历、年龄、文化背景、风俗习惯、生理反应有所区别，人们有一定的主观性，同时对颜色的象征性和情感性的表现有着许多共同的感受。在色彩配置和色彩组调设计中，设计师要把握好色彩的冷暖对比、明暗对比、纯度对比、面积对比、混合调合、面积调合、明度调合、色相调合、倾向调合等，色彩组调要保持画面的均衡、呼应和色彩的条理性，广告画面有明确的主色调，要处理好图形色和底色的关系。

6.5 课后习题

（1）打开提供的"自行车.jpg"素材文件，制作出怀旧色调的感觉，效果对比如图6-85所示。制作该效果首先要调整出基本的偏红的黄色调，再通过"色相/饱和度"命令进行修饰。

素材所在位置　光盘:\素材文件\第6章\课后习题1\自行车.jpg

效果所在位置　光盘:\效果文件\第6章\怀旧色调.psd

视频演示　　　光盘:\视频文件\第6章\制作怀旧色调照片.swf

图6-85　制作怀旧色调照片

（2）打开提供的"人物照片.jpg"素材文件，尝试用不同方法将其调整为黑白照片，调整其不透明度并进行模糊。参考效果如图6-86所示。

　　提示：首先使用"去色"命令删除图像颜色，然后复制背景图层设置不透明度，最后使用高斯模糊进行模糊处理，使色调变得柔和。

素材所在位置　光盘:\素材文件\第6章\课后习题2\人物照片.jpg

效果所在位置　光盘:\效果文件\第6章\黑白照片.jpg

视频演示　　　光盘:\视频文件\第6章\制作黑白人物照片.swf

图6-86　制作黑白照片效果

Chapter

7

第7章
文字工具和3D应用

在图像处理过程中，合理地应用文字不仅可以起到说明的作用，还可以适当地修饰图片。此外，在设计时，可使用Photoshop的3D功能创建立体效果，使图像更加丰满和更具冲击力。本章将详细讲解Photoshop CS6中的文字工具。读者通过本章的学习能够熟练地在图像中创建不同类型的文本，并能熟练掌握文本的编辑与格式化操作的方法，以及创建、编辑和渲染3D效果的方法。

学习要点

● 点文本、段落文本、路径文本的创建
● 文本的选择、转换、变形
● 文本字符样式与段落样式的设置
● 3D功能的应用

学习目标

● 掌握点文本、段落文本、路径文本的不同创建方法
● 掌握编辑文本的常见操作方法
● 掌握文本与段落文本的格式化操作方法
● 掌握3D文字的制作方法

7.1　创 建 文 本

在Photoshop CS6中，可使用文字工具直接在图像中添加点文本，如果需输入的文本较多，可选择创建段落文本。此外，为了满足特殊编辑的需要，还可创建选区文本或路径文本。本节将对这些文本的创建方法进行详细介绍。

7.1.1　创建点文本

选择横排文字工具 T 或直排文字工具 IT，在图像中需要输入文本的位置单击鼠标定位文本插入点，此时将新建文字图层，直接输入文本然后在工具属性栏中单击 ✔ 按钮完成点文本的创建，如图7-1所示。

在输入文本前，为了得到更好的点文本效果，可在文本工具的属性栏中设置文本的字体、字形、字号、颜色、对齐方式等参数，如图7-2所示。不同的文字工具属性栏基本相同，下面以横排文本工具属性栏为例进行介绍。

图7-1　创建点文本

| T ▾ | 方正稚艺简体 | ▾ | ▾ | T | 60 点 | ▾ | aa | 锐利 | ◆ | ≡ ≡ ≡ | ■ | □ |

图7-2　横排文本工具属性栏

横排文本工具属性栏中相关选项的含义如下。

◎ IT 按钮：单击该按钮，可将文本方向转换为水平方向或垂直方向。

◎ "字体"下拉列表：用于设置文本的字体。

◎ "字形"下拉列表：用于设置文本的字形，包括常规、斜体、粗体、粗斜体等选项。需要注意的是，部分字体不能对某部分字形进行设置。

◎ "字号"下拉列表：用于输入或选择文本的大小。

◎ "锯齿效果"下拉列表框：用于设置文本的锯齿效果，包括无、锐利、平滑、明晰、强等选项。

◎ ≡≡≡ 按钮：分别单击对应的按钮可设置段落文本的对齐方式。

◎ ■ 颜色块：单击该颜色块，在打开的对话框中可设置文本的颜色。

◎ "变形文字"按钮 ⏇：单击该按钮，在打开的对话框中可为文本设置上弧或波浪等变形效果。该知识将在后面创建变形文字时进行详细讲解。

◎ ▤ 按钮：单击该按钮，可显示或隐藏"字符"面板或"段落"面板。

操作技巧　　若要放弃文字输入，可在工具属性栏中单击 ⊘ 按钮，或按【Esc】键，此时自动创建的文字将会被删除。另外，单击其他工具按钮，或按【Enter】键或【Ctrl+Enter】组合键也可以结束文本的输入操作；若要换行，可按【Enter】键。

7.1.2　创建段落文本

段落文本是指在文本框中创建的文本，具有统一的字体、字号、字间距等文本格式，并且可以整体修改与移动，常用于杂志的排版。段落文本同样需要通过横排文字工具 T 或直排文字工具 IT 进行创建，其具体操作如下。

（1）打开图像，在工具箱中选择横排文字工具 T，在属性栏设置文本的字体和颜色等参数，按住鼠标左键不放拖动以创建文本框，效果如图7-3所示。

（2）输入段落文本，如图7-4所示。若绘制的文本框不能完全地显示文字，移动鼠标指针至文本框四周的控制点，当其变为 ⊞ 形状时，可通过拖动控制点来调整文本框大小，使文字完全显示出来。

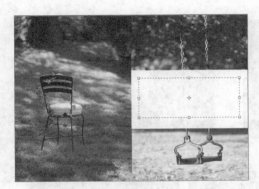

图7-3　绘制文本框

图7-4　创建段落文本

7.1.3　创建文字选区

Photoshop CS6提供了横排文字蒙版工具 和直排文字蒙版工具 ，可以帮助用户快速创建文字选区，常用于广告设计，其创建方法与创建点文本的方法相似。选择横排文字蒙版工具 或直排文字蒙版工具 后，在图像中需要输入文本的位置单击鼠标定位文本插入点，直接输入文本，然后在工具属性栏中单击 ✓ 按钮完成文字选区的创建，如图7-5所示。文字选区与普通选区一样，可以进行移动、复制、填充、描边等操作。

图7-5　创建文字选区

7.1.4　创建路径文字

在图像处理过程中，创建路径文字可以使文本沿着斜线、曲线、形状边缘等路径排列，或在封闭的路径中输入文本，以产生意想不到的效果。下面对创建路径文本的常用方法进行详细介绍。

1. 输入沿路径排列的文字

输入沿路径排列的文字时需要先创建文本排列的路径，再使用文本工具在路径上输入文本即可。其具体操作如下。

（1）打开图像，选择钢笔工具 ，在图像窗口中单击鼠标确定路径起点，在终点按住鼠标不放进行拖动，绘制曲线路径，在"路径"面板中可查看新建的路径，如图7-6所示。

（2）选择横排文字工具 T ，在属性栏设置文本的字体和颜色等参数，将光标移动到路径上，当光标呈 形状时，单击即可将文本插入点定位到路径上，如图7-7所示。

图7-6　绘制并查看路径　　　　　　　　　　　　图7-7　定位文本插入点

（3）输入文本，选择路径选择工具 ，拖动路径文本起始处的标记，调整文本在路径上的位置，效果如图7-8所示。在"图层"面板中取消选择该图层，将隐藏路径线段，效果如图7-9所示。

图7-8　调整文本位置　　　　　图7-9　路径文本效果

2. 在路径内部输入文本

在封闭的路径中，也可输入文本，以丰富与修饰画面，或进行图文绕排处理。在路径内部输入文本的方法是：绘制封闭路径，将光标移动到封闭路径内部，当光标呈 形状时，单击即可将文本插入点定位到路径内部，输入文本即可。图7-10所示为在绘制的心形路径中输入文本的效果。

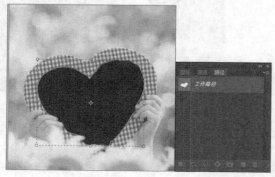

图7-10　在封闭的路径内部输入文本

7.1.5 使用字符样式和段落样式

Photoshop CS6新增的"字符样式"和"段落样式"面板可以保存文字样式，并可快速应用于其他文字、线条或文本段落，节省操作时间。

1. 字符样式

字符样式是文本的字体、大小、颜色等属性的集合。下面在Photoshop CS6中新建字符样式，保存后，将其应用到其他文本中，其具体操作如下。

（1）打开图像文件，选择【窗口】→【字符样式】菜单命令，在打开的"字符样式"面板中单击 按钮，新建空白的字符样式，如图7-11所示。

（2）在"字符样式"面板中双击新建的字符样式，打开"字符样式选项"对话框，在其中设置字体、字号、颜色等属性，然后单击 确定 按钮，如图7-12所示。

图7-11 新建字符样式

图7-12 设置文字属性

（3）选择文字图层，然后选择"字符样式"面板中新建的样式，如图7-13所示，单击"确认"按钮 ，可将字符样式应到文字，如图7-14所示。

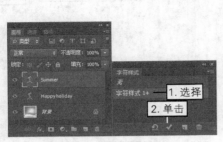

图7-13 应用字符样式

图7-14 应用效果

2. 段落样式

段落样式的创建和使用方法与字符样式基本相同。选择【窗口】→【段落样式】菜单命令，在打开的"段落样式"面板中单击 按钮，新建空白的段落样式，双击样式选项，在打开的"段落样式选项"对话框中设置段落属性并保存，然后选择文字图层，将段落样式应用到文本中。

7.1.6　课堂案例1——制作玻璃文字

本案例将综合应用文本工具和设置图层样式等知识制作具有玻璃效果的文字，效果如图7-15所示。

素材所在位置	光盘:\素材文件\第7章\课堂案例1\蜗牛.jpg
效果所在位置	光盘:\效果文件\第7章\课堂案例1\蜗牛.psd
视频演示	光盘:\视频文件\第7章\制作玻璃文字.swf

图7-15　玻璃文字效果

（1）打开"蜗牛.jpg"素材文件，选择横排文字工具 T，在工具属性栏设置文本的字体为"华文琥珀"，字号为"90点"，字体锯齿效果为"浑厚"，字体颜色为"#6dfa48"，并输入文本，如图7-16所示。

（2）选择【图层】→【图层样式】→【投影】菜单命令，打开"图层样式"对话框。进入"投影"设置面板，设置混合模式为"正片叠底"，单击其后的色块，设置颜色为"#509b4c"，设置不透明度、角度、距离、扩展、大小分别为"75、30、5、0、5"，单击选中"使用全局光"复选框，如图7-17所示。

图7-16　设置并输入文本

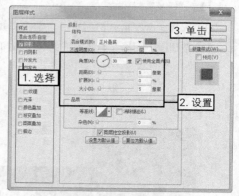

图7-17　设置投影效果

（3）在"样式"栏中选择"内阴影"选项进入"内阴影"设置面板，设置混合模式为"正片叠底"，单击其后的色块，设置颜色为"#61b065"，设置不透明度、角度、距离、阻塞、大小分别为"75、30、5、0、16"，单击选中"使用全局光"复选框，如图7-18所示。

（4）在"样式"栏中选择"外发光"选项进入"外发光"设置面板，设置混合模式为"滤色"，设置不透明度和杂色分别为"50、0"，单击选中"纯色"单选项，单击其后的色块，设置颜色为"#caeecc"，设置方法、扩展、大小、范围、抖动分别为"柔和、15、10、50、0"，如图7-19所示。

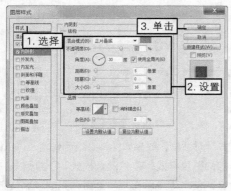

图7-18　设置内阴影效果

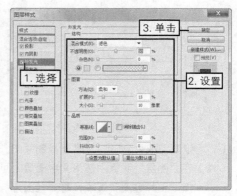

图7-19　设置外发光效果

（5）在"样式"栏中选择"内发光"选项进入内发光设置面板，设置混合模式为"正片叠底"，设置不透明度和杂色为分别"50、0"，单击选中"纯色"单选项，单击其后的色块，设置颜色为"#6ba668"，设置方法、阻塞、大小、范围、抖动分别为"柔和、10、13、50、0"，单击选中"边缘"单选项，如图7-20所示。

（6）在"样式"栏中选择"斜面和浮雕"选项进入斜面和浮雕设置面板，在"结构"栏中设置样式、方法、深度、大小、软化分别为"内斜面、平滑、100、16、0"，单击选中"上"单选项。

（7）在"阴影"栏中设置角度、高度、高光模式、不透明度、阴影模式分别为"30、30、滤色、75、正片叠底"，如图7-21所示。

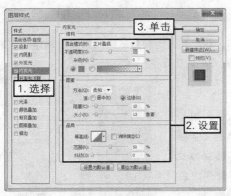

图7-20　设置内发光效果

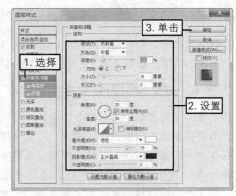

图7-21　设置斜面和浮雕效果

（8）在"样式"栏中选择"等高线"选项进入"等高线"设置面板，单击"等高线"下拉列表框右侧的下拉按钮，在打开的下拉列表中选择"半圆"选项，设置范围为"50"，如图7-22所示。

（9）在"样式"栏中选择"光泽"选项进入"光泽"设置面板，设置混合模式为"正片叠底"，单击其后的色块，设置颜色为"#63955f"，设置不透明度、角度、距离、大小分别为"50、75、43、50"。

（10）单击"等高线"下拉列表框右侧的下拉按钮，在打开的下拉列表中选择"高斯"选项，单击选中"反向"复选框，如图7-23所示。

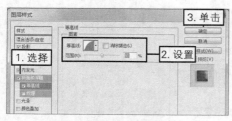

图7-22　设置等高线效果

图7-23　设置光泽效果

（11）设置完成后单击 确定 按钮关闭"图层样式"对话框，效果如图7-24所示。

（12）在"图层"面板中选择文字图层，可查看添加的图层样式，在"混合模式"下拉列表中选择"正片叠底"选项，将背景图片与文本融合，使水珠显示在文字上面，完成玻璃文字的制作，如图7-25所示。

图7-24　设置图层样式后的文本效果

图7-25　玻璃文字的效果

7.2　编辑文本

在输入文本后，若不能满足要求，就需要选择文本，并对其进行转换或美化等编辑操作。点文本与段落文本的编辑主要是通过"字符"或"段落"面板进行的，下面进行详细介绍。

7.2.1　点文本与段落文本的转换

为了使排版更方便，可对创建的点文本与段落文本进行相互转换。若要将点文本转换为段落文本，可选择需要转换的文字图层，在其上单击鼠标右键，在弹出的快捷菜单中选择"转换为段落文本"命令即可，如图7-26所示。若要将段落文本转换为点文本，则在弹出的快捷菜单中的"转换为段落文本"命令将变为"转换为点文本"命令，选择该命令即可。

图7-26　选择"转换为段落文本"命令

7.2.2　创建变形文本

在平面设计中经常可以看到一些变形文字。在Photoshop中可使用3种方法创建变形文字，包括文字工具变形、自由变换文本、将文本转换为路径。下面分别进行介绍。

1. 文字变形

在文本工具的属性栏中提供了文字变形工具，通过该工具可以对选择的文本进行变形处理，以得到更加艺术化的效果。使用文字变形工具变形文本的具体操作如下。

（1）打开素材文件，在工具箱中选择横排文字工具 T，然后在图像中输入文本。

（2）拖动鼠标选择输入的文本，在工具属性栏设置字体格式为"方正隶二简体，33点"，颜色为"紫色"，然后单击"创建文本变形"按钮 ，如图7-27所示。

（3）打开"变形文字"对话框，在"样式"下拉列表中选择变形选项，如选择"凸起"选项，其他设置如图7-28所示。

（4）完成后单击 确定 按钮，变形效果如图7-29所示。

图7-27　选择文本　　　　　　图7-28　设置变形方式　　　　　　图7-29　凸起变形效果

2．文字的自由变换

在对文本进行自由变换前，需要先对文字进行栅格化处理。栅格化文本的方法是：选择文本所在图层，在其上单击鼠标右键，在弹出的快捷菜单中选择"栅格化文字"命令，如图7-30所示。这样可将其转换为普通图层，然后选择【编辑】→【变换】菜单命令，在打开的子菜单中选择相应的菜单命令，拖动出现的控制点即可进行透视、缩放、旋转、扭曲、变形等操作。图7-31所示为变形文本效果。

图7-30　栅格化文本　　　　　　　　　　　　图7-31　变形文本效果

3．将文本转化为路径

输入文本后，在文字图层上单击鼠标右键，在弹出的快捷菜单中选择"转换为形状"或"创建工作路径"命令，即可将文字转换为路径，如图7-32所示。将文字转换为路径之后，使用直接选择工具或钢笔工具编辑路径即可将文字变形，如图7-33所示。使用直接选择工具或钢笔工具编辑路径的方法将在第8章进行详细讲解，这里不再赘述。

图7-32　将文本转化为形状　　　　　　图7-33　编辑文本路径的效果

7.2.3　使用"字符"面板

通过文本工具的属性栏仅能对字体、字形、字号等部分文本格式进行设置，若要进行更详细的设置，可选择【窗口】→【字符】菜单命令，在打开的"字符"面板中进行设置，如图7-34所示。

"字符"面板中主要按钮的作用介绍如下。

◎ TT TT Tr T¹ T₁ T Ŧ 按钮组：分别用于对文字进行加粗、倾斜、全部大写字母、将大写字母转换成小写字母、上标、下标、添加下画线、添加删除线等操作。设置时，选择文本后单击相应的按钮即可。

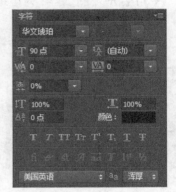

图7-34　"字符"面板

◎ 下拉列表：此下拉列表用于设置行间距，单击文本框右侧的下拉按钮，在打开的下拉列表中可以选择行间距的大小。

◎ IT数值框：设置选择文本的垂直缩放效果。

◎ T数值框：设置选择文本的水平缩放效果。

◎ AV下拉列表：设置所选字符的字距调整，单击右侧的下拉按钮，在打开的下拉列表中选择字符间距，也可以直接在数值框中输入数值。

◎ AV下拉列表：设置两个字符间的微调。

◎ A数值框：设置基线偏移，当设置参数为正值时，向上移动；当设置参数为负值时，向下移动。

7.2.4　使用"段落"面板

与设置字符格式一样，除了可在文本工具的属性栏设置对齐方式外，还可通过"段落"面板进行更详细的设置。选择【窗口】→【段落】菜单命令，打开"段落"面板，如图7-35所示。

"段落"面板中主要按钮的作用介绍如下。

◎ 按钮组：分别用于设置段落左对齐、居中对齐、右对齐、最后一行左对齐、最后一行居中对齐、最后一行右对齐、全部对齐。设置时，选择文本后单击相应的按钮即可。

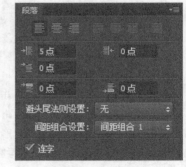

图7-35　"段落"面板

◎ "左缩进"文本框：用于设置所选段落文本左边向内缩进的距离。

◎ "右缩进"文本框：用于设置所选段落文本右边向内缩进的距离。

◎ "首行缩进"文本框：用于设置所选段落文本首行缩进的距离。

◎ "段前添加空格"文本框：用于设置插入光标所在段落与前一段落间的距离。

◎ "段后添加空格"文本框：用于设置插入光标所在段落与后一段落间的距离。

◎ "连字"复选框：单击选中该复选框，表示可以将文本的最后一个外文单词拆开形成连字符号，使剩余的部分自动换到下一行。

7.2.5 课堂案例2——制作夏日海报

本案例将制作夏日海报，先在其中输入文本，将原始文本转换为形状，然后保留文本副本，并创建工作路径，对文字的效果进行编辑，使文字呈现出立体感，最后为其添加装饰素材。参考效果如图7-36所示。

素材所在位置	光盘:\素材文件\第7章\课堂案例2\夏日海报.psd、素材.psd
效果所在位置	光盘:\效果文件\第7章\夏日海报.psd
视频演示	光盘:\视频文件\第7章\制作夏日海报.swf

图7-36 夏日海报对比效果

（1）打开"夏日海报.psd"素材文件，在工具箱中选择横排文字工具 T 。在其工具属性栏中设置字体为"创艺简粗黑"，字号为"76点"，消除锯齿为"平滑"，字体颜色为黑色，在图像窗口中单击鼠标，输入文本"夏日海报"，如图7-37所示。

（2）按【Ctrl+J】组合键复制文本图层，隐藏复制的图层，再在"夏日海报"文本图层上单击鼠标右键，在弹出的快捷菜单中选择"转换为形状"命令。

（3）在工具箱中选择直接选择工具 ⸜。在文本"夏"上单击鼠标，此时将显示文本中的所有锚点，使用鼠标拖动锚点，使文本的形状发生变化，如图7-38所示。

图7-37 设置并输入文本   图7-38 变形文字

（4）选择直接选择工具 ⸜，单击"日"形状，然后按住【Ctrl】键不放，将鼠标移到文字上，当鼠标变为 ▸ 形状时，向上拖动形状，移动其位置。使用相同的方法移动"海"和"报"形状的位置，效果如图7-39所示。

（5）使用相同的方法，使用直接选择工具 ⸜ 和钢笔工具 ⸂，对形状进行编辑，使其效果更为个性化，如图7-40所示。

图7-39　调整文本位置

图7-40　微调文字形状

（6）在"夏日海报"形状图层上按【Ctrl+J】组合键复制图层，然后隐藏"夏日海报"和"夏日海报 副本2"图层。在"路径"面板中选择"夏日海报形状路径"路径图层，此时图像窗口中将只显示出形状的路径轮廓。使用钢笔工具 在"日"路径的上方绘制一串水珠，如图7-41所示。

（7）在"夏日海报形状路径"的名称上双击鼠标左键，打开"存储路径"对话框，在"名称"文本框中输入存储的名称，单击 确定 按钮。

（8）新建"图层1"图层，在"路径"面板中选择"路径1"路径图层，单击"将路径转换为选区"按钮 ，将路径转换为选区。在"图层1"上双击鼠标左键，打开"图层样式"对话框。单击选中"渐变叠加"复选框，在"渐变"下拉列表框中选择"从背景色到前景色渐变"选项，在"样式"下拉列表框中选择"线性"选项，如图7-42所示。

图7-41　绘制水珠路径

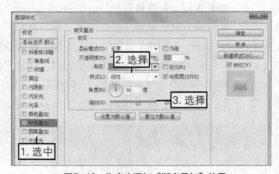

图7-42　为文本添加"渐变叠加"效果

（9）单击选择的渐变选项，打开"渐变编辑器"对话框，在渐变条上双击背景色色块，打开"拾色器（背景色）"对话框，在其中设置背景色为"#0697b6"，使用相同的方法，设置前景色为"#a2e4f4"，完成后依次单击 确定 按钮，如图7-43所示。

（10）返回图像窗口，新建"图层2"图层，设置前景色为白色，在"路径"面板中选择"路径1"路径图层，单击"用前景色填充路径"按钮 填充路径。然后将"图层2"图层拖动到"图层1"图层的下方，并向下稍微移动位置。

（11）在"图层1"图层上按【Ctrl+J】组合键复制图层，将其移动到"图层2"图层下方，双击"图层1 副本"图层，在打开的"图层样式"对话框中修改图层的渐变颜色，设置渐变的背景色为"#f7efac"，渐变前景色为"#d4d700"，效果如图7-44所示。

图7-43　设置渐变颜色　　　　　　　　图7-44　渐变效果

（12）完成后打开"素材.psd"素材文件，将其中的小素材拖动到"夏日海报.psd"图像文件中，并调整其位置即可。

7.3　使用3D功能

3D图像相对于平面图像更加立体逼真。Photoshop CS6的3D功能不仅可以为图像添加光照、纹理材质、渲染效果，而且可以创建基本的3D图形，以轻松制作一些立体感和质感超强的3D图像。本节将具体讲解3D功能应用及其操作方法。

7.3.1　创建3D文件

在Photoshop CS6中创建3D文件的方法有很多，可以从当前图层创建，也可以根据路径、选区和文字进行创建。下面对常用的创建3D文件的方法进行讲解。

1.　从3D文件新建图层

从3D文件新建图层是指直接打开3D模型的文件，将其转换为3D图层。其方法是：选择【3D】→【从文件新建3D图层】菜单命令，打开"打开"对话框，在其中选择需要打开的文件，此时3D文件将自动出现在"图层"面板中，如图7-45所示。

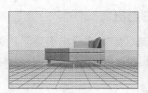

图7-45　从文件新建3D图层

2.　从所选图层新建3D凸出

普通图层、智能对象图层、文字图层、形状图层和填充图层等图层都能够通过选择【3D】→【从所选图层新建3D凸出】菜单命令将其转换为3D对象。转换完成后还能对3D对象进行编辑，设置其环境、场景和材质等属性。图7-46所示为将一个普通图层转换为3D对象的过程。

图7-46　将普通图层转换为3D对象

3. 从所选路径新建3D凸出

如果文件中包含路径，也可选择【3D】→【从所选路径新建3D凸出】菜单命令，根据路径来新建3D对象。创建后可使用3D对象工具对其进行查看或通过"属性"面板调整其属性。图7-47所示为根据路径创建3D凸出，并为其添加纹理的效果。

图7-47　从所选路径新建3D凸出

4. 从当前选区新建3D凸出

选择【3D】→【从当前选区新建3D凸出】菜单命令，可以将当前对象转换到3D网格中。其操作方法与从所选图层新建3D凸出和从所选路径新建3D凸出类似，这里不再赘述。

7.3.2　编辑3D对象

创建或打开3D对象后，工具属性栏中将自动显示出3D对象的工具按钮，包括"旋转3D对象"按钮、"滚动3D对象"按钮、"拖动3D对象"按钮、"滑动3D对象"按钮和"缩放3D对象"按钮，如图7-48所示。

图7-48　3D编辑工具属性栏

3D编辑工具属性栏中相关按钮的作用介绍如下。

◎ "旋转3D对象"按钮：单击该按钮，将鼠标指针移动到对象上并按住鼠标左键，上下拖动可将对象水平旋转，左右拖动可将对象垂直旋转；若将鼠标指针置于场景中并上下、左右拖动鼠标则可旋转相机视图。图7-49、图7-50、图7-51所示分别为原图、旋转对象和旋转相机视图的效果。

图7-49　原图

图7-50　旋转对象

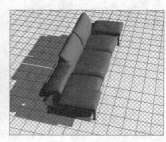

图7-51　旋转相机视图

◎ "滚动3D对象"按钮：单击该按钮，在3D对象两侧拖动鼠标可使模型围绕z轴旋转；若将鼠标指针置于场景中拖动则可滚动相机视图。图7-52、图7-53所示分别为原图、滚动3D对象前、后的效果。

图7-52　原图

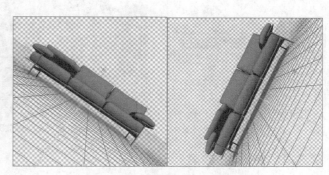

图7-53　滚动3D对象前、后效果

◎ "拖动3D对象"按钮：单击该按钮，在3D对象上、下、左或右侧拖动可使模型沿水平或垂直方向移动；若将鼠标指针置于场景中拖动则可沿x或y方向平移相机视图。图7-54、图7-55所示分别为原图和拖动3D对象前、后的效果。

图7-54　原图

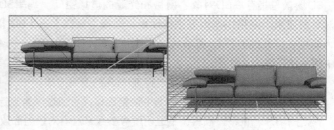

图7-55　拖动3D对象前、后的效果

◎　"滑动3D对象"按钮 ⊞：单击该按钮，在3D对象左右两侧拖动鼠标可使其沿水平方向移动；上下拖动则使对象向前移近或向后移远；若将鼠标指针置于场景中拖动则可移近或移远相机视图。图7-56、图7-57所示分别为原图和滑动3D对象前、后的效果。

图7-56　原图

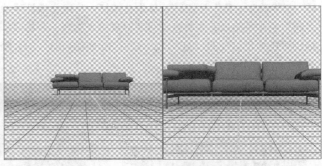

图7-57　滑动3D对象前、后的效果

◎　"缩放3D对象"按钮 ⊞：单击该按钮，在3D对象上上下拖动鼠标可使模型放大或缩小；若将鼠标指针置于场景中拖动，则可改变3D相机视角。图7-58、图7-59所示分别为原图和缩放3D对象前、后的效果。

图7-58　原图

图7-59　缩放3D对象前、后的效果

7.3.3　编辑3D效果

编辑3D效果是指对3D对象的3D场景、网格、材质、光源效果进行编辑，以得到满意的3D效果。下面分别进行介绍。

1.　编辑3D场景

3D场景是指存在3D对象、网格和光源的虚拟空间。编辑3D场景可以对表面效果、网格线与点等进行设置。选择【窗口】→【3D】菜单命令，即可在打开的图7-60所示的"属性"面板中进行设置。"属性"面板中相关选项的含义介绍如下。

◎　"预设"下拉列表：用于选择3D对象的渲染方式。

◎　"横截面"复选框：单击选中该复选框，可通过设置复选框下面的切片、位移、倾斜、不透明度等参数来查看对象内部效果。

图7-60　"属性"面板

◎ "表面"复选框：单击选中该复选框，可显示对象，通过其后的"样式"下拉列表可选择表面的样式。

◎ "线条"复选框：单击选中该复选框，可显示对象的边框，在其后可设置线条样式、宽度、角度、颜色等参数。

◎ "点"复选框：单击选中该复选框，可显示对象的网格点，在其后可设置线条样式、半径、颜色等参数。

2. 编辑3D网格

3D网格用于控制对象及阴影的位置关系，在"属性"面板顶部单击"网格"按钮 ，在打开的面板中即可对3D网格进行编辑，如图7-61所示。

"网格"面板中相关选项的含义介绍如下。

◎ "捕捉阴影"复选框：单击选中该复选框，可显示阴影。

◎ "投影"复选框：单击选中该复选框，可显示投影。

◎ "不可见"复选框：单击选中该复选框，可隐藏网格，并显示阴影与投影。

◎ "网格旋转"按钮 ：单击该按钮，拖动鼠标可旋转网格。

图7-61 "网格"面板

3. 编辑材质

材质覆盖在对象表面，可表现出纹理效果，并增强图像的真实感，不同的材质将得到不同的质感与视觉效果。为3D对象添加材质的具体操作如下。

（1）选择3D对象所在图层，如图7-62所示。选择【窗口】→【3D】菜单命令，在打开的"属性"面板顶部单击"材质"按钮 。

（2）在"预设"下拉列表中可选择应用预设的材质，这里单击"漫射"下拉列表后的 按钮，在打开的下拉列表框中选择"载入纹理"选项，如图7-63所示。

图7-62 原图像

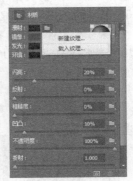
图7-63 载入材质的纹理

（3）在打开的"打开"对话框中选择需要载入的纹理，单击 打开(O) 按钮。

（4）在"属性"面板中设置闪亮、反射、粗糙度、凹凸、折射、漫射颜色等参数，如图7-64所示。查看更改材质后的效果，如图7-65所示。

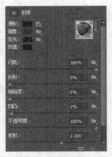
图7-64　设置材质参数

图7-65　查看更改材质后的效果

4．编辑光源

光源用于照亮对象及场景，如文件中没有光源，图像将会一片漆黑。在3D属性面板中单击"显示所有光照"按钮 🖸️ ，在"类型"下拉列表中提供了无限光、聚光灯、电光3种光源，选择一种光源后，可在面板中设置光照强度、光照颜色、阴影、柔和度等参数。将鼠标指针移动到3D对象上，拖动鼠标可旋转光源。

7.3.4　调整并渲染3D模型

创建好3D模型后，除了可以对3D对象的场景、网格和材质进行设置外，还可以对3D模型进行调整和渲染，使其效果更加符合需要。

1．拆分3D对象

基于选区、路径或当前图层创建的3D对象都是一个整体的3D模型，此时并不能对其中的某一部分进行编辑，用户可通过拆分3D对象的功能对其进行操作。其方法是：打开需编辑的图像文件，选择3D对象，选择【3D】→【拆分凸出】菜单命令，在打开的提示对话框中单击 确定 按钮即可。

2．调整纹理模型的位置

除了可以载入纹理或替换纹理外，还可对纹理的位置进行编辑，使3D对象中显示的纹理效果更加真实。其方法是：在3D面板中单击"显示所有材质"按钮 ，选择需要进行编辑的材质，在材质"属性"面板中单击"漫射"右侧的 按钮，在打开的下拉列表中选择"编辑UV属性"选项，打开"纹理属性"对话框，在其中分别设置U/V比例和U/V位移的值，如图7-66所示。

图7-66　调整纹理模型的位置

3. 在3D模型上绘画

通过画笔等工具也可在已有纹理材质的3D模型上再添加其他图案或纹理，使3D模型的效果更丰富。其绘制方法是：打开3D模型图像，选择【3D】→【在目标纹理上绘画】菜单命令，在弹出的子菜单中选择一种映射命令，设置前景色，选择画笔工具 ，选择一种画笔笔尖样式，然后在3D模型上单击鼠标进行绘制即可，如图7-67所示。

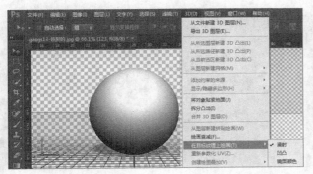

图7-67　在3D模型上绘画

4. 渲染3D模型

渲染3D模型是指对3D中的光照、阴影等进行处理，以减少阴影中的杂色，增强图像的光照效果，提高图像的品质。进行渲染的方法是：打开一个3D模型图像，选择【3D】→【渲染】菜单命令或按【Alt+Shift+Ctrl+R】组合键即可。需要注意的是，渲染一般需要大量的时间，如果不需对整个3D模型进行渲染，可使用选区工具在模型中创建一个选区，然后再选择"渲染"命令，此时将只渲染选区内的图像内容。若不想再进行渲染，可按【Esc】键结束。

7.3.5　课堂案例3——制作3D文字

本案例将使用3D功能来制作3D文字效果，主要会涉及材质的应用和场景的设置等功能。制作完成后的参考效果如图7-68所示。

职业素养　在制作立体字时，需要尽量考虑其逼真感，即背景与文本的融合、灯光与阴影的关系等。

图7-68　3D文字效果

素材所在位置　光盘:\素材文件\第7章\课堂案例3\黄昏.jpg、纹理.jpf
效果所在位置　光盘:\效果文件\第7章\课堂案例3\石头立体字.psd
视频演示　　　光盘:\视频文件\第7章\制作3D文字.swf

（1）打开"黄昏.jpg"素材文件，在工具箱中选择文本工具 ，输入文本"ONME"，在其工具

属性栏中设置字体格式为"Swis721 Blk BT、120点",如图7-69所示。选择【3D】→【从
所选图层新建3D凸出】菜单命令创建3D图层。

(2)双击选择文字,出现坐标轴,选择【窗口】→【属性】菜单命令,打开"属性"面板,在
"形状预设"下拉列表框中选择"凸出"选项,设置深度为"90"。

(3)拖动出现的手柄即手柄上的节点,调整文本高度和宽度,向下拖动交叉点向下旋转文本,如
图7-70所示。

图7-69　输入文本

图7-70　设置形状预设并调整文本

(4)选择【窗口】→【3D】菜单命令,打开"3D"面板,选择"场景"选项,在"场景"下拉
列表中选择"ONME前膨胀材质"选项。

(5)单击"漫射"色块后的按钮,在打开的下拉列表中选择"载入纹理"选项,如图7-71
所示。

(6)在打开的对话框中选择"纹理.jpf"素材文件,单击 打开(O) 按钮,返回工作界面,在"属
性"面板中设置"粗糙度"为"50%""闪亮"为"0%",如图7-72所示。

(7)继续在"3D"面板的"场景"下拉列表中选择"ONME凸出材质"选项,使用相同的方法
载入"纹理.jpf"素材文件,在面板下方设置"粗糙度"为"50%","闪亮"为"20%"。

图7-71　载入材质

图7-72　添加材质效果

(8)在"属性"面板中单击"显示所有光照"按钮,在"类型"选项下拉列表中选择"无限
光"选项,设置强度为"120%"、颜色为"白色"。拖动界面中的小球至太阳方向,设置
光源方向,效果如图7-73所示。

(9)选择3D图层,在其上单击鼠标右键,在弹出的快捷菜单中选择"栅格化 3D"命令,将其转
换为普通图层。

(10)选择栅格化后的图层,在"图层"面板底部单击"添加图层蒙版"按钮,为其创建图层
蒙版。

（11）单击进入图层蒙版，将前景色设置为"黑色"，在工具箱中选择画笔工具 ，在其属性栏中设置画笔大小与硬度，涂抹文字底部，使其融入土壤中，效果如图7-74所示。

图7-73　设置光源后的效果　　　　　　　　　　图7-74　融合文字与土地

（12）分别选择3D图层和背景图层，在工具箱中选择加深工具 ，涂抹加深较暗的阴影部分，选择减淡工具 ，涂抹较亮的部分，效果如图7-75所示。保存文档完成本例操作。

图7-75　加深与减淡部分区域

7.4　课堂练习

本课堂练习将分别制作果冻字和3D花纹文字，综合练习本章学习的知识点，以掌握和巩固文本的创建与设置方法。

7.4.1　制作果冻字

1．练习目标

本练习将制作果冻字，在制作时需要涉及文本的使用、文本图层样式的设置等知识。参考效果如图7-76所示。

图7-76　果冻字效果

素材所在位置	光盘:\素材文件\第7章\课堂练习1\果冻字背景.jpg
效果所在位置	光盘:\效果文件\第7章\果冻字.psd
视频演示	光盘:\视频文件\第7章\制作果冻字.swf

2.　操作思路

在掌握了使用文本的输入、编辑、变换、图层样式的设置等操作后，根据上面的练习目标，即可开始本练习的设计与制作。本练习的操作思路如图7-77所示。

 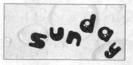 

　① 输入文本　　　　　　　　② 旋转文字　　　　　　　③ 添加图层样式

图7-77　制作果冻字的操作思路

（1）打开"果冻字背景.jpg"素材文件，将其另存为"果冻字"，输入文本"sunday"，将每个字母放置在不同图层中，并设置字体为"Billo"；旋转各个文本的角度，调整其位置。

（2）打开"图层样式"面板，添加投影效果，设置"混合模式、不透明度、角度、距离、扩展、大小、等高线"分别为"正片叠底、75%、120、9、0、3、锥形"。

（3）添加内阴影效果。设置"混合模式、不透明度、角度、距离、阻塞、大小、等高线"分别为"正片叠底、60%、120、7、0、8、线性"。

（4）添加内发光效果。设置"混合模式、不透明度、颜色、大小"分别为"滤色、100%、#8cd8ff、29"，编辑等高线样式。

（5）添加斜面和浮雕效果。设置"深度、大小、角度、高度、光泽等高线"分别为"317、10、120、30、环形–双"。

（6）添加颜色叠加效果。设置"混合模式、不透明度、颜色"分别为"正常、100%、#00d8ff"。

（7）添加描边效果。设置"混合模式、大小、位置、填充颜色、不透明度"分别为"正常、2、外部、#24a3fc、100%"。按住【Alt】键，将图层样式复制到其他文字图层。

7.4.2　制作花纹字

1.　练习目标

本练习要求根据光盘中素材文件夹中提供的纹理，制作3D花纹字效果，制作时将涉及3D的知识。参考效果如图7-78所示。

素材所在位置	光盘:\素材文件\第7章\课堂练习2\花纹背景.jpg、纹理.jpg
效果所在位置	光盘:\效果文件\第7章\花纹字.psd
视频演示	光盘:\视频文件\第7章\制作花纹字.swf

图7-78　花纹字效果

2. 操作思路

在掌握了文本的输入、3D文本的创建等操作后，根据上面的练习目标，即可开始本练习的设计与制作，本练习的操作思路如图7-79所示。

① 输入文本

② 创建3D效果

③ 添加投影效果

图7-79　制作花纹字的操作思路

（1）打开"花纹背景.jpg"素材文件，将其另存为"花纹字"，输入文本，设置文本字体为"Georgia"。

（2）选择文字图层，选择【3D】→【从所选图层新建3D凸出】菜单命令，设置凸纹效果。

（3）选择【窗口】→【3D】菜单命令，打开"3D"面板，选择"场景"选项，选择"ONME前膨胀材质"选项。

（4）单击"漫射"色块后的 按钮，在打开的下拉列表中选择"载入纹理"选项，载入素材中的纹理。

（5）选择"ONME凸出材质"选项，将发光设置为白色。

（6）为文字图层添加投影效果，设置投影的光泽等高线为"高斯"。

7.5　拓展知识

在输入与编辑文本时，选择合适的字体，不仅可使文件更美观，还可避免一些文本编辑操作，从而提高工作效率。系统预设的字体样式较少，可通过网络下载更多字体样式，其具体操作如下。

（1）在字体下载网站中下载需要的字体到计算机中，下载的字体一般呈压缩包显示，需要对其进行解压。

（2）将解压的字体文件复制到"系统盘（C）:\Windows\Fonts"路径下，即可自动安装该字体。

7.6　课后习题

（1）根据提供的素材文件，制作公益海报，参考效果如图7-80所示。

提示：在其中创建与地球轮廓相似的圆形路径文字，并为其添加外发光效果，然后再创建段落文本，最后再绘制几个心形。

素材所在位置	光盘:\素材文件\第7章\课后习题1\地球.jpg
效果所在位置	光盘:\效果文件\第7章\地球.psd
视频演示	光盘:\视频文件\第7章\制作公益海报.swf

（2）利用素材文件夹中的素材图片制作墙上Logo，参考效果如图7-81所示。

提示：在制作该文本效果时，先需要输入文本，然后将文本图层转换为3D效果。使用三维旋转工具与平移工具旋转并移动文本，更改凸出材质，最后栅格化3D图层，为其添加投影和渐变颜色的图层样式。

素材所在位置	光盘:\素材文件\第7章\课后习题2\背景墙.psd
效果所在位置	光盘:\效果文件\第7章\墙上Logo.psd
视频演示	光盘:\视频文件\第7章\制作墙上Logo.swf

图7-80　公益海报

图7-81　墙上Logo

8

第8章
使用矢量工具和路径

本章将详细讲解Photoshop CS6中的路径和形状工具，包括钢笔和形状等矢量工具的具体使用方法和操作技巧。与画笔工具不同，通过钢笔和形状绘制的图像均为矢量图。读者应通过本章的学习熟练使用钢笔工具进行抠图和绘图，认识矢量工具的绘制模式，以及各种工具的综合使用。

学习要点

- 绘图模式
- 钢笔工具
- 形状工具
- 填充和描边路径
- 路径和选区的转换
- 运算和变换路径

学习目标

- 掌握钢笔工具的使用方法
- 掌握形状工具的使用方法
- 掌握使用钢笔工具抠图的技巧

8.1 创建和编辑路径

在Photoshop中，通过路径可以精确地绘制和调整图形区域，使图形的绘制更加简单方便。而使用"路径"面板来设置参数是绘制路径的基础操作。本节将详细讲解钢笔工具和自由钢笔工具的使用方法，路径和选区之间的转换方法，以及认识和熟悉"路径"面板等知识，为创建和编辑路径打下基础。

8.1.1 选择绘图模式

使用Photoshop中的钢笔工具和形状等矢量工具创建不同对象时，首先可选择绘图模式。绘图模式是指绘制图形后，图像形状所呈现的状态，包括路径、形状和像素3种模式。选择形状工具或路径工具后，即可在其工具属性栏中选择绘图模式，如图8-1所示。

图8-1　矢量工具属性栏

矢量工具属性栏中相关选项的含义介绍如下。

◎ 形状：是指绘制的图形将位于一个单独的形状图层中。它由形状和填充区域两部分组成，是一个矢量的图形，同时出现在路径面板中。用户可以根据需要对形状的描边颜色、样式，以及填充区域的颜色等进行设置。图8-2所示为形状绘图模式填充效果，图8-3所示为描边形状绘图描边效果。

图8-2　形状模式填充效果

图8-3　描边效果

◎ 路径：一段封闭或开放的线段，能够通过锚点对路径的曲线进行调整，使线条更柔和。路径将出现在"路径"面板中，可将其转换为选区、矢量蒙版或形状图层，也可进行填充和描边得到光栅化的图像。图8-4所示为路径绘图模式效果，图8-5所示为将路径转化为选区的效果。

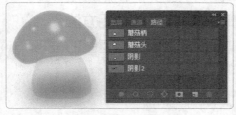

图8-4　路径绘图效果

图8-5　载入选区

◎ **像素**：像素模式下绘制的图像可设置其混合模式和不透明度，使图像效果更加丰富。该选项不能用于钢笔工具，适用于形状工具，不能创建矢量图形，因此"路径"面板中不会有路径。图8-6所示为设置不同不透明度的效果。

图8-6　设置像素绘图模式下的不透明度效果

8.1.2　认识路径

路径是由贝塞尔曲线构成的图像，即由多个节点的线条构成的一段闭合或者开放的曲线线段。在Photoshop中，路径常用于勾画图像区域（对象）的轮廓，在图像中显示为不可打印的矢量图像。用户可以沿着产生的线段或曲线对其进行填充和描边，还可将其转换为选区。

1. 认识路径元素

路径主要由线段、锚点、控制柄组成，如图8-7所示。

图8-7　路径的组成

◎ **线段**：线段分为直线段和曲线段两种，使用钢笔工具可绘制出不同类型的线段。
◎ **锚点**：锚点指与路径相关的点，即每条线段两端的点，由小正方形表示，其中锚点表现为黑色实心时，表示该锚点当前选择的定位点。定位点分为平滑点和拐点两种。
◎ **控制柄**：指调整线段（曲线线段）位置、长短、弯曲度等参数的控制点。选择任意锚点后，该锚点上将显示与其相关的控制柄，拖动控制柄一端的小圆点，即可修改该线段的形状和曲度。

知识提示　　顾名思义，锚点中的平滑点指平滑连接两个线段的定位点；拐点则为线段方向发生明显变化，线段之间连接不平滑的定位点。

2. 认识"路径"面板

"路径"面板主要用于储存和编辑路径。默认情况下，"路径"图层与"图层"面板在同一面板组中，但由于路径不是图层，所以创建的路径不会显示在"图层"面板中，而是单独存在于"路径"面板中。选择【窗口】→【路径】菜单命令可打开"路径"面板，如图8-8所示。

"路径"面板中相关选项的含义介绍如下。

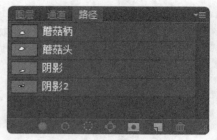

图8-8　"路径"面板

◎　当前路径："路径"面板中以蓝色底纹显示的路径为当前活动路径，选择路径后的所有操作都是针对该路径的。

◎　路径缩略图：用于显示该路径的缩略图，通过它可查看路径的大致样式。

◎　路径名称：显示该路径的名称，双击路径后其名称将处于可编辑状态，此时可对路径进行重命名。

◎　"用前景色填充路径"按钮 ●：单击该按钮，将在当前图层为选择的路径填充前景色。

◎　"用画笔描边路径"按钮 ○：单击该按钮，将在当前图层为选择的路径以前景色描边，描边粗细为画笔笔触大小。

◎　"将路径转为选区载入"按钮 ○：单击该按钮，可将当前路径转换为选区。

◎　"从选区生成工作路径"按钮 ○：单击该按钮，可将当前选区转换为路径。

◎　"创建新路径"按钮 ❑：单击该按钮，将创建一个新路径。

◎　"删除当前路径"按钮 ：单击该按钮，将删除选择的路径。

8.1.3　使用钢笔工具绘图

钢笔工具是矢量绘图工具，使用钢笔工具绘制出来的矢量图形即为路径。在Photoshop中，可使用钢笔工具组来完成路径的绘制和编辑，其主要包括钢笔工具、自由钢笔工具、添加锚点工具、删除锚点工具和转换点工具。

1.　钢笔工具

选择钢笔工具 ❑ 后，即可使用钢笔工具绘制直线和曲线线段。

◎　绘制直线线段：选择钢笔工具 ❑，在图像中依次单击鼠标产生锚点，即可在生成的锚点之间绘制一条直线线段，如图8-9所示。

◎　绘制曲线线段：选择钢笔工具 ❑，在图像上单击并拖动鼠标，即可生成带控制柄的锚点，继续单击并拖动鼠标，即可在锚点之间生成一条曲线线段，如图8-10所示。

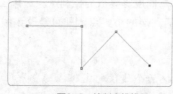

图8-9　绘制直线线段

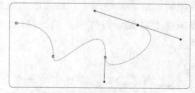

图8-10　绘制曲线线段

2.　自由钢笔工具

自由钢笔工具主要用于绘制比较随意的路径。它与钢笔工具的最大区别就是钢笔工具需要遵守一定的规则，而自由钢笔工具的灵活性较大，与套索工具类似。

选择自由钢笔工具 ❑，在图像上单击并拖动鼠标，即可沿鼠标的拖动轨迹绘制出一条路径，如

图8-11所示。

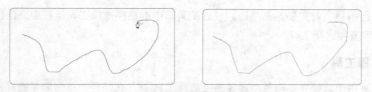

图8-11 使用自由钢笔工具

3. 添加锚点工具

添加锚点工具主要用于在绘制的路径上添加新的锚点，将一条线段分为两条，同时便于对这两条线段进行编辑。将图8-12所示的路径添加锚点并编辑后，效果如图8-13所示。

4. 删除锚点工具

删除锚点工具 ⬚ 主要用于删除路径上已存在的锚点，将两条线段合并为一条。选择删除锚点工具 ⬚，在要删除的锚点上单击鼠标即可，对路径删除锚点后效果如图8-14所示。

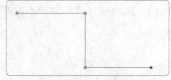
图8-12 原图

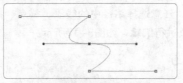
图8-13 添加锚点后的效果

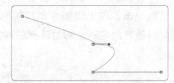
图8-14 删除锚点后的效果

5. 转换点工具

转换点工具主要用于转换锚点上控制柄的方向，以更改曲线线段的弯曲度和走向。

◎ **新增控制柄**：选择转换点工具 ⬚，在没有或只有一条控制柄的锚点上单击并拖动鼠标，可生成一条或两条新的控制柄；在有控制柄的锚点上单击并拖动鼠标，可重新设置已有控制柄的走向。

◎ **调整控制柄**：选择转换点工具 ⬚，在控制柄一端的小圆点上按住并拖动鼠标，即可调整控制柄方向，如图8-15所示。

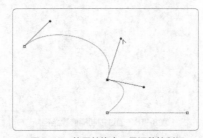

图8-15 使用转换点工具调整控制柄

知识提示　　　　选择钢笔工具后，按住【Alt】键不放可暂时切换到转换点工具，放开【Alt】键又可恢复为钢笔工具。

8.1.4　选择路径

要对路径进行编辑，首先要选择路径。通过工具箱中的路径选择工具组可用来选择路径，其中包括路径选择工具和直接选择工具。

1. 路径选择工具

路径选择工具用于选择完整路径。选择路径选择工具 ，在路径上单击即可选择该路径，在路径上按住并拖动鼠标，可移动所选路径的位置，如图8-16所示。

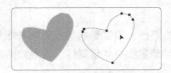

图8-16　选择并移动路径

2. 直接选择工具

直接选择工具用于选择路径中的线段、锚点和控制柄等。选择直接选择工具 ，在路径上的任意位置单击，将出现锚点和控制柄，任意选择路径中的线段、锚点、控制柄，然后按住鼠标左键不放并向其他方向拖动，可对选择的对象进行编辑，如图8-17所示。

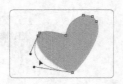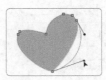

图8-17　选择并编辑线段、锚点、控制柄

8.1.5　修改路径

通常情况下，锚点之间的线段并不一定是所需的路径形状，此时必须通过修改路径来获取最终效果。每个锚点都可生成两条控制柄，分别控制锚点两端连接的线段。通过拖动控制柄，可调整线段的弯曲度和长度。这种控制可同时进行也可分别进行，如图8-18所示。

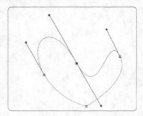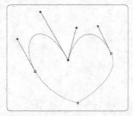

图8-18　通过控制柄修改路径

知识提示　　　路径锚点之间的曲线一般包括"C"形和"S"形。也就是说，只要是"C"形状或"S"形状的路径，都可以通过两个锚点及其控制柄来调整和修改。

8.1.6 填充和描边路径

绘制路径后，通常需要对其进行编辑和设置，以制作各种效果的图像。如对路径进行颜色填充和描边等。

1. 填充路径

填充路径是指将路径内部填充为颜色或图案，主要有以下两种方法。

◎ 在"路径"面板中选择路径，单击"用前景色填充路径"按钮 ◎ 即可将其填充为前景色。

◎ 在路径上单击鼠标右键，在弹出的快捷菜单中选择"填充路径"命令，可打开"填充路径"对话框，在"内容"栏的"使用"下拉列表中可设置填充内容为纯色或图案，如图8-19所示。

2. 描边路径

描边路径是指使用图像绘制工具或修饰工具沿路径绘制图像或修饰图像，主要有以下两种方法。

◎ 在"路径"面板中选择路径，单击"用画笔描边路径"按钮 ◎ 可使用铅笔工具对路径进行描边。

◎ 在路径上单击鼠标右键，在弹出的快捷菜单中选择"描边路径"命令，可打开"描边路径"对话框，在"工具"下拉列表中可选择描边工具，单击 确定 按钮即可进行描边，如图8-20所示。

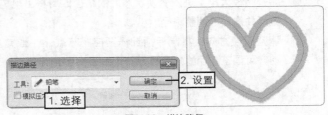

图8-19 选择填充内容　　　　图8-20 描边路径

知识提示　描边路径效果的粗细与所选工具笔触的大小相关，所以对路径描边前，可先设置画笔的笔触大小。

8.1.7 路径和选区的转换

路径和图层不同，它只能进行简单的参数设置，若要应用特殊效果，如样式或滤镜等，则需要将其转换为选区。在Photoshop中，路径和选区之间可以相互转换。具体方法如下。

◎ 路径转换为选区：选择路径后，在"路径"面板下方单击"将路径作为选区载入"按钮 ◎ ，或在图像窗口中的路径上单击鼠标右键，在弹出的快捷菜单中选择"建立选区"命令，打开"建立选区"对话框，在其中设置羽化半径等参数后，单击 确定 按钮即可。

◎ 选区转换为路径：载入选区后，在"路径"面板下方单击"从选区生成工作路径"按钮 。

8.1.8 运算和变换路径

通过使用运算路径或变换路径等方法，可实现快速从已有的路径中得到某图像的效果。

1. 运算路径

与选区运算一样，路径也具备添加、减去、交叉等功能，这些功能就是路径的运算。路径的运算可通过工具属性栏中的 按钮组实现，其具体含义如下。

◎ "添加到形状区域"按钮 ：即相加模式，指将两个路径合二为一。选择要添加的路径，在工具属性栏中单击该按钮，然后单击 组合 按钮即可。

◎ "从形状区域减去"按钮 ：即相减模式，指将一个路径的区域全部减去（若重叠，重叠部分同样要减去）。选择路径后，在工具属性栏中单击该按钮，然后单击 组合 按钮即可。

◎ "交叉形状区域"按钮 ：即叠加模式，指只保留两个路径形成区域重合的部分。选择路径后，在工具属性栏中单击该按钮，然后单击 组合 按钮即可。

◎ "重叠形状区域除外"按钮 ：即交叉模式，指两个形状相交。选择路径后，在工具属性栏中单击该按钮，然后单击 组合 按钮即可。

2. 变换路径

绘制路径后，若需要对路径的大小或方向等参数进行修改，可通过变换路径来实现。选择路径后，按【Ctrl+T】组合键或在路径上单击鼠标右键，在弹出的快捷菜单中选择"自由变换路径"命令，即可进入变换状态。

◎ 调整路径大小：进入变换状态后的路径四周将出现控制节点，将鼠标指针移至节点上，单击鼠标并拖动可调整路径大小。

◎ 调整路径方向：将鼠标指针移至控制节点外，当其变为 形状时，单击并按住鼠标进行拖动，可调整路径的角度和方向，如图8-21所示。

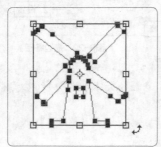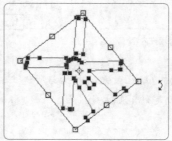

图8-21 变换路径

8.1.9 存储路径

在Photoshop中，绘制的路径都将作为一个对象放置在"路径"面板中，并以"工作路径"为名显示。双击"工作路径"，打开"存储路径"对话框，在"名称"文本框中输入路径名称，然后单击 确定 按钮即可将路径存储在文件中，以便随时进行编辑。

8.1.10　课堂案例1——绘制雨伞图像

利用前面所学过的知识绘制"雨伞"图像，主要通过钢笔工具绘制伞面和伞柄，然后使用前景色填充路径，效果如图8-22所示。

效果所在位置	光盘:\效果文件\第8章\雨伞.psd
视频演示	光盘:\视频文件\第8章\绘制雨伞图像.swf

图 8-22　"雨伞"图像效果

（1）新建一个名称为"雨伞"，大小为"500×700"像素的图像文件。

（2）按【D】键复位前景色和背景色，然后设置前景色为"R:105,G:196,B:253"。在工具箱中选择钢笔工具 ，在图像中单击并向右拖动鼠标，绘制第一个锚点，完成后在第一个锚点的左下方单击并向下拖动鼠标，绘制第二个锚点，如图8-23所示。

（3）按住【Alt】键不放，在第二个锚点下面一条控制柄一端的小圆点上单击并向右上方拖动鼠标，以调整该控制柄的方向，如图8-24所示。

（4）在第二个锚点右侧水平位置单击并向右拖动鼠标，绘制第三个锚点，如图8-25所示。

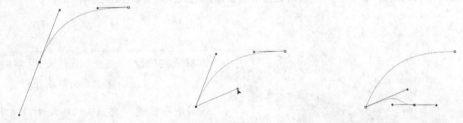

图8-23　绘制第二个锚点　　　　图8-24　更改控制柄方向　　　　图8-25　绘制第三个锚点

（5）使用相同的方法调整第三个锚点右侧控制柄的方向，完成后在其右侧水平位置单击并向右拖动鼠标绘制第四个锚点，如图8-26所示。

（6）使用相同的方法绘制第五个锚点并调整其右侧的控制柄方向，完成后再在第一个锚点上单击闭合路径，同时调整各控制柄的长短和方向，使伞面形状融洽，如图8-27所示。

（7）在"路径"面板的"工作路径"路径上双击，打开"存储路径"对话框，在"名称"文本框中输入"伞面"，然后单击 确定 按钮，保存路径，如图8-28所示。

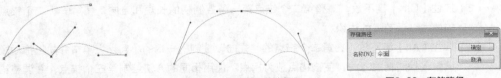

图8-26　继续绘制锚点 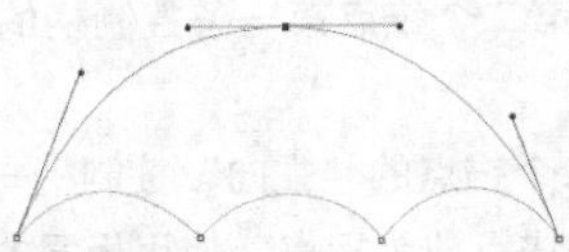　　　　图8-27　闭合并调整路径　　　　图8-28　存储路径

（8）在"路径"面板下方单击"创建新路径"按钮 ，创建一个新路径，在新路径上双击，将路径重命名为"伞柄"，使用钢笔工具绘制伞柄，如图8-29所示。

（9）选择"伞面"路径，在"路径"面板下方单击"将路径转化为选区"按钮 ⬤，按【Ctrl+J】组合键生成新图层，重新选择该路径，在"路径"面板中单击"用前景色填充路径"按钮 ⬤，将其填充为前景色。

（10）在"图层"面板中选择"背景"图层，选择路径选择工具 ▶，调整"伞柄"路径的位置，使用相同的方法完成后填充伞柄的颜色，效果如图8-30所示。

图8-29　绘制伞柄　　　　　　　　　　　　　　图8-30　雨伞效果

8.1.11　课堂案例2——使用钢笔工具抠图

使用钢笔工具可以绘制出平滑的直线路径和曲线路径，所以钢笔工具常用于对一些轮廓较清晰的图像进行抠图。下面将使用钢笔工具完成对花盆及花图像的抠取，效果如图8-31所示。

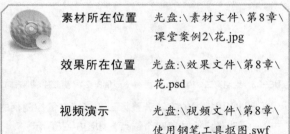

素材所在位置	光盘:\素材文件\第8章\课堂案例2\花.jpg
效果所在位置	光盘:\效果文件\第8章\花.psd
视频演示	光盘:\视频文件\第8章\使用钢笔工具抠图.swf

图 8-31　抠图效果

（1）打开素材"花.jpg"文件，在工具栏中选择钢笔工具 ✒。

（2）在图像中花瓣的任意位置单击并拖动鼠标，新增一个带控制柄的锚点，在花盆边缘的其他地方单击并拖动鼠标，新增第二个带控制柄的锚点。

（3）按住【Ctrl】键不放，调整第二个锚点第一条控制柄的长短和方向，使第一、二个锚点之间的曲线贴近花瓣的边缘。

（4）按住【Alt】键不放，在第二个锚点的"去向"控制柄一端的小圆点上单击并向上拖动鼠标，调整该控制柄的方向，使该锚点成为拐点。使用相同的方法绘制第三个锚点，并调整锚点之间的曲线，效果如图8-32所示。

（5）继续使用钢笔工具在花瓣边缘依次新增锚点，并通过按住【Alt】键不放的同时调整控制柄方向的方法，使绘制的曲线与花瓣边缘重合，如图8-33所示。

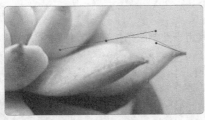
图8-32　调整控制柄以抠取花瓣

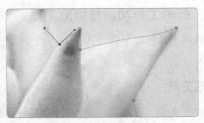
图8-33　沿花瓣依次绘制路径

（6）完成花瓣边缘的路径绘制后，再沿花盆边缘依次新增锚点，完成后使最后一个锚点与第一个锚点重合，闭合路径，效果如图8-34所示。

图8-34　闭合路径

（7）在"路径"面板下方单击"将路径转化为选区"按钮 ⊙，将创建的路径转换为选区，选择矩形选框工具 ▣，在图像选区上单击鼠标右键，在弹出的快捷菜单中选择"羽化"命令，在打开的对话框中设置"羽化半径"为"2"，如图8-35所示。

（8）按【Ctrl+L】组合键，将选区复制为新图层，完成后另存为"花.psd"文件，效果如图8-36所示。

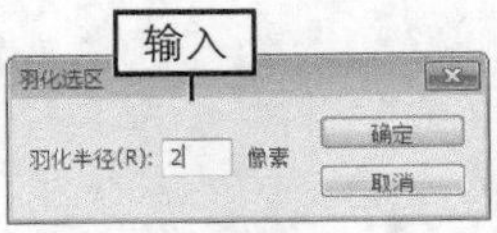

图8-35　羽化选区

图8-36　抠图效果

8.2　使用形状工具

使用Photoshop绘制路径时，若需要绘制某一特定形状的路径，可通过形状工具来快速绘制与所选形状对应的路径。形状工具包括矩形工具、圆角矩形工具、椭圆工具、多边形工具、直线工具、自定形状工具等，下面将分别进行介绍。

8.2.1　矩形工具和圆角矩形工具

矩形工具用于绘制矩形和正方形，圆角矩形工具用于绘制圆角矩形，其使用方法大同小异。下面分别进行介绍。

1．矩形工具

选择矩形工具▣，在图像中单击并拖动鼠标即可绘制矩形，按住【Shift】键不放单击鼠标并绘制，可得到正方形。

图8-37　矩形选项菜单

除了通过拖动鼠标来绘制矩形外，在Photoshop中还可以绘制固定尺寸、固定比例的矩形。选择矩形工具▣，在工具属性栏上单击⚙按钮，在打开的列表中进行设置即可，如图8-37所示。

矩形选项菜单中相关选项的含义介绍如下。

◎　"不受约束"单选项：默认的矩形选项，在不受约束的情况下，可通过拖动鼠标绘制任意形状的矩形。

◎　"方形"单选项：单击选中该单选项后，拖动鼠标绘制的矩形为正方形，效果与按住【Shift】键绘制相同。

◎　"固定大小"单选项：单击选中该单选项后，在其后的"W"和"H"数值框中可输入矩形的长宽值，在图像中单击鼠标即可绘制指定长宽的矩形。

◎　"比例"单选项：单击选中该单选项后，在其后的"W"和"H"数值框中可输入矩形的长宽比例值，在图像中单击并拖动鼠标即可绘制长宽等比的矩形。

◎　"从中心"复选框：一般情况下绘制的矩形，其起点均为单击鼠标时的点，而单击选中该复选框后，单击鼠标时的位置将为绘制矩形的中心点，拖动鼠标时矩形由中间向外扩展。

2．圆角矩形工具

圆角矩形工具用于创建圆角矩形，其使用方法和相关参数与矩形工具大致相同，只是在矩形工具的基础上多了一项"半径"选项，用于控制圆角的大小，半径越大，圆角越广。图8-38所示为半径为10像素和50像素的圆角矩形。

图8-38　不同半径的圆角矩形

8.2.2　椭圆工具和多边形工具

椭圆工具用于绘制椭圆和正圆，多边形工具用于绘制正多边形。

1．椭圆工具

椭圆工具用于创建椭圆和正圆，其使用方法和矩形工具一样。选择椭圆工具◯后，在图像窗口中单击并拖动鼠标即可绘制。按住【Shift】键不放并绘制，或在工具属性栏上单击⚙按钮，在打开的下拉列表中单击选中"圆形"单选项后绘制，可得到正圆形。

2. 多边形工具

多边形工具用于创建多边形和星形。选择多边形工具  后，在其工具属性栏中可设置多边形的边数，在工具属性栏上单击 按钮，在打开的下拉列表中可设置其他相关选项，如图8-39所示。

图8-39　多边形选项菜单

多边形选项菜单中相关选项的含义介绍如下。

◎ "边"数值框：用于设置多边形边的条数。输入数字后，在图像中单击鼠标并拖动即可得到相应边数的正多边形。

◎ "半径"数值框：用于设置绘制的多边形的半径。

◎ "平滑拐角"复选框：指将多边形或星形的角变为平滑角，该功能多用于绘制星形。

◎ "星形"复选框：用于创建星形。单击选中该复选框后，"缩进边依据"数值框和"平滑缩进"复选框可用，其中"缩进边依据"用于设置星形边缘向中心缩进的数量，值越大，缩进量越大；"平滑缩进"复选框用于设置平滑的中心缩进。图8-40所示依次为正五边形、五角星、"缩进边依据"为"45%"的平滑拐角星形、平滑缩进的五角星。

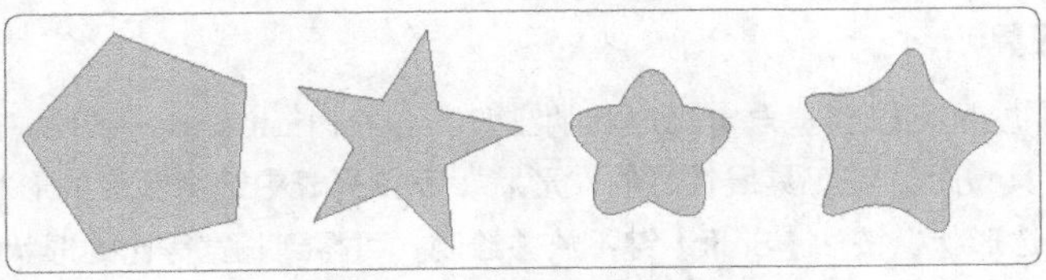

图8-40　不同选项的星形效果

知识提示

绘制多边形时的"半径"是指中心点到角的距离，而非中心点到边的距离。且绘制星形时，设置的边的条数，其实对应的为星形角的个数，即五条边对应五角星、六条边对应六角星，以此类推。

8.2.3 直线工具和自定形状工具

直线工具用于绘制直线和线段，自定形状工具用于绘制Photoshop中预设的各种形状。

1. 直线工具

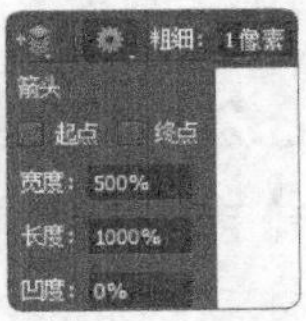

直线工具用于创建直线和带箭头的线段。选择直线工具 ，单击并拖动鼠标即可绘制任意方向的直线，按住【Shift】键的同时进行绘制，可得到垂直或水平方向上45°的直线。同时，在工具属性栏中单击 按钮，还可设置其他相关参数，如图8-41所示。

图8-41　直线选项菜单

直线选项菜单中相关选项的含义介绍如下。

◎ "粗细"数值框：用于设置直线的粗细。

◎ "起点/终点"复选框：用于为直线添加箭头。单击选中"起点"复选框，将在直线的起点添加箭头；单击选中"终点"复选框，将在直线终点位置添加箭头；若同时单击选中两个复选框，则绘制的为双箭头直线。

◎ "宽度"数值框：用于设置箭头宽度与直线宽度的百分比，范围为10%~1000%。图8-42所示为宽度分别为200%、500%、1000%的箭头。

◎ **"长度"数值框**：用于设置箭头长度与直线宽度的百分比，范围为10%~1000%。图8-43所示为长度分别为200%、500%、1000%的箭头。

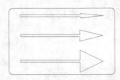 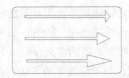

图8-42　箭头宽度效果　　　　　图8-43　箭头长度效果

◎ **"凹度"数值框**：用于设置箭头的凹陷程度，范围为-50%~50%。一般情况下，箭头尾部平齐，此时凹度为0%，若值大于0%，箭头尾部向内凹陷；若值小于0%，箭头尾部向外突出，如图8-44所示。

图8-44　凹度为-50%和50%时的效果

2. 自定形状工具

自定形状工具 [图] 就是可以创建自定义形状的工具，包括Photoshop预设的形状或外部载入的形状。选择自定形状工具 [图] 后，在工具属性栏的"形状"下拉列表中选择预设的形状，在图像中单击并拖动鼠标即可绘制所选形状，按住【Shift】键不放并绘制，可得到长宽等比的形状，如图8-45所示。

图8-45　自定形状工具

知识提示

在Photoshop中，预设的自定形状是有限的，要使用外部提供的形状，必须先将形状载入形状库中。方法为：在"形状"下拉列表右上角单击 ▶ 按钮，在打开的菜单中选择"载入形状"命令，打开"载入"对话框，选择要载入的形状，单击 [载入(L)] 按钮后，该形状即可添加至"形状"下拉列表中。

8.2.4 课堂案例3——制作情侣相框

利用矩形工具和自定形状工具制作相框，并将素材文件中的照片文件添加到相框中，效果如图8-46所示。

图 8-46　情侣相框效果

素材所在位置	光盘:\素材文件\第8章\课堂案例3\情侣照片.jpg
效果所在位置	光盘:\效果文件\第8章\情侣相框.psd
视频演示	光盘:\视频文件\第8章\制作情侣相框.swf

（1）新建一个名称为"相框"，大小为"30×21"厘米的图像文件。

（2）选择矩形工具▣，在工具属性栏中选择"路径"绘图模式，然后沿图像窗口中单击并拖动鼠标，绘制一个矩形路径。

（3）打开"情侣照片.jpg"素材文件，拖动放置到新建图像中间位置，复制绘制的矩形路径，按【Ctrl+T】组合键进入自动变换状态，拖动节点缩小到照片图像大小，如图8-47所示。

（4）选择路径选择工具▸，选择两个矩形路径，在工具属性栏中单击"路径操作"按钮▣，在打开的下拉列表中选择"排除重叠形状"选项，然后在"路径"面板中按住【Ctrl】键单击缩略图，载入选区效果如图8-48所示。

图8-47　绘制两个矩形　　　　　　　　　　　图8-48　载入选区

（5）选择渐变工具▣，设置渐变色为"R:240,:189,B:51"至"R:242,G:140,B:234"，在载入的选区中单击并拖动鼠标，填充渐变颜色，如图8-49所示。

（6）选择自定形状工具▨，在工具属性栏中设置"形状"绘图模式，在"形状"下拉列表中选择"心形"选项，在图像中拖动并绘制。

（7）将其填充为"R:242,G:156,B:159"，如图8-50所示。

（8）按【Ctrl+T】组合键进入自动变换状态并旋转形状，最后保存文件即可。

图8-49　填充渐变色　　　　　　　　　　　图8-50　填充心形

8.2.5　课堂案例4——制作名片

使用圆角矩形工具、椭圆工具、自定形状工具、文字工具制作名片的正反两面效果。参考效果如图8-51所示。

素材所在位置	光盘:\素材文件\第8章\课堂案例4\皇冠.csh
效果所在位置	光盘:\效果文件\第8章\名片.psd
视频演示	光盘:\视频文件\第8章\制作名片.swf

图 8-51 名片正反效果

（1）新建一个"25×10"厘米的图像文件，选择圆角矩形工具 📄，在工具属性栏上单击 ⚙ 按钮，在打开的下拉列表中单击选中"固定大小"单选项，设置"W"为"8.5厘米"，"H"为"5.4"厘米，在图像上单击绘制一个圆角矩形选框。

（2）在"路径"面板中将其载入选区，按【Ctrl+J】组合键生成一个新的图层，返回"图层"面板，单击新图层缩略图载入选区，选择渐变工具 📄，设置渐变色为"R:170,G:3,B:44"至"R:190,G:20,B:64"，在选区中单击并拖动鼠标，以填充渐变色。

（3）选择文字工具 🇹，输入文字"YOURS.你的"，设置字体为"汉仪丫丫体简"，字号为"26"，颜色为"白色"，字形为"仿粗体"。

（4）选择自定形状工具 📄，载入素材文件中的"皇冠.csh"文件，然后绘制皇冠，调整皇冠大小和位置，设置前景色为白色，然后为路径描边为前景色，效果如图8-52所示。

（5）设置前景色为"R:190,G:19,B:63"，移动圆角矩形路径，载入选区并生成新图层，为新图层载入选区并描边，大小为"1"，颜色为前景色。

（6）绘制正圆路径，复制该路径并缩小，组合成为同心圆。在"图层"面板中选择上一个步骤中生成的新图层，返回"路径"面板，按住【Ctrl】键的同时单击组合的同心圆路径，将其载入选区，得到指定区域选区，如图8-53所示。

 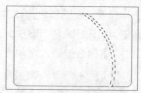

图8-52 名片背面   图8-53 载入选区

（7）按【Ctrl+J】组合键生成新图层，为新图层选区填充颜色"R:190,G:19,B:63"，重复步骤（6）~步骤（7）的操作，获得两个部分相交的同心圆图层，调整图层所在位置，使其效果如图8-54所示。

（8）使用文字工具 🇹 为名片添加文字信息，设置文字效果，复制皇冠路径，生成新图层后为其填充前景色，最后调整各种图案和文字的位置，效果如图8-55所示。

图8-54 调整图层位置   图8-55 名片正面

8.3 课堂练习

本课堂练习将分别制作促销海报和燃烧的红烛效果，综合练习本章学习的知识点，学习钢笔工具与形状工具的使用方法。

8.3.1 制作促销海报

1. 练习目标

本练习要求为某鞋店制作春季促销海报，该店铺主要销售女士帆布鞋。制作时可打开光盘中提供的素材文件进行操作，参考效果如图8-56所示。

图8-56 促销海报效果

素材所在位置	光盘:\素材文件\第8章\课堂练习1\帆布鞋.jpg
效果所在位置	光盘:\效果文件\第8章\海报.psd
视频演示	光盘:\视频文件\第8章\制作促销海报.swf

2. 操作思路

在掌握了使用钢笔工具抠图的方法后，即可开始本练习的设计与制作，本练习的操作思路如图8-57所示。

① 制作渲染风格的背景效果　　　　② 抠取帆布鞋　　　　③ 添加和排版文字

图8-57 制作促销海报的操作思路

（1）新建一个名称为"海报"，大小为"78×108"厘米的图像文件，然后复制背景图层。

（2）选择画笔工具 ，设置前景色为"R:77,G:0,B:200"，在图像任意位置进行涂抹。

（3）依次更改前景色，并在复制的背景图层上进行涂抹，使背景变为多色水彩晕染效果。

（4）打开素材文件"帆布鞋.jpg"，使用钢笔工具将图中的两只帆布鞋抠取出来，将路径变为选区，再将选区复制粘贴至"海报"文件中，并变换帆布鞋位置和大小。

（5）选择文字工具 ，输入英文单词"spring"，设置字体为"Candara"，字号为"450"，水平缩放为"120%"，颜色为"R:17,G:141,B:189"，将该图层透明度设置为"30%"。

（6）继续输入其他文字，并设置字体、字号、颜色，完成后调整文字和图形的位置即可。

8.3.2 绘制燃烧的红烛

1. 练习目标

本练习要求制作一个燃烧的红烛效果，为了使蜡烛看起来更立体，应选择为蜡烛填充渐变颜色。同时对火焰的颜色也应进行区分和制作，如红到白的渐变填充，参考效果如图8-58所示。

图8-58 蜡烛效果

| 效果所在位置 | 光盘:\效果文件\第8章\蜡烛.psd |
| 视频演示 | 光盘:\视频文件\第8章\绘制燃烧的红烛.swf |

2. 操作思路

在了解和掌握钢笔工具与形状工具的操作后，即可开始本练习的设计和制作，本练习的操作思路如图8-59所示。

① 制作蜡烛烛身

② 绘制火焰

③ 组合蜡烛

图8-59 绘制燃烧的红烛的操作思路

（1）新建"红烛"图像文件，将其填充为"R:152,G:224,B:248"，分别使用矩形工具和椭圆形工具绘制一个矩形和一个椭圆形，椭圆直径等于矩形宽。

（2）复制椭圆形，并分别将两个椭圆放置在矩形的上宽和下宽处，分别将三个形状转换为选区并复制为图层。

（3）将上宽处的椭圆从矩形中减去，下宽处的椭圆增加到矩形，然后使用线性渐变填充工具填充从"R:139,G:67,B:42"到"R:208,G:1,B:0"的渐变颜色。

（4）再次复制椭圆选区并生成新图层，将其复制并更改形状，使两个椭圆叠加，设置颜色分别为"R:195,G:87,B:57"和"R:178,G:72,B:44"。

（5）使用钢笔工具绘制蜡烛芯，变换为选区后复制为新图层，填充颜色为"R:131,G:90,B:42"。

（6）使用钢笔工具绘制火焰，将其转换为选区后复制为新图层，为火焰填充从"R:194,G:6,B:6"到"R:255,G:255,B:255"的径向填充，同时使用钢笔工具绘制火焰焰心，转换为选区时设置其羽化半径为"1"，填充为"R:131,G:207,B:255"。

（7）调整火焰和蜡烛烛身位置，将蜡烛所在图层盖印为新图层，复制新图层，按【Ctrl+T】组合键设置第二支蜡烛的大小，最后调整两支蜡烛的位置即可。

8.4 拓展知识

1. 使用画笔描边路径

在Photoshop中有许多预设的画笔样式，使用画笔来描边路径可以获得意想不到的效果。

选择自定形状工具█，在"形状"下拉列表中选择要绘制的形状，按住【Shift】键的同时，在图像窗口中单击并拖动鼠标进行绘制。选择画笔工具█，在属性工具栏中设置画笔形状和大小，进入"路径"面板，选择路径后，单击"用画笔描边路径"按钮█，即可用指定画笔描边该路径，如图8-60所示。

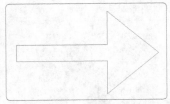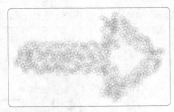

图8-60 使用画笔描边路径

2. 对齐与分布路径

绘制和编辑多个路径时，通常需要设置路径与路径之间的位置，使用路径选择工具█选择多个路径。在工具属性栏中可设置路径对齐和分布方式，如图8-61所示。

图8-61 路径选择工具属性栏

路径选择工具属性栏中相关选项的含义介绍如下。

◎ 对齐方法：包括顶边、垂直居中、底边、左边、水平居中、右边、按宽度均匀分布、按高度均匀分布、对齐到选区、对齐到画布10种对齐方式。选择的路径大于等于两个，都可以对其进行对齐设置。

◎ "路径排列方式"按钮█：主要包括将形状设置为顶层、将形状设置为底层、将形状前移一层和将形状后移一层4种排列方式。

3. 将路径储存为自定形状

除了直接使用Photoshop预设的形状和载入的形状外，自己绘制的路径或形状也可以储存到形状库中，以方便以后使用。绘制好路径和形状后，选择【编辑】→【定义自定形状】菜单命令，打开"形状名称"对话框，在"名称"文本框中输入形状名称，然后单击█确定█按钮即可，如图8-62所示。选择自定形状工具█，在工具属性栏的"形状"下拉列表中即可查看储存的形状，如图8-63所示。

图8-62 储存路径

图8-63 查看形状

8.5 课后习题

（1）打开提供的素材文件，使用钢笔工具将图像中的高跟鞋抠取出来（阴影不抠取），要求尽量少使用锚点。

　提示：钢笔工具的两个锚点间可形成"C形"或"S形"的路径，所以这样的边缘都尽量只使用两个锚点，同时绑带中的空白区域也要抠取。效果如图8-64所示。

素材所在位置	光盘:\素材文件\第8章\课后习题1\高跟鞋.jpg
效果所在位置	光盘:\效果文件\第8章\高跟鞋.psd
视频演示	光盘:\视频文件\第8章\抠取高跟鞋.swf

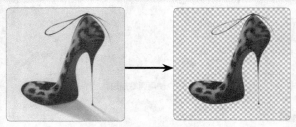

图8-64　抠图前后的效果

（2）利用钢笔工具、形状工具、文字工具绘制图8-65所示的标志图。

　提示：图8-65所示的标志图中涉及三角形、矩形、圆形，所以应分别使用多边形工具、矩形工具、椭圆形工具来进行绘制，三角形中的闪电则由钢笔工具绘制。其中右侧的禁止标志在自定形状工具中有预设形状，可直接选择绘制。

行业知识　　常见标志分为警告、禁止、提示、指令标志等，涉及的颜色为红（M100，Y100）、黄（Y100）、绿（C100，Y100）、蓝（C100）、黑（K100），若涉及文字，则字体为黑体。

效果所在位置	光盘:\效果文件\第8章\标志.psd
视频演示	光盘:\视频文件\第8章\制作标志.swf

图8-65　标志效果

Chapter

9

第9章
使用通道和蒙版

通道和蒙版是Photoshop中非常重要的功能。在通道中可以对图像的色彩进行更改，或者利用通道抠取一些复杂图像。而使用蒙版则可以隐藏部分图像，方便图像的合成，并且不会对图像造成损坏。本章将对通道与蒙版的相关知识进行讲解。

学习要点

- 认识与创建通道
- 通道的复制、删除、分离和合并
- 认识"通道"面板与"蒙版"面板
- 创建矢量蒙版、剪贴蒙版和图层蒙版
- 路创建快速蒙版

学习目标

- 掌握通道的各种操作方法
- 掌握图层蒙版的创建与编辑方法
- 掌握使用通道与蒙版合成图像的方法

9.1 使用通道

通道是Photoshop中保护图层选区信息的一项技术。本节将详细讲解通道的作用、"通道"面板的组成、通道的选择与创建、复制与删除、分离与合并等操作,以帮助用户掌握使用通道处理图像的技术。

9.1.1 认识通道

通道是存储颜色信息的独立颜色平面,Photoshop图像通常都具有一个或多个通道。通道的颜色与选区有直接关系,完全为黑色的区域表示完全没有选择,完全为白色的区域表示完全选择,灰度的区域由灰度的深浅来决定选择程度,所以对通道的应用实质就是对选区的应用。通过对各通道的颜色、对比度、明暗度、滤镜添加等进行编辑,可得到特殊的图像效果。

通道可以分为颜色通道、Alpha通道、专色通道3种。在Photoshop CS6中打开或创建一个新的图层文件后,"通道"面板将默认创建颜色通道。而Alpha通道和专色通道都需要手动进行创建,其含义与创建方法将在后面进行讲解。图像的颜色模式不同,包含的颜色通道也有所不同。下面对常用图像模式的通道进行介绍。

◎ **RGB图像的颜色通道**:包括红(R)、绿(G)、蓝(B)3个颜色通道,分别用于保存图像中相应的颜色信息。

◎ **CMYK图像的颜色通道**:包括青色(C)、洋红(M)、黄色(Y)、黑色(K)4个颜色通道,分别用于保存图像中相应的颜色信息。

◎ **Lab图像的颜色通道**:包括亮度(L)、色彩(A)、色彩(B)3个颜色通道,其中A通道包括的颜色是从深绿色到灰色再到亮粉红色;B色彩通道包括的颜色是从亮蓝色到灰色再到黄色。

◎ **灰色图像的颜色通道**:该模式只有一个颜色通道,用于保存纯白、纯黑、两者中的一系列从黑到白的过渡色信息。

◎ **位图图像的颜色通道**:该模式只有一个颜色通道,用于表示图像的黑白两种颜色。

◎ **索引图像的颜色通道**:该模式只有一个颜色通道,用于保存调色板的位置信息,具体的颜色由调色板中该位置所对应的颜色决定。

9.1.2 认识"通道"面板

对通道的操作需要在"通道"面板中进行。默认情况下,"通道"面板、"图层"面板、"路径"面板在同一组面板中,可以直接单击"通道"选项卡,打开"通道"面板。图9-1所示为RGB图像的颜色通道,其中相关选项的含义如下。

图9-1 "通道"面板

◎ **"将通道作为选区载入"按钮**: 单击该按钮可以将当前通道中的图像内容转换为选区。选择【选择】→【载入选区】菜单命令和单击该按钮的效果一样。

◎ **"将选区存储为通道"按钮**: 单击该按钮可以自动创建Alpha通道,并将图像中的选区保存。选择【选择】→【存储选区】菜单命令和单击该按钮的效果一样。

◎　"创建新通道"按钮 ：单击该按钮可以创建新的Alpha通道。

◎　"删除通道"按钮 ：单击该按钮可以删除选择的通道。

9.1.3　创建Alpha通道

创建Alpha通道不仅可以保存选区，还可将选区存储为灰度图像，从而可结合画笔、加深、减淡等工具或者各种滤镜，来修改选区或载入选区。其具体操作如下。

（1）打开图像，创建需要创建为Alpha通道的选区，如图9-2所示。

（2）单击"通道"面板中的"将选区存储为通道"按钮 ，得到新建的"Alpha 1"通道，如图9-3所示。若单击"通道"面板底部的"创建新通道"按钮 ，可将图像创建为Alpha通道。

图9-2　创建选区

图9-3　将选区创建为Alpha通道

（3）在"通道"面板中选择新建的"Alpha 1"通道，如图9-4所示。若按住【Ctrl】键，可同时选择多个通道。

（4）此时可查看保存的选区，如图9-5所示。创建Alpha通道后，可根据需要使用工具或命令对其进行编辑。

图9-4　选择通道

图9-5　Alpha通道选区

知识提示　　在Alpha通道中，白色代表可被选择的选区，黑色代表不可被选择的区域，灰色代表可被部分选择的区域，即羽化区域。因此使用白色画笔涂抹Alpha通道可扩大选区范围，使用黑色画笔涂抹Alpha通道可收缩选区范围，使用灰色可增加羽化范围。

9.1.4　创建专色通道

专色是指使用一种预先混合好的颜色替代或补充除了CMYK以外的油墨，如明亮的橙色、绿色、荧光色、金属金银色油墨。如果要印刷带有专色的图像，就需要在图像中创建一个存储这种颜色的专色通道。其具体操作如下。

（1）打开图像，单击"通道"面板右上角的■按钮，在打开的下拉列表中选择"新建专色通道"选项，如图9-6所示。

（2）在打开的对话框中输入新通道名称后，单击"颜色"色块，在打开的对话框中设置专色的油墨颜色，在"密度"数值框中设置油墨的浓度，单击 确定 按钮，如图9-7所示。得到新建的专色通道，如图9-8所示。

图9-6 选择"新建专色通道"选项   图9-7 设置专色通道   图9-8 创建的专色通道

操作技巧   按住【Ctrl】键同时单击"通道"面板底部的"创建新通道"按钮■，也可以打开"新建专色通道"对话框。

9.1.5 复制通道

在Photoshop中，复制通道的方法与复制图层的方法相似。选择需要复制的通道，按住鼠标左键不放将其拖动到面板底部的"创建新通道"按钮■上，当光标变成形状时释放鼠标即可，如图9-9所示。或在需要复制的通道上单击鼠标右键，在弹出的快捷菜单中选择"复制通道"命令。

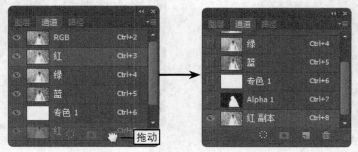

图9-9 复制通道

9.1.6 删除通道

将多余的通道删除，不仅可以使文件界面简洁和美观，还可减少系统资源的使用，提高计算机运行速度。删除通道有以下3种方法。

◎ 选择需要删除的通道，在通道上单击鼠标右键，在弹出的快捷菜单中选择"删除通道"命令。

◎ 选择需要删除的通道，单击"通道"面板右上角的 按钮，在打开的下拉列表中选择"删除通道"选项。

◎ 选择需要删除的通道，按住鼠标左键不放将其拖动到面板底部的"删除通道"按钮 上即可。

9.1.7 分离通道

分离通道是指将一个图像文件的每个通道分离为多个单独的灰色模式的图像文件，以方便对各个通道的图像进行编辑、处理、保存操作。其方法是：打开图像，单击"通道"面板右上方的 按钮，在打开的下拉列表中选择"分离通道"选项，如图9-10所示。图像中的每一个通道即可以作为单独的文件存在，如图9-11所示。

图9-10 分离通道　　　　图9-11 分离通道效果

9.1.8 合并通道

分离通道并进行编辑后，可再次将分离的多个灰度模式的图像作为不同的通道合并到一个新图像中。其具体操作如下。

（1）打开分离的多个灰度模式的图像，单击"通道"面板右上方的 按钮，在打开的下拉列表中选择"合并通道"选项，此时打开如图9-12所示的对话框。

（2）进行相应设置后，单击 确定 按钮，打开如图9-13所示的"合并多通道"对话框，根据通道的数量依次单击 下一步(N) 按钮，最后单击 确定 按钮即可合并通道。

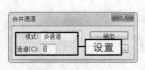

图9-12 打开"合并通道"对话框　　　　图9-13 打开"合并多通道"对话框

9.1.9 课堂案例1——使用通道抠图

本案例将使用通道抠取素材文件"沙滩美女.jpg"中的人物，并将其放置到"海边.jpg"图像中。更换背景的前后效果如图9-14所示。

素材所在位置	光盘:\素材文件\第9章\课堂案例1\海滩美女.jpg、海边.jpg
效果所在位置	光盘:\效果文件\第9章\海边.psd
视频演示	光盘:\视频文件\第9章\使用通道抠图.swf

图9-14　更换背景前后的效果

（1）打开"沙滩美女.jpg"素材文件，按【Ctrl+J】组合键复制背景图层，得到"图层1"，如图9-15所示。

（2）打开"通道"面板，在"蓝"通道上单击鼠标右键，在弹出的快捷菜单中选择"复制通道"命令，如图9-16所示，在打开的对话框中单击 确定 按钮。

（3）得到"蓝 副本"通道，选择"蓝 副本"通道，单击该通道的 图标，使其显示为 状态，显示该图层，单击其他通道的 图标隐藏其他通道，效果如图9-17所示。

 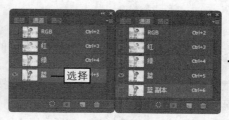 

图9-15　复制背景图层　　　　图9-16　复制蓝通道　　　　　图9-17　设置通道的可见性

（4）按【Ctrl+I】组合键反向显示图像，效果如图9-18所示。

（5）选择【图像】→【调整】→【色阶】菜单命令，打开"色阶"对话框，单击选中"预览"复选框，分别拖动"输入色阶"栏中的黑色滑块、灰色滑块、白色滑块，将其值分别设置为"30、1.3、180"，预览效果如图9-19所示。

 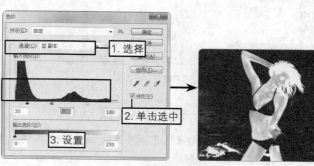

图9-18　反向显示图像　　　　　　　　图9-19　调整图像色阶

（6）在工具箱中选择快速选择工具，把人物绘制到选区内，如图9-20所示。

（7）选择【编辑】→【填充】菜单命令，在打开的对话框中把选区内的人物填充成白色。

（8）按【Ctrl+Shift+I】组合键反选选区，将前景色设置为黑色，使用画笔工具涂抹背景，将其填充为黑色，如图9-21所示。

图9-20　绘制选区　　　　　　　　　　　　　　图9-21　填充人物与背景

（9）显示"蓝 副本"通道的同时显示"RGB"通道，可看到部分区域没有显示出来，如图9-22所示。

（10）将前景色设置为白色，在工具箱中选择画笔工具，在其工具属性栏中单击"画笔预设面板"按钮，在其中设置画笔的硬度为"80%"，在该面板中调整画笔大小，使用画笔工具涂抹白色丝巾等需要显示的区域。

（11）将前景色设置为黑色，使用画笔工具涂抹腿中间等需要隐藏的区域，如图9-23所示。

（12）设置完成后，隐藏"RGB"通道，选择"蓝 副本"通道，在"通道"面板底部单击"将通道作为选区载入"按钮，如图9-24所示。

图9-22　显示"RGB"通道　　　　图9-23　使用画笔处理选区　　　　图9-24　将通道作为选区载入

（13）在"图层"面板中选择"图层1"图层，按【Ctrl+J】组合键创建通道选区的人物图像，得到"图层2"图层，隐藏"背景图层"和"图层1"图层，查看抠图效果，如图9-25所示。

（14）打开"海边.jpg"图像，使用移动工具将"图层2"图层拖动到背景图片中合适的位置，选择【编辑】→【自由变换命令】菜单命令，适当缩放人物，按【Enter】键应用变换，如图9-26所示。

图9-25　查看抠图效果　　　　　　　　　　　图9-26　将抠图放入背景中

（15）选择"图层2"图层，将其移动到"图层1"图层下方，选择渐变工具 ，在其属性栏中单击渐变颜色条，在打开的对话框中设置如图9-27所示的黑−白渐变。

（16）在渐变工具属性栏中单击 按钮，从图片的右上角往左下角拖动，制作光线效果，如图9-28所示。保存文件完成本案例的操作。

图9-27　设置渐变光线

图9-28　绘制光线

9.2 使用蒙版

蒙版是Photoshop中用于制作图像特效的工具，它可保护图像的选择区域，并可将部分图像处理成透明或半透明效果，在图像合成中应用最为广泛。下面将进行具体讲解。

9.2.1 蒙版的分类

Photoshop提供了图层蒙版、剪贴蒙版、矢量蒙版3种蒙版。不同的蒙版，具有不同的作用，分别介绍如下。

◎ **图层蒙版**：图层蒙版通过蒙版中的灰度信息控制图像的显示区域，可用于合成图像，也可控制填充图层、调整图层、智能滤镜的有效范围。

◎ **剪贴蒙版**：剪贴蒙版通过一个对象的形状来控制其他图层的显示区域。

◎ **矢量蒙版**：矢量蒙版通过路径和矢量形状来控制图像的显示区域。

9.2.2 认识"蒙版"面板

对蒙版的管理可通过"蒙版"面板进行。选择【窗口】→【属性】菜单命令，即可打开"蒙版"面板。在为图层添加蒙版后，在其中可设置与该蒙版相关的属性，如图9-29所示。

"蒙版"面板中相关参数的含义介绍如下。

◎ **当前选择的蒙版**：显示了在"图层"面板中选择的蒙版类型。

◎ **"添加像素蒙版"按钮**：单击该按钮，可为当前图层添加图层蒙版和剪贴蒙版。

◎ **"添加矢量蒙版"按钮**：单击该按钮可添加矢量蒙版。

◎ **"浓度"数值框**：拖动滑块可控制蒙版的不透明度，即蒙版的遮盖强度。

◎ **"羽化"数值框**：拖动滑块可柔化蒙版边缘。

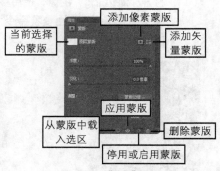

图9-29　"蒙版"面板

◎ 蒙版边缘... 按钮：单击该按钮可打开"调整蒙版"对话框修改蒙版边缘，并针对不同的背景查看蒙版。

◎ 颜色范围... 按钮：单击该按钮，可打开"色彩范围"对话框，此时可在图像中取样并调整颜色容差来修改蒙版范围。

◎ 反相 按钮：单击该按钮，可翻转蒙版的遮盖区域。

◎ "从蒙版中载入选区"按钮 ：单击 按钮，可载入蒙版中包含的选区。

◎ "应用蒙版"按钮 ：单击 按钮，可将蒙版应用到图像中，同时删除被蒙版遮盖的图像。

图9-30　停用蒙版

◎ "停用/启用蒙版"按钮 ：单击 按钮或按住【Shift】键不放单击蒙版缩览图，可停用或重新启用蒙版。停用蒙版时，蒙版缩览图或图层缩览图后会出现一个红色的"×"标记，如图9-30所示。

◎ "删除蒙版"按钮 ：单击 按钮，可删除当前蒙版。将蒙版缩览图拖动到"图层"面板底部的 按钮上，也可将其删除。

9.2.3 使用矢量蒙版

矢量蒙版是由钢笔工具和自定形状工具等矢量工具创建的蒙版，它与分辨率无关，无限放大也会保持图像的清晰度。使用矢量蒙版抠图，不仅可以保证原图不受损，并且可以随时用钢笔工具修改形状。使用矢量蒙版的具体操作如下。

（1）打开图像，选择需要添加矢量蒙版的图层。使用矢量工具，这里选择椭圆工具 ，在工具属性栏中将其"绘图模式"更改为"路径"，然后绘制路径，如图9-31所示。

（2）选择【图层】→【矢量蒙版】→【当前路径】菜单命令，或按住【Ctrl】键不放单击"图层"面板中的 按钮，即可基于当前路径创建矢量蒙版，如图9-32所示。

图9-31　绘制路径　　　　　　　　　　　图9-32　基于当前路径创建矢量蒙版

（3）单击矢量蒙版缩览图，进入蒙版编辑状态，此时缩览图外会出现一个白色的外框，使用矢量工具继续绘制矢量图，系统将自动将其添加到矢量蒙版中，如图9-33所示。

图9-33　编辑矢量蒙版

知识提示　　单击矢量蒙版缩览图，使用路径选择工具，还可对其中的路径进行复制、删除、变换等操作。

9.2.4 使用剪贴蒙版

剪贴蒙版主要由基底图层和内容图层组成，是指通过使用处于下层图层的形状（基底图层）来限制上层图层（内容图层）的显示状态。剪贴蒙版可通过一个图层控制多个图层的可见内容，而图层蒙版和矢量蒙版只能控制一个图层。使用剪贴蒙版的具体操作如下。

（1）打开图像，选择作为基底的图层，选择绘图工具，在工具属性栏中将"绘图模式"设置为"像素"，然后进行绘制，如图9-34所示。

（2）选择作为内容图层的图层，这里选择"内容"图层，选择【图层】→【创建剪贴蒙版】菜单命令或按【Alt+Ctrl+G】组合键，将该图层与下面的图层创建为一个剪贴蒙版组，如图9-35所示。

图9-34　绘制像素图形

图9-35　创建剪贴蒙版

（3）双击"基底"图层，打开"图层样式"对话框，在其中可为图形添加图层样式。图9-36所示为描边效果。

（4）单击"组1"图层的◉按钮，将该图层显示出来，效果如图9-37所示。

图9-36　描边效果

图9-37　显示图层

（5）若需要释放剪贴蒙版，可选择内容图层，然后选择【图层】→【释放剪贴蒙版】菜单命令，或按【Alt+Ctrl+G】组合键释放全部剪贴蒙版。

9.2.5 使用图层蒙版

图层蒙版是指遮盖在图层上的一层灰度遮罩，通过使用不同的灰度级别进行涂抹，以设置其透明程度。图层主要用于合成图像，在创建调整图层、填充图层、智能滤镜时，Photoshop也会自动为其添加图层蒙版，以控制颜色调整和滤镜范围。使用图层蒙版的具体操作如下。

（1）打开图像，当图像中有选区时，如图9-38所示，在"图层"面板中单击"添加图层蒙版"按钮 ▣ 或选择【图层】→【图层蒙版】→【显示选区】菜单命令，可以为选区以外的图像部分添加蒙版，如图9-39所示。如果图像中没有选区，单击 ▣ 按钮可以为整个画面添加蒙版。

图9-38　创建添加图层蒙版的选区

图9-39　创建图层蒙版

（2）创建图层蒙版后，单击选择图层蒙版缩览图，进入蒙版编辑状态。

（3）若需增加或减少图像的显示区域，可通过画笔等图像绘制工具来完成。在图层蒙版中，白色表示该图层可显示的区域，黑色表示不显示的区域，灰色表示半透明区域。图9-40所示为将前景色设置为黑色，使用画笔工具涂抹人物手臂纱巾与裙摆位置，将其隐藏，完成后选择人物所在图层，将其移至合适效果。

图9-40　编辑图层蒙版

知识提示　　　　选择【图层】→【图层蒙版】→【隐藏全部】菜单命令，可创建隐藏图层内容的黑色蒙版。若图层中包含透明区域，可选择【图层】→【图层蒙版】→【从透明区域】菜单命令，创建蒙版，并将透明区域隐藏。

9.2.6　创建快速蒙版

快速蒙版又称为临时蒙版，常用于选取复杂图像或创建特殊图像的选区。通过快速蒙版可以将任何选区作为蒙版编辑，还可以使用多种工具和滤镜命令来修改蒙版。创建快速蒙版的具体操作如下。

（1）打开图像文件，单击工具箱下方的"以快速蒙版模式编辑"按钮 ▣ ，即可进入快速蒙版编辑状态，此时图像窗口并未发生任何变化，但所进行的操作都不再针对图像而是针对快速蒙版。

（2）创建快速蒙版后，使用画笔工具在蒙版区域进行绘制，绘制的区域将呈半透明的红色显示，如图9-41所示，该区域就是设置的保护区域。选择工具箱中的以标准模式编辑工具 ▣ ，将退出快速蒙版模式，此时在蒙版区域中呈红色显示的图像将位于生成的选区之外，如图9-42所示。

（3）按【Ctrl+Shift+I】组合键反选选区，得到如图9-43所示猫的选区。

图9-41　在蒙版区域绘制　　　　　　图9-42　蒙版转换为选区　　　　　　图9-43　反选选区

（4）单击工具箱下方的"以快速蒙版模式编辑"按钮，猫以外的区域为红色半透明，如图9-44所示。

（5）使用画笔工具修改蒙版，如图9-45所示。修改完成后单击工具箱底部的"以标准模式编辑"按钮退出快速蒙版模式，可查看到修改后的选区，如图9-46所示。

图9-44　为选区创建快速蒙版　　　　图9-45　修改快速蒙版　　　　　　图9-46　转换为选区

知识提示　　当用户进入快速蒙版后，如果原图像颜色与红色保护颜色较为相近，不利于编辑，用户可以通过在"快速蒙版选项"对话框中设置快速蒙版的选项参数来改变颜色等选项。双击工具箱中快速蒙版模式编辑工具即可打开该对话框，单击色块可设置蒙版颜色，如图9-47所示。

图9-47　设置快速蒙版选项

9.2.7　课堂案例2——制作鲜花字

本案例将利用文本工具与蒙版制作鲜花文字。通过该案例的学习，可以掌握使用蒙版制作图片文字的方法。参考效果如图9-48所示。

图9-48　鲜花字效果

素材所在位置	光盘:\素材文件\第9章\课堂案例2\图片
效果所在位置	光盘:\效果文件\第9章\鲜花字.psd
视频演示	光盘:\视频文件\第9章\制作鲜花字.swf

（1）打开"相片.jpg"素材文件，使用文字工具在右下角输入文字"2017"，在其工具属性栏中设置字体为"方正水柱简体"、字号为"60点"，如图9-49所示。

（2）打开"鲜花1.jpg""鲜花2.jpg""鲜花3.jpg"素材图片，将背景图层转换为普通图层，拖动到"相片.jpg"图像中，调整大小并组合在一起，如图9-50所示。选择3张素材图片所在的图层，按【Ctrl+E】组合键合并为一个图层。

图9-49　输入并设置文本

图9-50　组合素材

（3）将鲜花素材图层置于文字图层下方，调整文字在鲜花图片上的位置。选择文字图层，按住【Ctrl】键单击缩略图，将文字载入选区，如图9-51所示。

（4）选择鲜花图层，在"图层"面板底部单击"添加图层蒙版"按钮，如图9-52所示。

图9-51　将文字载入选区

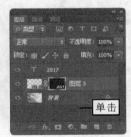
图9-52　添加图层蒙版

（5）隐藏"2017"文字图层，即可看见添加蒙版后得到的图片裁剪效果，如图9-53所示。

（6）双击蒙版所在的鲜花文字图层，打开"图层样式"对话框，选择"外发光"选项，进入其设置面板，设置"混合模式、不透明度、颜色、扩展、大小"分别为"滤色、75、白色、15、50"，效果如图9-54所示。

图9-53　剪切蒙版效果

图9-54　外发光效果

（7）在"图层样式"对话框中勾选"斜面和浮雕"复选框，进入其设置面板，设置"深度"和"大小"分别为"525、10"，其他参数保持默认不变，效果如图9-55所示。

（8）设置完成后单击 确定 按钮返回工作界面，保存文件，完成本案例的制作。

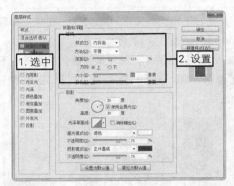

图9-55　斜面和浮雕效果

9.2.8　课堂案例3——调整头发颜色

本案例将利用蒙版和创建新的图层或调整图层来更改人物头发的颜色与亮度，使其偏红。调整前、后效果如图9-56所示。

图9-56　调整头发颜色效果

素材所在位置	光盘:\素材文件\第9章\课堂案例3\美女.jpg
效果所在位置	光盘:\效果文件\第9章\美女.psd
视频演示	光盘:\视频文件\第9章\调整头发颜色.swf

（1）打开"美女.jpg"图像文件，将背景图层转换为普通图层，选择工具箱中的以快速蒙版模式编辑工具 ，即可进入快速蒙版编辑状态。

（2）将前景色设置为黑色，在工具箱中选择画笔工具 ，涂抹头发以外的区域，创建保护区域，如图9-57所示。

（3）编辑完成后单击工具箱中的以标准模式编辑工具 ，退出快速蒙版模式，将头发区域转换为选区，如图9-58所示。

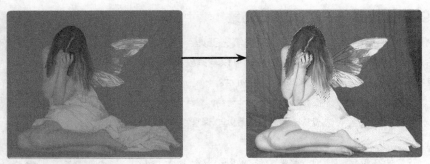

图9-57 创建并编辑蒙版   图9-58 转换为选区

（4）在"图层"面板底部单击"创建新的填充或调整图层"按钮 🖊 ，在打开的下拉列表中选择
　　　"色阶"选项，创建色阶调整图层，并打开"色阶"面板。

（5）拖动黑灰白滑块，设置其值分别为"0、2.22、139"，如图9-59所示。在"图层"面板将
　　　"混合模式"设置为"划分"，效果如图9-60所示。

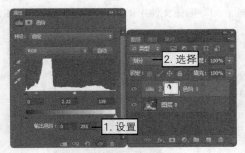

图9-59 设置色阶

图9-60 调整色阶的效果

（6）在"图层"面板中选择色阶调整图层，在其上单击鼠标右键，在弹出的快捷菜单中选择"添
　　　加蒙版到选区"命令，再次为头发创建选区。

（7）选择原图层，在"图层"面板底部单击"创建新的填充或调整图层"按钮 🖊 ，在打开的下
　　　拉列表中选择"可选颜色"选项。

（8）创建可选颜色调整图层，并打开"可选颜色"面板，在"颜色"下拉列表中选择"黄色"
　　　选项，分别设置青色、洋红、黄色、黑色的参数值为"-100、100、100、0"，如图9-61
　　　所示。

（9）在"图层"面板将"混合模式"设置为"颜色"，效果如图9-62所示。

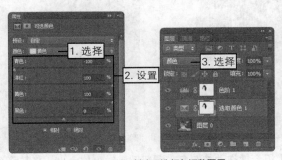

图9-61 创建可选颜色调整图层

图9-62 调整头发颜色的效果

9.2.9 课堂案例4——合成梦幻场景

本案例将利用图层蒙版、画笔工具、渐变填充工具、对象的变换等知识合成梦幻场景。通过该案例的学习，可以掌握使用图层蒙版隐藏与显示区域的方法。参考效果如图9-63所示。

图9-63　梦幻场景效果

素材所在位置	光盘:\素材文件\第9章\课堂案例4\梦幻场景
效果所在位置	光盘:\效果文件\第9章\梦幻场景.psd
视频演示	光盘:\视频文件\第9章\合成梦幻场景.swf

（1）新建"650×859"像素的"梦幻场景.psd"图像文件，分别打开图9-64所示的素材图片，并将背景图层转换为普通图层。

（2）将各个素材图层拖动到新建的"梦幻场景.psd"图像文件中，调整各图层位置，如图9-65所示。

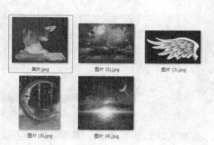

图9-64　打开素材图片

图9-65　整理素材图层

（3）显示"图层4"与"图层5"图层，选择"图层4"图层，在"图层"面板中单击"添加图层蒙版"按钮，创建图层蒙版，如图9-66所示。

（4）单击选择图层蒙版，在工具箱中选择渐变填充工具，在其工具属性栏中设置渐变颜色为"黑到白"，渐变方式为"径向渐变"，使用鼠标在图像左上角向右下角拖动，创建渐变填充，如图9-67所示。此时可看见渐隐显示"图层4"图层，效果如图9-68所示。

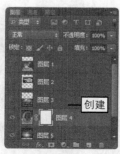

图9-66　创建图层蒙版

图9-67　创建渐变填充

图9-68　背景融合效果

（5）显示"图层3"图层，按【Ctrl+T】组合键拖动控制点，调整图层对象的大小，将其移至图像窗口底部。选择"图层3"图层,为其创建图层蒙版,使用上面的方法为其创建渐隐效果,渐变方式为"对称渐变",如图9-69所示。

(6)将前景色设置为黑色,在工具栏中选择画笔工具 ,在其工具属性栏设置画笔的大小、硬度、透明度,使用鼠标涂抹秋千及周围的区域,显示"图层4"图层中的秋千,效果如图9-70所示。

图9-69 创建渐隐效果　　　　　　　　图9-70 显示秋千

(7)显示"图层2"图层,使用魔棒工具 选择翅膀周围的黑色区域,按【Delete】键删除背景,如图9-71所示。

(8)隐藏"图层1"图层,显示美女所在的图层,为其创建图层蒙版,将前景色设置为黑色,设置画笔工具的画笔大小、硬度、透明度,涂抹隐藏背景布,如图9-72所示。

图9-71 删除翅膀的背景　　　　　　　　图9-72 隐藏背景

(9)选择"图层1"图层,按【Ctrl+T】组合键拖动控制点,调整人物图像的大小,将其移至秋千上,效果如图9-73所示。

(10)双击"图层1"图层,打开"图层样式"对话框,单击选中"外发光"复选框,进入其设置面板,设置"混合模式、不透明度、颜色、扩展、大小"分别为"滤色、18、白色、0、20",效果如图9-74所示。

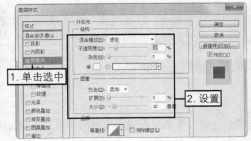

图9-73 调整人物图像的大小与位置　　　　　　图9-74 添加外发光效果

（11）复制"图层4"图层，将其移至"图层1"图层上方。选择图层蒙版，按【D】键还原前景色，按【Alt+Delete】组合键填充黑色，隐藏整个图层，如图9-75所示。

（12）将前景色设置为白色，使用画笔工具涂抹人物膝盖处，显示出秋千的花藤，如图9-76所示。

（13）显示并选择"图层2"图层，按【Ctrl+T】组合键，使用鼠标拖动控制点，调整翅膀图像的大小、角度、位置，将其移至人物肩后。复制"图层1"图层，制作另一只翅膀，效果如图9-77所示。

图9-75　复制图层

图9-76　显示花藤

图9-77　制作翅膀

（14）按住【Alt】键拖动"图层1"图层后的 _fx_ 图标到"图层2"和"图层2副本"图层上，为翅膀应用人物图像的外发光图层样式，效果如图9-78所示。

（15）设置完成后保存文件，完成本案例的制作。

图9-78　为翅膀应用外发光效果

9.3　课堂练习

本课堂练习要求使用通道调亮图像颜色，以及使用蒙版合成空中的城堡，使用户进一步巩固本章所学的通道和蒙版知识，并能熟练运用这些功能处理图像。

9.3.1　使用通道调亮图像颜色

1．练习目标

本练习将利用通道进行调色处理，将素材中偏暗的图像调亮。效果如图9-79所示。

图9-79 使用通道调亮图像颜色的效果

素材所在位置	光盘:\素材文件\第9章\课堂练习1\沉思的美女.jpg
效果所在位置	光盘:\效果文件\第9章\沉思的美女.psd
视频演示	光盘:\视频文件\第9章\使用通道调亮图像颜色.swf

2. 操作思路

本练习需要应用滤镜、通道选择、创建Alpha通道、创建调整图层等知识。根据上面的练习目标，本练习的操作思路如图9-80所示。

① 创建Alpha通道

② 创建选区

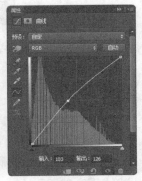

③ 创建曲线调整图层

图9-80 调亮图像颜色的操作思路

（1）打开素材图像，选择背景图层，按【Ctrl+J】组合键复制一个新的图层。选择复制的图层，将"混合模式"设置为"滤色"，将"不透明度"设置为"60%"，按【Ctrl+E】组合键合并两个图层。

（2）打开"通道"面板，选择并复制蓝色通道。选择蓝色通道副本，再选择【滤镜】→【其他】→【高反差保留】菜单命令，在打开的"高反差处理"对话框中设置值为"10"。

（3）选择【滤镜】→【其他】→【最小值】菜单命令，设置值为"1"。

（4）选择【图像】→【计算】菜单命令，将"混合模式"设置为"强光"。重复两次"计算"菜单命令，创建3个Alpha通道。

（5）选择"Alpha3"通道，在面板底部单击"将通道作为选区载入"按钮 ，创建选区，按【Ctrl+Shit+I】组合键反选选区。

（6）显示RGB通道，切换到"图层"面板，在面板底部单击"创建新的填充或调整图层"按钮 ，在打开的下拉列表中选择"曲线"选项，打开"曲线"面板，稍微向上拖动曲线。

（7）按【Ctrl+E】组合键将调整图层与底层合并，打开"通道"面板，选择并复制绿色通道，对其执行与蓝色通道相同的操作。最后合并图层，完成本案例的制作。

9.3.2 合成水上城堡

1. 练习目标

本练习要求使用蒙版显示或隐藏部分选区，使用多张景色图像合成水上城堡。参考效果如图9-81所示。

图9-81　水上城堡效果

素材所在位置	光盘:\素材文件\第9章\课堂练习2\水上城堡
效果所在位置	光盘:\效果文件\第9章\水上城堡.psd
视频演示	光盘:\视频文件\第9章\合成水上城堡.swf

2. 操作思路

在掌握了一定的蒙版创建与编辑操作后，即可开始合成图像。根据上面的练习目标，本练习的操作思路如图9-82所示。

① 打开素材图像

② 放置素材到一个文件中

③ 添加图层蒙版

图9-82　合成水上城堡的操作思路

（1）打开素材文件中的所有图像文件，双击背景所在图层将其转换为普通图层。

（2）将所有背景图像拖动到一个文件中，将文件命名为"水上城堡"，调整图层顺序。

（3）为"图层3"和"图层4"图层创建蒙版，进入图层蒙版，设置前景色为黑色，使用画笔工具隐藏图像部分区域。

（4）删除"图层1"和"图层2"图层中的背景，保留海鸥与海豚图像，调整大小与位置。

（5）选择"图层1"图层，在其上方新建"图层5"图层，使用渐变填充工具绘制白色到透明的径向渐变，制作太阳照射的效果。

（6）复制"图层0"图层，调整图像位置，将云朵置于小岛的崖壁上，将前景色设置为黑色，按【Alt+Delete】组合键隐藏图层，将前景色设置为白色，选择画笔工具，在工具属性栏中设置画笔透明度与硬度，涂抹崖壁，制作烟雾环绕小岛的效果。

9.4 拓展知识

在使用通道与蒙版时，可以利用一些快捷键来进行操作。

在Photoshop CS6中，经常会使用通道和蒙版来处理图像，而使用一些与之相关的快捷键可以大大提高工作效率。表9-1和表9-2所示分别为常用图像模式的通道切换快捷键，以及蒙版编辑的快捷键。

表 9-1　　　　　　　　　　RGB 与 CMYK 模式的通道切换快捷键

RGB 模式	CMYK 模式
按【Ctrl+~】组合键＝RGB	按【Ctrl+~】组合键＝CMYK
按【Ctrl+1】组合键＝红	按【Ctrl+1】组合键＝青绿
按【Ctrl+2】组合键＝绿	按【Ctrl+2】组合键＝黄
按【Ctrl+3】组合键＝蓝	按【Ctrl+3】组合键＝品红
按【Ctrl+4】组合键＝其他通道	按【Ctrl+4】组合键＝黑

表 9-2　　　　　　　　　　蒙版编辑快捷键

快捷键	作用
按【Alt】键单击蒙版缩略图	编辑／显示图层蒙版
按【Shift】键后拖动图层蒙版缩略图	打开／关闭图层蒙版
按【Ctrl】键后单击蒙版或按【Ctrl+Alt+\】组合键	将图层蒙版作为选区载入
按【Ctrl+Shift】组合键后单击图层蒙版缩略图	添加到当前选区
按【Ctrl+Alt】组合键后单击图层蒙版缩略图	从当前选区中减去
按【Ctrl+Alt+Shift】组合键后单击缩略图	与当前选区相交
按【Alt+Shift】组合键后单击或按【\】键	在红宝石模式下查看图层蒙版
按【Ctrl+\】组合键	在图层和图层蒙版之间进行焦点切换
按【Ctrl+~】组合键	将焦点切换到图层

9.5 课后习题

（1）打开提供的素材文件，使用通道为图像中的人物的头发创建选区，通过创建渐变填充图层为头发创建渐变填充。参考效果如图9-83所示。

提示：本习题操作比较简单，首先打开素材文件，选择"通道"面板中的"红色"通道，调整
　　　"红色"通道的色阶，将通道作为选区载入图像，为载入的选区创建渐变调整图层，最后
　　　设置图层的"混合模式"为"线性加深"，得到染发后的效果。

素材所在位置	光盘:\素材文件\第9章\课后习题1\染发美女.jpg
效果所在位置	光盘:\效果文件\第9章\染发美女.psd
视频演示	光盘:\视频文件\第9章\为美女染发.swf

图9-83　染发前后的效果

（2）打开提供的素材文件，使用图层蒙版合成两张图片，使用画笔工具编辑隐藏与显示区域，制
作深林中小牛。参考效果如图9-84所示。

提示：在本习题中，将为小牛图层创建图层蒙版，使用画笔工具隐藏小牛的背景，为小牛图层创
　　　建色阶调整图层，并为色阶调整图层创建剪贴蒙版，再创建色彩平衡调整图层，将小牛的
　　　颜色加深，使其更加融入深林背景。

素材所在位置	光盘:\素材文件\第9章\课后习题2\小牛.jpg、深林.fla
效果所在位置	光盘:\效果文件\第9章\深林小驴.psd
视频演示	光盘:\视频文件\第9章\合成深林小牛.swf

图9-84　合成深林小牛

10

Photoshop CS6

第10章
使用滤镜制作特效图像

本章将详细讲解Photoshop CS6中各种滤镜的相关使用方法。读者通过本章的学习，能够熟练掌握各种滤镜的使用方法，并能熟练结合多个滤镜制作特效图像的效果。

学习要点

- 滤镜的基本知识
- 设置和使用独立滤镜
- 设置和使用滤镜组

学习目标

- 掌握独立滤镜的使用方法
- 掌握滤镜组中相关滤镜的使用方法
- 熟悉各种滤镜能够实现的效果

10.1 滤镜的基本知识

滤镜是Photosho CS6中使用非常频繁的功能之一，也是图像制作的一大利器。通过滤镜的使用，用户可以轻易地制作出艺术性很强的专业图像效果。在使用滤镜处理图像前，首先需要对滤镜进行一定的了解。本节将详细讲解在使用滤镜时需要注意的问题，以及滤镜的一般使用方法。

10.1.1 使用滤镜需要注意的问题

Photoshop CS6滤镜的种类繁多，使用不同的滤镜功能可产生不同的图像效果。但滤镜功能也存在以下局限性。

◎ 它不能应用于位图模式、索引颜色、16位/通道图像。某些滤镜功能只能用于RGB图像模式，而不能用于CMYK图像模式，用户可通过"模式"命令将其他模式转换为RGB模式。

◎ 滤镜是以像素为单位对图像进行处理的。因此，在对不同像素的图像应用相同参数的滤镜时，所产生的效果也会不同。

◎ 在对分辨率较高的图像文件应用某些滤镜功能时，会占用较多的内存空间，会造成电脑的运行速度减慢。

◎ 在对图像的某一部分应用滤镜效果时，可先羽化选区区域的图像边缘，使其过渡平滑。

◎ 在对滤镜进行学习时，不能孤立地看待某一种滤镜效果，应针对滤镜的功能特征进行剖析，以达到真正认识滤镜的目的。

10.1.2 滤镜的一般使用方法

选择Photoshop CS6的"滤镜"菜单，将打开"滤镜"菜单项，其中提供了多个滤镜组。滤镜组中还包含了多种不同的滤镜效果，如图10-1所示。各种滤镜的使用方法基本相同，只需打开并选择需要处理的图像窗口，再选择"滤镜"菜单下相应的滤镜命令，在打开的参数设置对话框中，将各个选项设置为适当的参数后，单击 确定 按钮即可。

各个参数设置对话框中，都有相同的预览图像效果的操作方法，如选择【滤镜】→【模糊】→【动感模糊】菜单命令，打开"动感模糊"对话框，如图10-2所示。

"动感模糊"对话框相关选项的作用介绍如下。

◎ "预览"复选框：若单击选中该复选框，可在编辑窗口的原图像中观察应用滤镜命令后的效果；若撤销选中该复选框，则只能通过对话框中的预览框来观察应用滤镜后的效果。

◎ ⊟和⊞按钮：用于控制预览框中图像的显示比例。单击⊟按钮可缩小图像的显示比例，单击⊞按钮可放大图像的显示比例。

在对话框中，将鼠标指针移动到预览框中，当鼠标指针变成🖐形状时，按住鼠标左键不放并拖动可移动视图的位置；将鼠标指针移动到原图像中，当鼠标指针变为▣形状时，在图像上单击，可将预览框中的视图调整到单击处的图像位置。

图10-1 滤镜菜单

图10-2　"动感模糊"对话框

10.2 使用独立滤镜

Photoshop CS6提供了滤镜库、液化、镜头矫正、消失点等几个常用滤镜。读者通过对它们进行学习，可以为以后熟练运用滤镜打下更牢固的基础。本节将分别介绍它们具体的设置与应用方法。

10.2.1　认识滤镜库

Photoshop CS6中的滤镜库整合了"扭曲""画笔描边""素描""纹理""艺术效果""风格化"6种滤镜功能。通过该滤镜库，可对图像应用这6种滤镜效果。

打开一张图片，选择【滤镜】→【滤镜库】菜单命令，打开图10-3所示的滤镜库对话框。其具体参数作用介绍如下。

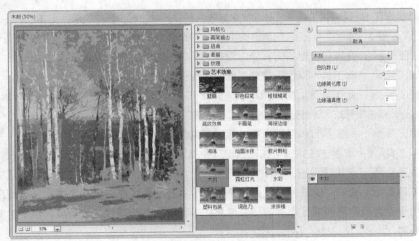

图10-3　滤镜库对话框

◎ 在展开的滤镜效果中，单击其中一个效果命令，可在左边的预览框中查看应用该滤镜后的效果。

◎ 单击对话框右下角的"新建效果图层"按钮 ，可新建一个效果图层。单击"删除效果图层"按钮 ，可删除效果图层。

◎ 在对话框中单击 按钮，可隐藏效果选项，从而增加预览框中的视图范围。

10.2.2 液化滤镜

使用液化滤镜可以对图像的任何部分进行各种各样类似液化效果的变形处理,如收缩、膨胀、旋转等,多用于人物修身。使用液化滤镜的各种效果是修饰图像和创建艺术效果的有效方法。选择【滤镜】→【液化】菜单命令,打开图10-4所示的"液化"对话框,其中主要选项的含义介绍如下。

图10-4 "液化"对话框

◎ **向前变形工具** :该工具可使被涂抹区域内的图像产生向前位移的效果,图10-5所示为将"画笔大小"设置为"500",在人物腰部拖动鼠标,对人物进行修身产生出曲线的效果。

◎ **重建工具** :在液化变形后的图像上涂抹,可将图像中的变形效果还原为原图像。

◎ **褶皱工具** :此工具可以使图像产生向内压缩变形的效果。

◎ **膨胀工具** :此工具可以使图像产生向外膨胀放大的效果,图10-6所示为将鼠标放在人物的胸部附近,单击鼠标放大该部分图像的显示,为人物丰胸。

◎ **左推工具** :此工具可以使图像中的像素发生位移的变形效果。

◎ **抓手工具** :单击该按钮,可在预览窗口中抓取图像,以查看图像显示区域。

◎ **缩放工具** :单击该按钮,在图像预览窗口上单击鼠标,可放大/缩小图像显示区域。

◎ **"工具选项"栏**:"画笔大小"数值框用于设置扭曲图像的画笔的宽度;"画笔压力"数值框用于设置画笔在图像上产生的扭曲速度,较低的压力可减慢更改速度,易于对变形效果进行控制。

◎ **恢复全部(A)** 按钮:设置效果后,单击该按钮,可恢复原图。

◎ **"高级模式"复选框**:单击选中该复选框,将激活更多液化选项设置,如顺时针旋转扭曲工具 、冻结蒙版工具 和解冻蒙版工具 ,以及右侧的工具选项、重建选项、显示图像、显示蒙版和显示背景等都能进行更丰富的设置。若不需要这些设置,则可撤销选中该复选框,恢复到简单模式。

图10-5　变形效果　　　　　　　　　　　　　　图10-6　膨胀效果

10.2.3　油画滤镜

使用油画滤镜可以将普通的图像效果转换为手绘油画效果。它通常用于制作风格画。其方法为：选择【滤镜】→【油画】菜单命令，打开"油画"对话框，在其中对"画笔"和"光照"参数进行设置即可，如图10-7所示。

图10-7　设置油画滤镜效果

10.2.4　消失点滤镜

使用消失点滤镜，可以在极短的时间内达到令人称奇的效果。在消失点滤镜工具选择的图像区域内进行克隆、喷绘、粘贴图像等操作时，操作会自动应用透视原理，按照透视的角度和比例来自适应图像的修改，从而大大节约制作时间。选择【滤镜】→【消失点】菜单命令或按【Ctrl+Shift+V】组合键，打开"消失点"对话框。其中各工具含义介绍如下。

◎ 编辑平面工具 ：单击该工具按钮，可以选择、编辑网格。

◎ 创建平面工具 ：单击该工具按钮，可从现有的平面伸展出垂直的网格。

◎ 选框工具 ：单击该工具按钮，可移动刚粘贴的图像。

◎ 图章工具 ：单击该工具按钮，可产生与仿制图章工具相同的效果。

◎ 画笔工具 ：单击该工具按钮，可对图像使用画笔功能绘制图像。

◎ 变换工具 ：单击该工具按钮，可对网格区域的图像进行变换操作。

◎ 吸管工具 ✐：单击该工具按钮，可设置绘图的颜色。

◎ 测量工具 ▤：单击该工具按钮，可查看两点之间的距离。

　　如图10-8所示，在打开的"消失点"对话框中单击▤按钮；在预览图中使用鼠标单击照片的四个角生成网格。按【Ctrl+V】组合键粘贴之前复制的图像，按【Ctrl+T】组合键调整图像大小，使用鼠标将粘贴的图像拖动到网格中，效果如图10-9所示。

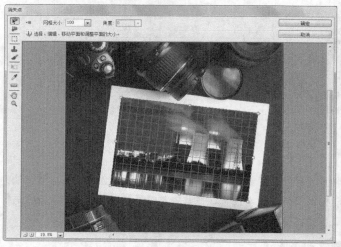

图10-8　"消失点"对话框

图10-9　更换图像效果

10.2.5　自适应广角滤镜

　　使用自适应广角滤镜能对图像的范围进行调整，使图像得到类似使用不同镜头拍摄的视觉效果。Photoshop中的自适应广角滤镜能对图像的透视、完整球面和鱼眼等进行调整，也可拉直全景图像。选择【滤镜】→【自适应广角】菜单命令，打开图10-10所示的"自适应广角"对话框，其中主要选项的含义介绍如下。

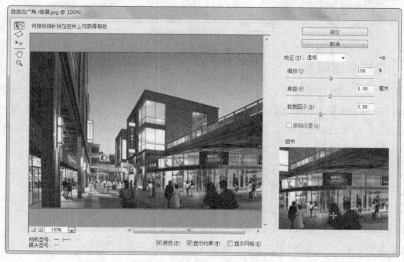

图10-10　"自适应广角"对话框

◎ 约束工具：单击图像或拖动端点，可以添加或编辑约束线。按住【Shift】键可以添加水平或垂直的约束线，按住【Alt】键单击可删除约束线。

◎ 多边形约束工具：单击图像或拖动端点，可以添加或编辑多边形约束线。

◎ 移动工具：用于移动对话框中的图像。

◎ 抓手工具：单击可放大窗口的显示比例，可以使用该工具移动画面。

◎ 缩放工具：单击可放大窗口的显示比例，按住【Alt】键单击可缩小显示比例。

◎ "校正"下拉列表框：用于选择投影模型，包括"鱼眼""透视""自动"和"完整球面"。

◎ "缩放"栏：校正图像后，可通过该选项缩放图像，以填满空缺。

◎ "焦距"栏：用于指定焦距。

◎ "裁剪因子"栏：用于指定裁剪因子。

◎ "原照设置"复选框：单击选中该复选框，可以使用照片元数据中的焦距和裁剪因子。

◎ "细节"栏：该栏中将显示光标指示图像下方的细节（比例为100%）。使用约束工具和多边形约束工具时，可通过该观察图像来准确定位约束点。

如图10-11所示，按住【Shift】键在图像中单击并向下拖动，添加约束。在"校正"下拉列表框中选择"鱼眼"选项，然后设置其具体参数，返回图像窗口中查看效果，并与原始图像进行对比。此时可发现照片中的镜头放大了，照片左侧和上方的距离变小，而中间的内容变大了，如图10-12所示。

图10-11　创建约束线设置参数

图10-12　鱼眼放大效果

10.2.6　镜头校正滤镜

镜头校正滤镜主要用于修复因拍摄不当或相机自身问题，而出现的图像扭曲等问题。在Photoshop CS6中选择【滤镜】→【镜头校正】菜单命令，打开"镜头校正"对话框，在"自动校正"选项卡中进行设置或单击"自定"选项卡，切换到其中进行自定义校正设置。

"自动校正"与"自定"选项卡中各选项的作用相同，不同的是，用户可在"自定"选项卡中设置各选项的参数。下面对"自定"选项卡中的各选项进行介绍。

◎ "几何扭曲"栏：用于校正镜头的失真。当其值为负值时，图像向中心扭曲；当其值为正值时，图像向外扭曲。

◎ "色差"栏：用于校正图像的色差，其值越大，色彩调整的颜色越艳丽。

◎ "晕影"栏：用于校正由于镜头缺陷而造成的图像边缘较暗的现象。其中"数量"选项用于设置沿图像边缘变亮或变暗的程度；"中点"选项用于设置受"数量"选项影响的区域宽度。

◎ "变换"栏：用于校正图像在水平或垂直方向上的偏移。其中"垂直透视"选项用于校正图像在垂直方向上的透视错误，当值为"100"时可将图像设置为仰视角度，当值为"–100"时可将图像设置为俯视角度；"水平透视"选项用于校正图像在水平方向上的透视效果；"比例"选项用于控制镜头的校正比例；"角度"选项用于设置图像的旋转角度。

图10–13所示的照片画面内容左高右低，此时可在"自定"选项卡的"角度"数值框中输入数值，如输入"–2"，将照片角度旋转，进行角度校正。

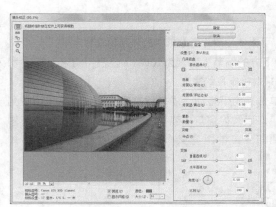

图10–13　校正倾斜的照片图像

10.2.7　课堂案例1——修饰海报人物图像

本案例将利用液化滤镜对提供的"模特.jpg"素材图像进行瘦身处理，使其身材更加苗条，符合海报需要的完美人物形象。本案例完成后的参考效果如图10–14所示。

图 10–14　瘦身后的海报人物图像

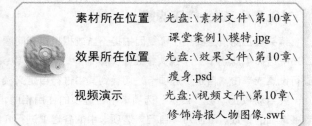

素材所在位置	光盘:\素材文件\第10章\课堂案例1\模特.jpg
效果所在位置	光盘:\效果文件\第10章\瘦身.psd
视频演示	光盘:\视频文件\第10章\修饰海报人物图像.swf

（1）打开提供的"模特.jpg"素材文件，如图10–15所示。

（2）选择【滤镜】→【液化】菜单命令，打开"液化"对话框，选择向前变形工具，在对话

框右侧设置画笔大小为"20"，在人物胸部按住鼠标左键不放并慢慢拖动以调整图像，效果
如图10-16所示。

（3）设置画笔大小为"450"，在人物臀部拖动鼠标调整，使其幅度变得更加自然，效果如
图10-17所示。

图10-15　素材文件

图10-16　调整人物胸部

图10-17　调整人物臀部

（4）观察发现，人物的腹部有赘肉，因此选择向前推移工具，在腹部的空白处拖动鼠标，调
整腹部与手臂之间的间隙。

（5）选择褶皱工具，在图像的腹部拖动鼠标调整腹部，使其向内收缩，在手臂上拖动鼠标，
使其手臂过渡平滑，效果如图10-18所示。

（6）单击　　　确定　　　按钮确认设置，效果如图10-19所示。完成后然后将图片保存即可。

图10-18　调整人物腹部

图10-19　完成效果

10.3 使用滤镜组

　　Photoshop CS6的滤镜菜单中提供了多个滤镜组，单击每一个滤镜组，可在其子菜单中选择该滤
镜组中相关的具体滤镜。本节主要介绍滤镜中各项命令的具体操作。用户可以通过应用滤镜为图像添
加各种各样的特殊图像效果，从而将所有滤镜的功能应用自如，创造出各种具有特殊效果的图像。

10.3.1　风格化滤镜组

　　风格化滤镜组主要通过移动和置换图像的像素并增加图像像素的对比度，生成绘画或印象派的图
像效果。选择【滤镜】→【风格化】菜单命令，在打开的子菜单中提供了9种命令。

1. 查找边缘

使用查找边缘滤镜可以突出图像边缘，其无参数设置对话框。选择【滤镜】→【风格化】→【查找边缘】菜单命令，得到图10-20所示的效果。

2. 等高线

使用等高线滤镜可以沿图像的亮区和暗区的边界绘出线条比较细、颜色比较浅的线条效果。选择【滤镜】→【风格化】→【等高线】菜单命令，打开"等高线"对话框，在其中可设置滤镜参数并预览图像效果，如图10-21所示。

3. 风

使用风滤镜可在图像中添加短而细的水平线来模拟风吹效果。选择【滤镜】→【风格化】→【风】菜单命令，打开"风"对话框，在其中可设置滤镜参数并预览图像效果，如图10-22所示。

图10-20　查找边缘效果

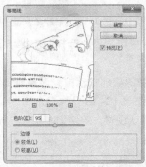
图10-21　"等高线"对话框

图10-22　"风"对话框

4. 浮雕效果

使用浮雕效果滤镜可以通过勾画选区的边界并降低周围的颜色值，使选区显得凸起或压低，生成浮雕效果。选择【滤镜】→【风格化】→【浮雕效果】菜单命令，打开"浮雕效果"对话框，在其中可设置滤镜参数并预览图像效果，如图10-23所示。

5. 扩散

使用扩散滤镜可以根据设置的扩散模式搅乱图像中的像素，使图像产生模糊的效果。选择【滤镜】→【风格化】→【扩散】菜单命令，打开"扩散"对话框，在其中可设置滤镜参数并预览图像效果，如图10-24所示。

6. 拼贴

使用拼贴滤镜可以将图像分解成许多小方块，并使每个方块内的图像都偏移原来的位置，从而出现整幅图像画在方块瓷砖上的效果。选择【滤镜】→【风格化】→【拼贴】菜单命令，打开"拼贴"对话框，设置参数后单击 确定 按钮，效果如图10-25所示。"拼贴"对话框中各项参数的含义介绍如下。

◎ "拼贴数"数值框：用于设置在图像每行和每列中要显示的最小贴块数。

◎ "最大位移"数值框：用于设置允许贴块偏移原始位置的最大距离。

◎ "填充空白区域用"栏：用于设置贴块间空白区域的填充方式。

图10-23 "浮雕效果"对话框 图10-24 "扩散"对话框 图10-25 拼贴效果

7. 曝光过度

使用曝光过度滤镜可以产生图像正片和负片混合的效果，类似于摄影过程中将摄影照片短暂曝光，该滤镜无参数设置对话框。应用"曝光过度"滤镜后的效果如图10-26所示。

8. 凸出

使用凸出滤镜可以将图像分成大小相同但有机叠放的三维块或立方体，从而生成3D纹理效果。选择【滤镜】→【风格化】→【凸出】菜单命令，打开"凸出"对话框，在其中设置参数并确认设置，可得到图10-27所示的效果。

9. 照亮边缘

使用照亮边缘滤镜位于滤镜库中，可以照亮图像边缘轮廓。选择【滤镜】→【滤镜库】命令，在打开的对话框中选择【风格化】→【照亮边缘】选项即可应用该滤镜。图10-28所示为应用该滤镜后的效果。

图10-26 曝光过度效果 图10-27 凸出效果 图10-28 照亮边缘效果

10.3.2 画笔描边滤镜组

画笔描边滤镜组用于模拟不同的画笔或油墨笔刷来勾画图像，产生绘画效果。该组滤镜提供了8种滤镜效果，全部位于滤镜库中，如图10-29所示。

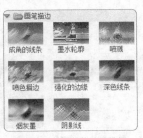

图10-29 画笔描边滤镜组

1. 成角的线条

使用成角的线条滤镜可用对角描边重新绘制图像，即用一个方向的线条绘制图像亮区，用相反方向的线条绘制暗区。选择【滤镜】→【画笔描边】→【成角的线条】菜单命令，打开图10-30所示的对话框，在参数控制区进行设置即可。

图10-30　设置成角的线条滤镜效果

2. 墨水轮廓

使用墨水轮廓滤镜可以用纤细的线条在图像原细节上重绘图像，从而生成钢笔画风格的图像。其参数控制区和对应的滤镜效果如图10-31所示。

3. 喷溅

使用喷溅滤镜可以模拟喷溅喷枪的效果。在滤镜库中选择喷溅滤镜，其参数控制区和对应的滤镜效果如图10-32所示。

图10-31　墨水轮廓效果　　　　　　　　　　　图10-32　喷溅效果

4. 喷色描边

使用喷色描边滤镜可以在喷溅滤镜生成效果的基础上增加斜纹飞溅效果。其参数控制区和对应的滤镜效果如图10-33所示。

5. 强化的边缘

使用强化的边缘滤镜可在图像边缘处产生高亮的边缘效果。其参数控制区和对应的滤镜效果如图10-34所示。

图10-33　喷色描边效果　　　　　　　　　　　图10-34　强化的边缘效果

6. 深色线条

使用深色线条滤镜将用短而密的线条来绘制图像中的深色区域，用长而白的线条来绘制图像中颜色较浅的区域，从而产生一种很强的黑色阴影效果。其参数控制区和对应的滤镜效果如图10-35所示。

7. 烟灰墨

使用烟灰墨滤镜可以模拟饱含墨汁的湿画笔在宣纸上进行绘制的效果。其参数控制区和对应的滤镜效果如图10-36所示。

8. 阴影线

使用阴影线滤镜可在图像表面生成交叉状倾斜划痕效果，跟"成角线条"滤镜相似。

图10-35　深色线条效果　　　　　　　　　图10-36　烟灰墨效果

10.3.3　模糊滤镜组

使用模糊滤镜组可以通过削弱相邻像素的对比度，使相邻像素间过渡平滑，从而产生边缘柔和模糊的效果。在"模糊"子菜单中提供了"动感模糊""径向模糊""高斯模糊"等模糊效果。

1. 场景模糊

使用场景模糊滤镜可以使画面不同区域呈现不同程度的模糊效果。选择【滤镜】→【模糊】→【场景模糊】菜单命令，打开"模糊工具"和"模糊效果"面板。在图像中单击鼠标添加模糊的中心点，选择每个中心点，在面板中调整模糊参数即可，如图10-37所示。在属性栏中单击 确定 按钮可确认操作，单击 取消 按钮可取消模糊设置。

图10-37　设置场景模糊效果

2. 光圈模糊

使用光圈模糊滤镜可以将一个或多个焦点添加到图像中，用户可以对焦点的大小、形状，以及焦点区域外的模糊数量和清晰度等进行设置。选择【滤镜】→【模糊】→【光圈模糊】菜单命令，打开"模糊工具"和"模糊效果"面板，对模糊参数或焦点进行设置即可。其参数设置对话框如图10-38所示。

3. 倾斜模糊

使用倾斜偏移滤镜可用于模拟相机拍摄的移轴效果，其效果类似于微缩模型。选择【滤镜】→【模糊】→【倾斜偏移】菜单命令，打开"模糊工具"和"模糊效果"面板，对模糊参数或焦点进行设置即可。其参数设置对话框如图10-39所示。

图10-38 光圈模糊效果

图10-39 倾斜效果

4. 表面模糊

使用表面模糊滤镜模糊图像时将保留图像边缘，可用于创建特殊效果，以及用于去除杂点和颗粒。打开图像文件，选择【滤镜】→【模糊】→【表面模糊】菜单命令，其参数设置对话框如图10-40所示。

5. 动感模糊

使用动感模糊滤镜可以使静态图像产生运动的效果，原理是通过对某一方向上的像素进行线性位移来产生运动的模糊效果。其参数设置对话框如图10-41所示。

6. 方框模糊

方框模糊滤镜以邻近像素颜色平均值为基准模糊图像。选择【滤镜】→【模糊】→【方框模糊】菜单命令，打开"方框模糊"对话框，如图10-42所示。其"半径"数值框用于设置模糊效果的强度，值越大，模糊效果越强。

图10-40 "表面模糊"对话框

图10-41 "动感模糊"对话框

图10-42 "方框模糊"对话框

7. 高斯模糊

使用高斯模糊滤镜可对图像总体进行模糊处理。其参数设置对话框如图10-43所示。

8. 形状模糊

使用形状模糊滤镜可以使图像按照某一形状进行模糊处理。其参数设置对话框如图10-44所示。

9. 特殊模糊

使用特殊模糊滤镜可以对图像进行精确模糊，是唯一不模糊图像轮廓的模糊方式。其参数设置对话框如图10-45所示。对话框中的"模式"下拉列表框有3种模式，选择"正常"模式，与其他模糊滤镜差别不大；选择"仅限边缘"模式，可为边缘有大量颜色变化的图像增大边缘，图像边缘将变白，其余部分将变黑；选择"叠加边缘"模式，滤镜将覆盖图像的边缘。

图10-43 "高斯模糊"对话框

图10-44 "形状模糊"对话框

图10-45 "特殊模糊"对话框

10. 平均

使用平均滤镜可以对图像的平均颜色值进行柔化处理，从而产生模糊效果。该滤镜无参数设置对话框。

11. 模糊和进一步模糊

模糊和进一步模糊滤镜都用于消除图像中颜色明显变化处的杂色，能使图像更加柔和，并隐藏图像中的缺陷，柔化图像中过于强烈的区域。进一步模糊滤镜产生的效果比模糊滤镜强。两个滤镜都没有参数设置对话框，可多次应用来加强模糊效果。

12. 镜头模糊

使用镜头模糊滤镜可以使图像模拟摄像时镜头抖动产生的模糊效果。其参数设置对话框如图10-46所示。相关参数的含义介绍如下。

◎ "预览"复选框：单击选中该复选框后可预览滤镜效果。其下方的单选项用于设置预览方式，单击选中"更快"单选项可以快速预览调整参数后的效果，单击选中"更加准确"单选项可以精确计算模糊的效果，但会增加预览的时间。

◎ "深度映射"栏：用于调整镜头模糊的远近。通过拖动"模糊焦距"数值框下方的滑块，便可改变模糊镜头的焦距。

◎ "光圈"栏：用于调整光圈的形状和模糊范围的大小。

◎ "镜面高光"栏：用于调整模糊镜面亮度的强弱程度。

◎ "杂色"栏：用于设置模糊过程中所添加的杂色数量和分布方式。该栏与添加杂色滤镜的相关参数设置相同。

13. 径向模糊

使用径向模糊滤镜可以使图像产生旋转或放射状模糊效果。其参数设置对话框和模糊后的图像效果如图10-47所示。

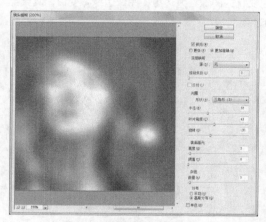

图10-46 "镜头模糊"对话框

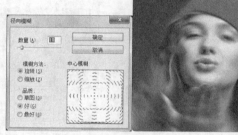

图10-47 径向模糊

10.3.4 扭曲滤镜组

使用扭曲滤镜组主要用于对图像进行扭曲变形，该组滤镜提供了12种滤镜效果，其中"玻璃""海洋波纹"和"扩散亮光"滤镜位于滤镜库中，其他滤镜可以选择【滤镜】→【扭曲】菜单命令，然后在打开的子菜单中选择相应的命令即可，下面将分别对其进行讲解。

1. 玻璃

玻璃滤镜可以制造出不同的纹理，让图像产生一种隔着玻璃观看的效果。在"滤镜库"对话框中选择【扭曲】→【玻璃】选项即可进行设置，其滤镜效果和参数控制区如图10-48所示，主要选项的含义介绍如下。

◎ "扭曲度"数值框：用于调节图像扭曲变形的程度，值越大，扭曲程度越大。

◎ "平滑度"数值框：用于调整玻璃的平滑程度。

◎ "纹理"下拉列表：用于设置玻璃的纹理类型，其下拉列表中有"块状""画布""磨砂""小镜头"4个选项。

2. 海洋波纹

使用海洋波纹滤镜可以扭曲图像表面，使图像有产生在水面下方的效果。在滤镜库中选择海洋滤镜，其滤镜效果和参数控制区如图10-49所示。

图10-48　玻璃效果　　　　　　　　　　　　　　图10-49　海洋波纹效果

3. 扩散光亮

使用扩散光亮滤镜可以工具箱中背景色为基色对图像进行渲染，产生透过柔和漫射滤镜观看的效果，亮光从图像的中心位置逐渐隐没。在滤镜库中选择该滤镜，其图像效果和参数控制区如图10-50所示。

4. 波浪

波浪滤镜对话框中提供了许多设置波长的选项，在选定的范围或图像上创建波浪起伏的图像效果。选择【滤镜】→【扭曲】→【波浪】菜单命令，在打开的对话框中设置参数，如图10-51所示。其中各选项的含义介绍如下。

◎　"波长"栏：用于控制波峰间距，有"最小"和"最大"两个数值框，分别表示最短波长和最长波长，最短波长值不能超过最长波长值。

◎　"波幅"栏：用于设置波动幅度，有"最小"和"最大"两个数值框，表示最小波幅和最大波幅，最小波幅不能超过最大波幅。

◎　"比例"栏：用于调整水平和垂直方向的波动幅度。

◎　 随机化 按钮：单击该按钮，可按指定的设置随机生成一个波浪图案。

图10-50　扩散亮光效果　　　　　　　　　　　　图10-51　"波浪"对话框

5. 波纹

使用波纹滤镜可以产生水波荡漾的涟漪效果。选择【滤镜】→【扭曲】→【波纹】菜单命令，打开其参数设置对话框，在预览框中可以预览图像效果，如图10-52所示。

6. 水波

使用水波滤镜可以沿径向扭曲选定的范围或图像，产生类似水面涟漪的效果。选择【滤镜】→【扭曲】→【水波】菜单命令，打开图10-53所示的对话框。

7. 球面化

使用球面化滤镜模拟将图像包在球上并扭曲或伸展来适合球面，从而产生球面化效果。选择【滤镜】→【扭曲】→【球面化】菜单命令，打开其参数设置对话框，如图10-54所示。

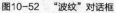

图10-52　"波纹"对话框

图10-53　"水波"对话框

图10-54　"球面化"对话框

8. 极坐标

使用极坐标滤镜可以将图像的坐标从直角坐标系转换到极坐标系。选择【滤镜】→【扭曲】→【极坐标】菜单命令，打开"极坐标"对话框，如图10-55所示。

9. 挤压

使用挤压滤镜可以使全部图像或选定区域内的图像产生一个向外或向内挤压的变形效果。选择【滤镜】→【扭曲】→【挤压】菜单命令，打开其参数设置对话框，如图10-56所示。

10. 切变

使用切变滤镜可以使图像在水平方向产生弯曲效果，选择【滤镜】→【扭曲】→【切变】菜单命令，打开"切变"对话框。在对话框左上侧方格框中的垂直线上单击可创建切变点，拖动切变点可实现图像的切变，如图10-57所示。

图10-55　"极坐标"对话框

图10-56　"挤压"对话框

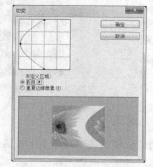

图10-57　"切变"对话框

11. 旋转扭曲

使用旋转扭曲滤镜可以对图像产生顺时针或逆时针的旋转效果，选择【滤镜】→【扭曲】→【旋转扭曲】菜单命令，打开其参数设置对话框，如图10-58所示。

12. 置换

使用置换滤镜的使用方法较特殊。使用该滤镜后，图像的像素可以向不同的方向移位，其效果不仅依赖于对话框，而且还依赖于置换的置换图。

选择【滤镜】→【扭曲】→【置换】菜单命令，打开并设置"置换"对话框，单击 确定 按钮，在打开的对话框中选择.psd文件，单击 打开(O) 按钮，图像产生位移后的效果如图10-59所示。

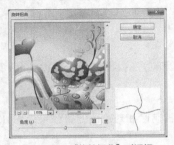

图10-58　"旋转扭曲"对话框　　　　　　　　图10-59　置换效果

10.3.5　素描滤镜组

素描滤镜可以用来在图像中添加纹理，使图像产生素描、速写、三维的艺术绘画效果。该组滤镜提供了14种滤镜效果，全部位于该滤镜库中。

1. 半调图案

使用半调图案滤镜可以用前景色和背景色在图像中模拟半调网屏的效果。其参数控制区和对应的滤镜效果如图10-60所示。

2. 便条纸

使用"便条纸"滤镜能模拟凹陷压印图案，产生草纸画效果。其参数控制区和滤镜效果如图10-61所示。

图10-60　半调图案效果　　　　　　　　　图10-61　便条纸效果

3. 粉笔和炭笔

使用粉笔和炭笔滤镜可以使图像产生被粉笔和炭笔涂抹的草图效果。在处理过程中，粉笔使用背景色，用来处理图像较亮的区域；而炭笔使用前景色，用来处理图像较暗的区域。其参数控制区和对应的滤镜效果如图10-62所示。

4. 铬黄渐变

使用铬黄渐变滤镜可以让图像像是擦亮的铬黄表面，类似于液态金属的效果。其参数控制区和对应的滤镜效果如图10-63所示。

图10-62　粉笔和炭笔效果　　　　　　　　　　　图10-63　铬黄渐变效果

5. 绘图笔

使用绘图笔滤镜可以生成一种钢笔画素描效果。其参数控制区和对应的滤镜效果如图10-64所示。

6. 基底凸现

使用基底凸现滤镜将模拟浅浮雕在光照下的效果。其参数控制区和对应的滤镜效果如图10-65所示。

图10-64　绘图笔效果　　　　　　　　　　　图10-65　基底凸现效果

7. 石膏效果

使用石膏效果滤镜可以使图像看上去好像用立体石膏压模而成。使用前景色和背景色上色，图像中较暗的区域突出、较亮的区域下陷。其参数控制区和对应的滤镜效果如图10-66所示。

8. 水彩画纸

使用水彩画纸滤镜可以模拟在潮湿的纤维纸上涂抹颜色，产生画面浸湿、纸张扩散的效果。其参数控制区和对应的滤镜效果如图10-67所示。

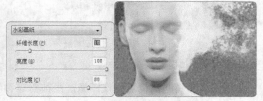

图10-66　石膏效果　　　　　　　　　　　图10-67　水彩画纸效果

9. 撕边

使用撕边滤镜可使图像呈粗糙和撕破的纸片状，并使用前景色与背景色给图像着色。其参数控制区和对应的滤镜效果如图10-68所示。

10. 炭笔

使用炭笔滤镜将产生色调分离的涂抹效果，主要边缘用粗线条绘制，而中间色调用对角描边绘制。其参数控制区和对应的滤镜效果如图10-69所示。

图10-68　撕边效果　　　　　　　　　　　　　图10-69　炭笔效果

11. 炭精笔

使用炭精笔滤镜可以模拟使用炭精笔绘制图像的效果，在暗区使用前景色绘制，在亮区使用背景色绘制。其参数控制区和对应的滤镜效果如图10-70所示。

12. 图章

使用图章滤镜能简化图像、突出主体，产生类似橡皮和木制图章，盖印参数控制区和对应的滤镜效果如图10-71所示。

图10-70　炭精笔效果　　　　　　　　　　　　图10-71　图章效果

13. 网状

使用网状滤镜能模拟胶片感光乳剂的受控收缩和扭曲的效果，使图像的暗色调区域好像被结块，高光区域好像被颗粒化。其参数控制区和对应的滤镜效果如图10-72所示。

14. 影印

使用影印滤镜可以模拟影印效果，并用前景色填充图像的亮区，用背景色填充图像的暗区。其参数控制区和对应的滤镜效果如图10-73所示。

图10-72　网状效果　　　　　　　　　　　　图10-73　影印效果

10.3.6   纹理滤镜组

纹理滤镜组可以为图像应用多种纹理的效果，产生材质感。该组滤镜提供了6种滤镜效果，全部位于该滤镜库中。

1. 龟裂缝

使用龟裂缝滤镜可以在图像中随机生成龟裂纹理并使图像产生浮雕效果。其参数控制区和对应的滤镜效果如图10-74所示。

2. 颗粒

使用颗粒滤镜可以模拟将不同种类的颗粒纹理添加到图像中的效果，在"颗粒类型"下拉列表中可以选择多种颗粒形态。其参数控制区和对应的滤镜效果如图10-75所示。

图10-74   龟裂缝效果   图10-75   颗粒效果

3. 马赛克拼贴

使用马赛克拼贴滤镜可以产生分布均匀但形状不规则的马赛克拼贴效果。其参数控制区和对应的滤镜效果如图10-76所示。

4. 拼缀图

使用拼缀图滤镜可使图像产生由多个方块拼缀的效果，每个方块的颜色是由该方块中像素的平均颜色决定的。其参数控制区和对应的滤镜效果如图10-77所示。

图10-76   马赛克拼贴效果   图10-77   拼缀图效果

5. 染色玻璃

使用染色玻璃滤镜可以使图像产生不规则的玻璃网格拼凑出来的效果。其参数控制区和对应的滤镜效果如图10-78所示。

6. 纹理化

使用纹理化滤镜可以向图像中添加系统提供的各种纹理效果，或根据另一个文件的亮度值向图像中添加纹理效果。其参数控制区和对应的滤镜效果如图10-79所示。

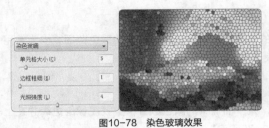

图10-78　染色玻璃效果　　　　　　　　　图10-79　纹理化效果

10.3.7　艺术效果滤镜组

艺术效果滤镜为用户提供了模仿传统绘画手法的途径，可以为图像添加绘画效果或艺术特效。该组滤镜提供了15种滤镜效果，全部位于该滤镜库中。

1. 壁画

使用壁画滤镜将用短而圆、粗略轻的小块颜料涂抹图像，产生风格较粗犷的效果。其参数控制区和对应的滤镜效果如图10-80所示。

2. 彩色铅笔

使用彩色铅笔滤镜可以模拟用彩色铅笔在纸上绘图的效果，同时保留重要边缘，外观呈粗糙阴影线。其参数控制区和对应的滤镜效果如图10-81所示。

图10-80　壁画效果　　　　　　　　　图10-81　彩色铅笔效果

3. 粗糙蜡笔

使用粗糙蜡笔滤镜可以模拟蜡笔在纹理背景上绘图，产生一种纹理浮雕效果。其参数控制区和对应的滤镜效果如图10-82所示。

4. 底纹效果

使用底纹效果滤镜可以使图像产生喷绘效果。其参数控制区和对应的滤镜效果如图10-83所示。

图10-82　粗糙蜡笔效果　　　　　　　　图10-83　底纹效果效果

5. 干画笔

使用干画笔滤镜能模拟用干画笔绘制图像边缘的效果。该滤镜通过将图像的颜色范围减少为常用颜色区来简化图像。其参数控制区和对应的滤镜效果如图10-84所示。

6. 海报边缘

使用海报边缘滤镜可以根据设置的海报化选项，减少图像中的颜色数目，查找图像的边缘并在上面绘制黑线。其参数控制区和对应的滤镜效果如图10-85所示。

图10-84　干画笔效果　　　　　　　　　　　图10-85　海报边缘效果

7. 海绵

使用海绵滤镜可以模拟海绵在图像上绘画的效果，使图像带有强烈的对比色纹理。其参数控制区和对应的滤镜效果如图10-86所示。

8. 绘画涂抹

使用绘画涂抹滤镜可以模拟使用各种画笔涂抹的效果。其参数控制区和对应的滤镜效果如图10-87所示。

图10-86　海绵效果　　　　　　　　　　　图10-87　绘画涂抹效果

9. 胶片颗粒

使用胶片颗粒滤镜可以在图像表面产生胶片颗粒状纹理效果。其参数控制区和对应的滤镜效果如图10-88所示。

10. 木刻

使用木刻滤镜可使图像产生木雕画效果。其参数控制区和对应的滤镜效果如图10-89所示。

图10-88　胶片颗粒效果　　　　　　　　　　图10-89　木刻效果

11. 水彩

使用水彩滤镜可以简化图像细节，以水彩的风格绘制图像，产生一种水彩画效果。其参数控制区和对应的滤镜效果如图10-90所示。

12. 塑料包装

使用塑料包装滤镜可以使图像表面产生类似透明塑料袋包裹物体时的效果。其参数控制区和对应的滤镜效果如图10-91所示。

图10-90 水彩效果   图10-91 塑料包装效果

13. 调色刀

使用调色刀滤镜可以减少图像中的细节，生成描绘得很淡的图像效果。其参数控制区和对应的滤镜效果如图10-92所示。

14. 涂抹棒

使用涂抹棒滤镜可以用短的对角线涂抹图像的较暗区域来柔和图像，增大图像的对比度。其参数控制区和对应的滤镜效果如图10-93所示。

图10-92 调色刀效果   图10-93 涂抹棒效果

15. 霓虹灯光

使用霓虹灯光滤镜可以将各种类型的发光添加到图像中的对象上，产生彩色氖光灯照射的效果。

10.3.8 锐化滤镜组

锐化滤镜组能通过增加相邻像素的对比度来聚焦模糊的图像。该滤镜组提供了5种滤镜，选择【滤镜】→【锐化】菜单命令，在打开的子菜单中选择相应的滤镜项即可使用。

1. USM锐化

使用USM锐化滤镜可以锐化图像边缘，通过调整边缘细节的对比度，在边缘的每侧生成一条亮线和一条暗线。"USM锐化"对话框如图10-94所示。

2. 智能锐化

使用智能锐化滤镜相当于标准的USM锐化滤镜，其开发目的是用于改善边缘细节、阴影及高光锐化，在阴影和高光区域对锐化提供了良好的控制。"智能锐化"对话框如图10-95所示。

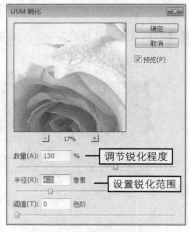

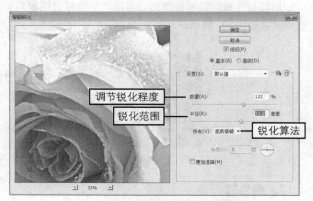

图10-94 "USM锐化"对话框   图10-95 "智能锐化"对话框

3. 锐化

使用锐化滤镜可以增加图像中相邻像素点之间的对比度，从而聚焦选区并提高其清晰度。该滤镜无参数设置对话框。

4. 进一步锐化

进一步锐化滤镜比锐化滤镜的锐化效果更强烈。该滤镜无参数设置对话框。

5. 锐化边缘

使用锐化边缘滤镜可以锐化图像的轮廓，使不同颜色之间分界更明显。该滤镜无参数设置对话框。

10.3.9 杂色滤镜组

杂色滤镜组主要用来向图像中添加杂点或去除图像中的杂点，通过混合干扰制作出着色像素图案的纹理。此外，杂色滤镜还可以创建一些具有特点的纹理效果，或去掉图像中有缺陷的区域。杂色滤镜组提供了5种滤镜，选择【滤镜】→【杂色】菜单命令，在打开的子菜单中选择相应的滤镜项即可使用。

1. 减少杂色

使用减少杂色滤镜可以去除使用数码相机拍摄时，因为ISO值设置不当而导致的杂色，同时也可去除使用扫描仪扫描图像时，由于扫描传感器导致的图像杂色。"减少杂色"对话框如图10-96所示。

2. 蒙尘与划痕

使用蒙尘与划痕滤镜可以将图像中有缺陷的像素融入周围的像素，达到去除和隐藏瑕疵的目的。"蒙尘与划痕"对话框和对应的滤镜效果如图10-97所示。

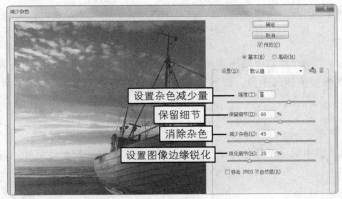

设置杂色减少量

保留细节

消除杂色

设置图像边缘锐化

图10-96　"减少杂色"对话框

图10-97　"蒙尘与划痕"对话框

3．添加杂色

使用添加杂色滤镜可以向图像随机混合彩色或单色杂点。"添加杂色"对话框和对应的滤镜效果如图10-98所示。

4．中间值

使用中间值滤镜可以通过混合图像中像素的亮度来减少图像的杂色。"中间值"对话框和对应的滤镜效果如图10-99所示。

调整杂点数量

设置杂点分布方式

图10-98　"添加杂色"对话框

图10-99　"中间值"对话框

5．去斑

使用去斑滤镜可以对图像或选择区内的图像进行轻微的模糊和柔化处理，从而在移去杂色的同时保留细节。该滤镜无参数设置对话框。

10.3.10　像素化滤镜组

大部分像素化滤镜会将图像转换成平面色块组成的图案，并通过不同的设置达到截然不同的效果。像素化滤镜组提供了7种滤镜，选择【滤镜】→【像素化】菜单命令，在打开的子菜单中选择相应的滤镜项即可使用。

1．彩块化

使用彩块化滤镜可使图像中纯色或相似颜色的像素结为彩色像素块，从而使图像产生类似宝石刻画的效果。该滤镜没有参数设置对话框，直接应用即可，应用后的效果图比原图像更模糊。

2. 彩色半调

使用彩色半调滤镜可以模拟在图像的每个通道上使用扩大的半调网屏效果。对于每个通道，该滤镜用小矩形将图像分割，并用圆形图像替换矩形图像，圆形的大小与矩形的亮度成正比。"彩色半调"对话框和对应的滤镜效果如图10-100所示。

3. 晶格化

使用晶格化滤镜可以将相近的像素集中到一个纯色有角多边形网格中。"晶格化"对话框和对应的滤镜效果如图10-101所示。

图10-100 "彩色半调"对话框及彩色半调滤镜效果   图10-101 "晶格化"对话框

4. 点状化

使用点状化滤镜可以使图像产生随机的彩色斑点效果，点与点间的空隙将用前背景色填充。"点状化"对话框和对应的滤镜效果如图10-102所示。

5. 铜版雕刻

使用铜版雕刻滤镜将在图像中随机分布各种不规则的线条和斑点，以产生镂刻的版画效果。"铜版雕刻"对话框和对应的滤镜效果如图10-103所示。

6. 马赛克

使用马赛克滤镜将把一个单元内所有相似色彩像素统一颜色后再合成更大的方块，从而产生马赛克效果。对话框中的"单元格大小"数值框用于输入产生的方块大小的数值。"马赛克"对话框和对应的滤镜效果如图10-104所示。

 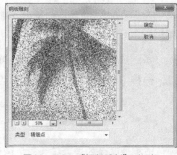 

图10-102 "点状化"对话框   图10-103 "铜版雕刻"对话框   图10-104 "马赛克"对话框

7. 碎片

使用碎片滤镜可以将图像的像素复制4倍，然后将它们平均移位并降低不透明度，从而产生模糊效果。该滤镜无参数设置对话框。

10.3.11　渲染滤镜组

渲染滤镜组用于在图像中创建云彩、折射、模拟光线等效果。该滤镜组提供了5种滤镜，选择【滤镜】→【渲染】菜单命令，在打开的子菜单中选择相应的滤镜项即可使用。

1. 分层云彩

使用分层云彩滤镜可以将随机生成的介于前景色与背景色之间的值，生成云彩图案效果。该滤镜无参数设置对话框。

2. 光照效果

使用光照效果滤镜可以通过不同类型的光源对图像进行照射，如设置光源、光色和物体的反射特性等，然后根据这些设定产生光照，模拟三维光照效果，从而使图像产生类似光线照明的效果。图10-105所示为通过鼠标拖动白色控制点调整光照角度得到的光照效果。

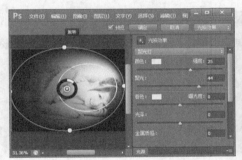

图10-105　调整光照效果

3. 镜头光晕

使用镜头光晕滤镜可以模拟亮光照射到相机镜头所产生的折射效果。图10-106所示为设置图像镜头光晕的效果。

图10-106　设置镜头光晕效果

4. 纤维

使用纤维滤镜可以将前景色和背景色混合生成一种纤维效果。"纤维"对话框中各选项的作用如下。

◎ "差异"数值框：用于调整纤维的变化纹理形状。

◎ "强度"数值框：用于设置纤维的密度。

◎ 随机化 按钮：单击该按钮可随机产生一种纤维效果。

5. 云彩

使用云彩滤镜将在当前前景色和背景色间随机地抽取像素值，生成柔和的云彩图案效果。该滤镜无参数设置对话框。需要注意的是，应用此滤镜后原图层上的图像会被替换。

选择【滤镜】→【转换为智能滤镜】菜单命令，可以将图层转换为智能对象，应用于智能对象的任何滤镜都是智能滤镜。智能滤镜将出现在"图层"面板中应用这些智能滤镜的智能对象图层的下方。普通滤镜在设置好效果后不能再进行重新编辑，但如果将滤镜转换为智能滤镜后，就可以对原来应用的滤镜效果进行编辑。选择"图层"面板中的添加滤镜效果可以开启设置的滤镜命令，对其进行重新编辑。

知识提示

10.3.12 课堂案例2——制作电影海报

使用Photoshop可以实现很多特效制作。本课堂案例要求为"星迹"电影制作一张宣传海报，根据提供的"红色星球.jpg"和"星球背景.jpg"素材文件，为海报制作一定的视觉特效，使其达到吸引眼球的效果。参考效果如图10-107所示。

素材所在位置	光盘:\素材文件\第10章\课堂案例2\红色星球.jpg、星球背景.jpg
效果所在位置	光盘:\效果文件\第10章\海报.psd
视频演示	光盘:\视频文件\第10章\制作电影海报.swf

图10-107　制作电影海报效果

（1）打开"红色星球.jpg"素材文件，在工具箱中选择魔棒工具 ，在图像黑色区域单击创建选区，然后按【Ctrl+Shift+I】组合键反选选区，按【Ctrl+J】组合键复制选区并创建图层。

（2）按住【Ctrl】键，同时单击"图层1"缩略图载入选区，切换到"通道"面板，单击"将选区存储为通道"按钮 ，得到"Alpha1"通道，取消选区并选择"Alpha1"通道，如

图10-108所示。

（3）选择【滤镜】→【风格化】→【扩散】菜单命令，打开"扩散"对话框，在"模式"栏中单击选中"正常"单选项，完成后单击 确定 按钮应用设置，然后按两次【Ctrl+F】组合键，重复应用扩散滤镜。

（4）选择【滤镜】→【滤镜库】菜单命令，打开"滤镜库"对话框，选择【扭曲】→【海洋波纹】选项，在右侧设置波纹大小为"5"、波纹幅度为"8"，单击 确定 按钮，如图10-109所示。

（5）选择【滤镜】→【风格化】→【风】菜单命令，打开"风"对话框，单击选中"风"单选项和"从右"单选项，如图10-110所示。完成后单击 确定 按钮应用设置。

图10-108　创建通道

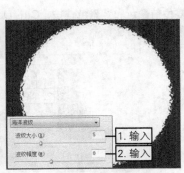
图10-109　海洋波纹效果

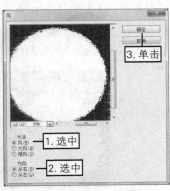
图10-110　"风"对话框

（6）再次选择【滤镜】→【风格化】→【风】菜单命令，打开"风"对话框，单击选中"风"单选项和"从左"单选项，完成后单击 确定 按钮应用设置。

（7）选择【图像】→【图像旋转】→【90度（顺时针）】菜单命令，旋转图像，然后按两次【Ctrl+F】组合键，重复应用风滤镜，效果如图10-111所示。

（8）将"Alpha1"通道拖动到面板底部的"新建通道"按钮 上，复制通道得到"Alpha1副本"通道，按【Ctrl+F】组合键重复应用风滤镜。

（9）选择【图像】→【图像旋转】→【90度（逆时针）】菜单命令，旋转图像，得到图10-112所示的图像效果。

（10）选择"Alpha1副本"通道，选择【滤镜】→【滤镜库】菜单命令，打开滤镜库对话框，选择【扭曲】→【玻璃】选项，设置滤镜的相关参数，如图10-113所示。

图10-111　旋转画布执行风滤镜效果

图10-112　旋转画布

图10-113　玻璃滤镜效果

（11）选择【图像】→【图像旋转】→【90度（顺时针）】菜单命令，旋转图像，然后选择【滤镜】→【风格化】→【风】菜单命令，打开"风"对话框，单击选中"风"单选项和"从左"单选项，单击 确定 按钮应用设置，将图像画布旋转回原来位置，效果如图10-114所示。

（12）在工具箱中选择魔棒工具 ，在星球图像上单击，载入选区，按【Ctrl+Shift+I】组合键反选选区，选择【选择】→【修改】→【羽化】菜单命令，打开"羽化"对话框，在其中设置羽化像素为"6"，单击 确定 按钮应用设置，取消选区。

（13）选择【滤镜】→【模糊】→【高斯模糊】菜单命令，打开"高斯模糊"对话框，设置半径为"1"，如图10-115所示，单击 确定 按钮应用设置。

（14）按【Ctrl】键单击"Alpha1副本"通道缩略图，载入选区，切换到"图层"面板，新建一个图层，按【D】键复位前景色和背景色，按【Ctrl+Delete】组合键填充选区为白色，取消选区后的效果如图10-116所示。

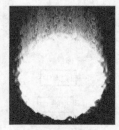

图10-114　旋转画布　　　图10-115　"高斯模糊"对话框　　　图10-116　填充效果

（15）再次新建一个图层，将其移动到"图层2"下方，按【Alt+Delete】组合键填充黑色，选择"图层2"，在"调整"面板中单击"色相/饱和度"按钮 ，在其中设置相关参数，如图10-117所示。

（16）返回调整面板，单击"色彩平衡"按钮 ，在"色调"下拉列表框中选择"中间调"选项，其参数设置如图10-118所示。

（17）在"色调"下拉列表框中选择"高光"选项，按照如图10-119所示设置参数。

（18）按【Ctrl+Shift+Alt+E】组合键盖印图层，将盖印图层的"混合模式"设置为"线性减淡（添加）"，如图10-120所示。

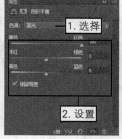

图10-117　色相饱和度　　　图10-118　色彩平衡　　　图10-119　调整高光　　　图10-120　盖印图层效果

（19）选择星球图像，并按【Alt+Delete】组合键为选区填充黑色，取消选区后删除"图层2"图层，切换到"通道"面板，选择"Alpha1"通道，选择【滤镜】→【滤镜库】菜单命令，打开"滤镜库"对话框，选择【扭曲】→【玻璃】选项，在其中设置滤镜的相关参数，如

图10-121所示。

（20）单击 ▭确定 按钮应用设置，使用魔棒工具选择星球，按【Shift+F6】组合键打开"羽化"对话框。设置羽化值为"6"像素，确认设置后选择【滤镜】→【模糊】→【高斯模糊】菜单命令，打开"高斯模糊"对话框，设置半径为"2"。

（21）单击 ▭确定 按钮应用设置，将"Alpha1"通道中的图像载入选区，返回"图层"面板。隐藏"图层4"图层，然后新建一个"图层5"图层，用白色填充新建的图层，并将其移动到调整图层的下方，取消选区后的效果如图10-122所示。

（22）按【Ctrl+Shift+Alt+E】组合键盖印图层，得到"图层6"图层，将"混合模式"设置为"变亮"，并将其移动到最上方。选择魔棒工具 🪄，在工具属性栏中设置容差为"13"，在星球图像上单击创建选区，使用黑色填充选区然后删除"图层5"图层，取消选区。

（23）显示"图层4"图层，选择"图层6"图层，按【Ctrl+E】组合键向下合并图像后的效果如图10-123所示。

图10-121　玻璃滤镜效果　　　　　图10-122　调整图层顺序　　　　　图10-123　合并图层

（24）将"图层1"图层移动到"图层4"图层上方，然后进行复制，设置图层"混合模式"为"线性减淡"，效果如图10-124所示。

（25）打开"星球背景.jpg"素材文件，使用移动工具将其移动到红色星球图像中，并将图层移动到"图层4"图层下方，效果如图10-125所示。

（26）选择横排文字工具输入文字后，设置其字符格式分别为"汉仪黑体简体、120点""Monotype Corsiva、84点、白色""Monotype Corsiva、20点""汉仪黑体简体、26点"，并调整其排列位置，如图10-126所示。

 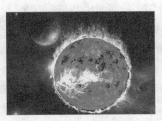 

图10-124　"线性减淡"效果　　　图10-125　调整图层顺序的效果　　　　图10-126　添加文字

10.4　课堂练习

本课堂练习将为某风景区制作明信片和为某公司制作书签，主要练习各种滤镜的综合使用方法。通过练习读者可以熟练使用各种滤镜制作出需要的特效效果。

10.4.1　制作明信片封面

1.　练习目标

本练习要求为某风景区制作明信片封面效果，要求明信片有特色。制作时可打开光盘中提供的素材文件进行操作，参考效果如图10-127所示。

素材所在位置	光盘:\素材文件\第10章\课堂练习1\荷花.jpg
效果所在位置	光盘:\效果文件\第10章\课堂练习1\明信片封面.psd
视频演示	光盘:\视频文件\第10章\制作明信片封面.swf

图10-127　明信片封面效果

2.　操作思路

在掌握了滤镜的相关知识后，即可开始本练习的设计与制作。根据上面的练习目标，本练习的操作思路如图10-128所示。

① 使用绘画笔和炭笔滤镜　　　② 使用照亮边缘和影印滤镜　　　③ 使用扩散和纹理化滤镜

图10-128　制作明信片封面的操作思路

（1）打开提供的素材图像，复制背景图层，通过绘画笔和炭笔滤镜制作炭笔绘制效果。

（2）新建图层，通过云彩滤镜制作画布纹理，然后使用照亮边缘和"反向"命令制作图像边缘轮廓。

（3）只显示背景图层，为荷花图像创建选区，并生成图层，去色后调整亮度对比度，然后使用影印滤镜得到图像效果。

（4）使用扩散滤镜修饰荷花花朵图像，然后通过色阶调整图像颜色，将该图层移动到最上方，设置图层模式为"柔光"。

（5）为整朵荷花创建选区并生成图层，然后移动到最上方，设置图层"混合模式"为"正片叠底"，"不透明度"为"70%"。

（6）新建一个图层，将其填充为灰色，使用纹理化滤镜制作图像纹理，然后设置"混合模式"为"线性加深"，"不透明度"为"50%"。

10.4.2　制作书签

1. 练习目标

本练习主要是为某设计工作室制作一个书签，要求设计大方得体、画面简洁。参考效果如图10-129所示。

效果所在位置	光盘:\效果文件\第10章\书签.psd
视频演示	光盘:\视频文件\第10章\制作书签.swf

图10-129　书签效果

2. 操作思路

在了解和掌握了各个滤镜的使用方法后，即可开始本练习的设计与制作。根据上面的练习目标，本练习的操作思路如图10-130所示。

① 制作背景

② 制作书签形状

③ 添加文字

图10-130　制作书签的操作思路

（1）新建一个图像文件，"宽度、高度、色彩模式、分辨率"分别为"10厘米、7厘米、RGB、300像素/英寸"。

（2）通过云彩滤镜和半调图案滤镜制作书签的圆圈底纹，然后通过晶格化滤镜使其表面产生不均匀的纹理。

（3）在背景上创建一个圆形选区，使用半调图案滤镜多制作几个圆形图案，然后旋转图形，新建一个图层，绘制矩形选区，填充颜色，并设置图层模式为"线性加深"。

（4）在背景所在的图层上创建圆形选区，按【Delete】键删除，然后对该图层添加图层样式，制作立体效果，完成书签背景制作。

（5）利用选区和钢笔工具绘制标志图像，然后在图像上添加相关的文字，并设置文字颜色和字体等，完成书签的设置。

10.5　拓展知识

Photoshop CS6提供了一个开放的平台，用户可以将第三方滤镜安装在Photoshop CS6中使用，这就是外挂滤镜。外挂滤镜不仅可以轻松完成各种特效，还能完成许多内置滤镜无法完成的效果，在外挂滤镜前首先需要进行安装。

安装外挂滤镜的方法是：将在网上下载的滤镜解压，然后复制到Photoshop CS6安装文件的Plug-in目录下，某些滤镜不仅需要复制到安装目录下，还需要双击进行安装才能使用。需要注意的是，安装的滤镜越多，软件的运行速度将越慢。安装外挂滤镜后启动软件，即可在滤镜菜单中查看安装的滤镜，外挂滤镜与Photoshop自带的滤镜使用方法相同。其中，直接复制到Plug-in目录下的滤镜的源文件不能删除。

10.6 课后习题

（1）打开提供的素材文件，制作光芒四射的山峰。

提示：首先新建一个黑白色渐变图层，通过波浪滤镜改变图像像素，再运用极坐标滤镜调制出四射的光线，然后通过径向模糊滤镜适当模糊光线，最后再新建一个径向渐变图层，设置其图层模式为"叠加"，效果如图10-131所示。

素材所在位置	光盘:\素材文件\第10章\课后习题1\山峰.jpg
效果所在位置	光盘:\效果文件\第10章\光芒四射效果.psd
视频演示	光盘:\视频文件\第10章\制作光芒四射效果.swf

图10-131　光芒四射效果

（2）打开提供的素材文件，制作炫酷冰球效果。

提示：使用Photoshop CS6的艺术效果滤镜组和画笔描边滤镜组来制作冰球效果，制作过程中可使用相关滤镜制作冰的质感效果，然后使用图层样式制作水滴效果，效果如图10-132所示。

素材所在位置	光盘:\素材文件\第10章\课后习题2\篮球.jpg
效果所在位置	光盘:\效果文件\第10章\炫酷冰球.psd
视频演示	光盘:\视频文件\第10章\制作酷炫冰球.swf

图10-132　炫酷冰球效果

11

第11章
使用动作和输出图像

本章主要讲解在Photoshop CS6中进行动作的创建和自动处理图像，以及输出图像的操作。在Photoshop中，对于重复的操作可通过创建动作和自动处理等方法来快速实现。读者通过本章的学习能够快速处理图像的重复操作，并能够对制作好的图像进行输出操作。

学习要点

- 创建动作
- 批处理图像文件
- 输出图像文件
- 打印图像

学习目标

- 熟练掌握批量处理图片的方法
- 掌握输出图像的方法

11.1　动作与批处理图像

在Photoshop CS6中，可以对图像进行一系列的操作，将其有序地录制到"动作"面板中，然后可以在后面的操作中，通过播放存储的动作，来对不同的图像重复执行这一系列的操作。通过"动作"功能的应用，就可以对图像进行自动化操作，从而大大提高工作效率。本节将讲解录制和使用动作以及自动处理图像的相关知识。

11.1.1　认识"动作"面板

动作是将不同的操作、命令、命令参数记录下来，以一个可执行文件的形式存在，以便在对图像执行相同操作时使用。在处理图像的过程中，用户的每一步操作都可看作是一个动作，如果将若干步操作放到一起，就成了一个动作组。

与动作相关的所有操作都被组合在"动作"面板中，如动作创建、存储、载入、执行等。因此要掌握并灵活运用动作，必须先熟悉"动作"面板。选择【窗口】→【动作】菜单命令，打开图11-1所示的"动作"面板。在"动作"面板中，程序提供了很多自带的动作，如图像效果、处理、文字效果、画框、文字处理等。"动作"面板中各组成部分的名称和作用如下。

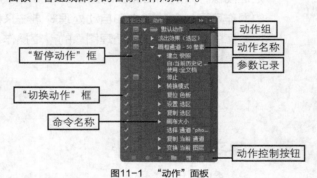

图11-1　"动作"面板

◎ **动作序列**：也称动作集，Photoshop提供了"默认动作""图像效果""纹理"等多个动作序列，每一个动作序列中又包含多个动作，单击"展开动作"按钮▷，可以展开动作序列或动作的操作步骤及参数设置，展开后单击▽按钮便可再次折叠动作序列。

◎ **动作名称**：每一个运作序列或动作都有一个名称，以便于用户识别。

◎ **"停止播放/记录"按钮**■：单击该按钮，可以停止正在播放的动作，或在录制新动作时单击该按钮暂停动作的录制。

◎ **"开始记录"按钮**●：单击该按钮，可以开始录制一个新的动作。在录制的过程中，该按钮将显示为红色。

◎ **"播放选定的动作"按钮**▶：单击该按钮，可以播放当前选定的动作。

◎ **"创建新组"按钮**▭：单击该按钮，可以新建一个动作序列。

◎ **"创建新动作"按钮**▯：单击该按钮，可以新建一个动作。

◎ **"删除"按钮**🗑：单击该按钮，可以删除当前选择的动作或动作序列。

◎ **✓按钮**：若动作组、动作、命令前显示有该图标，表示这个动作组、动作、命令可以执行；若动作组或动作前没有该图标，表示该动作组或动作不能被执行；若某一命令前没有该图标，则表示该命令不能被执行。

◎ 图标：按钮后的图标，用于控制当前所执行的命令是否需要弹出对话框。当图标显示为灰色时，表示暂停要播放的动作，并打开一个对话框，用户可从中进行参数的设置；当图标显示为红色时，表示该动作的部分命令中包含了暂停操作。

◎ 展开与折叠动作：在动作组和动作名称前都有一个三角按钮，当该按钮呈 ▶ 状态时，单击该按钮可展开组中的所有动作或动作所执行的命令，此时该按钮变为 ▼ 状态；再次单击该按钮，可隐藏组中的所有动作和动作所执行的命令。

11.1.2　创建与保存动作

通过动作的创建与保存功能，用户可以将自己制作的图像效果，如画框效果或文字效果等制作为动作保存在电脑中，以避免重复的处理操作。

1．创建动作

虽然系统自带了大量动作，但在具体的工作中却很少有符合需要的，这时就需要用户创建新的动作，以满足图像处理的需要，其具体操作如下。

（1）打开要制作动作范例的图像文件，切换到"动作"面板，单击面板底部的"创建新组"按钮，打开图11-2所示的"新建组"对话框，单击 确定 按钮。

（2）单击面板底部的"创建新动作"按钮，打开"新建动作"对话框进行设置，如图11-3所示。其中相关选项的含义介绍如下。

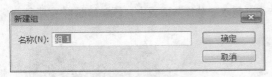

图11-2　"新建组"对话框

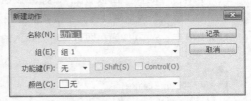

图11-3　"新建动作"对话框

◎ "名称"文本框：在文本框中输入新动作名称。

◎ "组"下拉列表：单击右侧的下拉按钮，在打开的下拉列表中选择放置动作的动作序列。

◎ "功能键"下拉列表：单击右侧的下拉按钮，在打开的下拉列表中为记录的动作设置一个功能键，按下功能键即可运行对应的动作。

◎ "颜色"下拉列表：单击右侧的下拉按钮，在下拉列表中选择录制动作色彩。

（3）此时根据需要对当前图像进行所需的操作，每进行一步操作都将在"动作"面板中记录相关的操作项及参数，如图11-4所示。

（4）记录完成后，单击"停止播放/记录"按钮完成操作。创建的动作将自动保存在"动作"面板上。

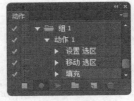

图11-4　记录动作

2．保存动作

用户创建的动作将暂时保存在Photoshop CS6的"动作"面板中，在每次启动Photoshop后即可使用，如不小心删除了动作，或重新安装了Photoshop CS6后，用户手动制作的动作将消失。因此，应将这些已创建好的动作以文件的形式进行保存，需使用时再通过加载文件的形式载入"动作"面板中即可，其具体操作如下。

(1) 选择要保存的动作序列，单击"动作"面板右上角的 ▼≡ 按钮，在打开的下拉列表中选择"存储动作"选项，在打开的"存储"对话框中指定保存位置和文件名，如图11-5所示。

(2) 完成后单击 保存(S) 按钮，即可将动作以ATN文件格式保存。

图11-5　存储动作

11.1.3　载入和播放动作

无论是用户创建的动作，还是Photoshop CS6软件本身提供的动作序列，都可通过播放动作的形式自动地对其他图像实现相应的效果。

1. 载入动作

在网上发现喜欢的动作后，用户可先将其下载到计算机硬盘上，然载入动作到Photoshop CS6中即可。载入动作的具体操作如下。

(1) 单击"动作"面板右上角的 ▼≡ 按钮，在打开的下拉列表中选择"载入动作"选项。打开"载入"对话框，在其中查找需要载入的动作序列的名称和路径，如图11-6所示。

(2) 单击 载入(L) 按钮，即可将所要载入的动作序列载入"动作"面板中，效果如图11-7所示。

图11-6　"载入"对话框

图11-7　载入的动作

知识提示　　　　单击 ▼≡ 按钮后，也可直接选择其菜单底部相应的动作序列命令来载入，同时选择"复位动作"选项可以将"动作"面板恢复到默认状态。

2. 播放动作

在录制并保存了对图像进行处理的操作过程后，即可将该动作应用到其他图像中，其具体操作如下。

（1）打开需要应用该动作的图像文件，如图11-8所示。在"动作"面板中选择动作，单击"播放选定的动作"按钮 ▶，如图11-9所示。

（2）此时选择的动作将应用到图像上，效果如图11-10所示。

图11-8 打开图像 图11-9 播放动作 图11-10 处理后的效果

11.1.4 自动处理图像

Photoshop CS6提供了一些自动处理图像的功能，通过这些功能用户可以轻松地完成对多个图像的同时处理。

1. 使用"批处理"命令

对图像应用"批处理"命令前，首先要通过"动作"面板将对图像执行的各种操作进行录制，保存为动作，从而进行批处理操作。

打开需要批处理的所有图像文件或将所有文件移动到相同的文件夹中。选择【文件】→【自动】→【批处理】菜单命令，打开"批处理"对话框，如图11-11所示。其中各选项的含义介绍如下。

图11-11 "批处理"对话框

◎ "组"下拉列表：用于选择所要执行的动作所在的组。

◎ "动作"下拉列表：选择所要应用的动作。

◎ "源"下拉列表：用于选择需要批处理的图像文件来源。选择"文件夹"选项，单击 选择(C)... 按钮可查找并选择需要批处理的文件夹；选择"导入"选项，则可导入以其他途径获取的图像，从而进行批处理操作；选择"打开的文件"选项，可对所有已经打开的图像文件应用动作；选择"Bridge"选项，则用于对文件浏览器中选取的文件应用动作。

◎ "目标"下拉列表：用于选择处理文件的目标。选择"无"选项，表示不对处理后的文件做任何操作；选择"存储并关闭"选项，可将进行批处理的文件存储并关闭以覆盖原来的文件；选择"文件夹"选项，并单击下面的 选择(H)... 按钮，可选择目标文件所保存的位置。

◎ "文件命名"栏：在"文件命名"栏的6个下拉列表中，可指定目标文件生成的命名形式。在该选项区域中还可指定文件名的兼容性，如Windows、Mac OS、UNIX操作系统。

◎ "错误"下拉列表：在该下拉列表中可指定出现操作错误时软件的处理方式。

2. 创建快捷批处理方式

使用"创建快捷批处理"命令的操作方法与"批处理"命令相似，只是在创建快捷批处理方式后，在相应的位置会创建一个快捷方式图标。用户只需将需要处理的文件拖至该图标上，即可自动对图像进行处理，其具体操作如下。

（1）选择【文件】→【自动】→【创建快捷批处理】菜单命令，打开"创建快捷批处理"对话框，如图11-12所示。在该对话框中设置好快捷处理和目标文件的存储位置以及需要应用的动作后，单击 确定 按钮即可。

（2）打开存储快捷批处理的文件夹，即可在其中看到一个 的快捷图标，将需要应用该动作的文件拖到该图标上即可自动完成图片的处理。

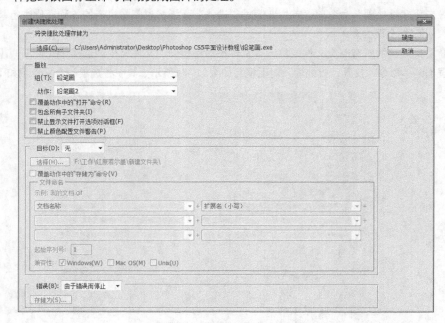

图11-12　"创建快捷批处理"对话框

11.1.5　课堂案例——录制水印动作

当需要对某些图片统一进行相同的处理时，可通过动作来快速完成。本案例提供了一组照片，要求统一为它们创建水印，且要求水印为公司Logo，参考效果如图11-13所示。

素材所在位置	光盘:\素材文件\第11章\课堂案例1\照片
效果所在位置	光盘:\效果文件\第11章\照片、印章.atn
视频演示	光盘:\视频文件\第11章\录制水印动作.swf

图11-13　水印动作效果

（1）打开"照片1.jpg"图像文件，单击"动作"面板底部的"创建新组"按钮 ，在打开的"新建组"对话框中的"名称"文本框输入"我的动作"文字，单击 确定 按钮。

（2）单击"动作"面板底部的"创建新动作"按钮 ，在打开的"新建动作"对话框中输入"印章"文本，然后单击 记录 按钮，此时"开始记录"按钮 呈红色显示，如图11-14所示。

（3）在工具箱中选择横排文字工具 ，设置字体为"黑体"、字号为"60点"、颜色为"R:245,G144,B:52"，然后在图像中单击输入"印象摄影"文字。

（4）在"图层"面板中新建图层，然后利用矩形选框工具绘制一个矩形，如图11-15所示。

（5）选择【编辑】→【描边】菜单命令，设置描边半径为"5"像素，填充颜色为"R:245,G144,B:52"，确认并取消选区后效果如图11-16所示。

图11-14　新建动作　　　　　图11-15　输入文本　　　　　图11-16　填充选区

（6）选择文字图像，并将其栅格化，然后合并文字图层和"图层1"图层，选择【滤镜】→【风格化】→【扩散】菜单命令，打开"扩散"对话框，其中参数设置如图11-17所示。

（7）单击 确定 按钮确认设置，按【Ctrl+T】组合键对图像进行自由变换，在"图层"面板中设置"图层1"图层的"混合模式"为"柔光"，效果如图11-18所示。

（8）在"图层"面板的图层上单击鼠标右键，在弹出的快捷菜单中选择"合并可见图层"命令合并图层，然后选择【文件】→【存储】菜单命令，保存照片，然后关闭图像。

（9）单击"动作"面板中的"停止播放/记录"按钮 ■ 完成录制，"动作"面板如图11-19所示。

图11-17　"扩散"对话框　　　　图11-18　扩散滤镜效果　　　　图11-19　"动作"面板

（10）选择【文件】→【自动】→【批处理】菜单命令，打开"批处理"对话框，在其中设置"播放"栏的组和动作选项以及源文件位置，如图11-20所示。

（11）单击 确定 按钮，可查看到源文件夹所有照片都添加有水印动作，如图11-21所示。

图11-20　批处理图像　　　　图11-21　批处理图像效果

　本例中在设置动作后，执行的是存储命令，直接将添加水印的照片进行保存，因此在进行批处理照片文件时，不需要设置目标文件夹。如果是执行存储为命令，那么批处理对话框中的目标文件夹应该与存储的文件夹路径相同。

（12）在"动作"面板中选择"我的动作"选项，然后单击右上角的 ■ 按钮，在打开的下拉列表中选择"存储动作"选项，在打开的"存储"对话框中指定保存位置和文件名，单击 保存(S) 按钮，完成本案例的制作。

11.2　输出图像

平面设计作品完成后，就可以将作品输出保存，有的作品需要输出为图像文件，以便在其他电子设备上使用，而有的作品则需要打印或印刷输出。本节将介绍将图像输出到其他图像处理软件的方法和打印图像的方法，以及印刷前的相关准备工作。

11.2.1　Photoshop图像文件的输出

Photoshop可以与很多软件结合起来使用，这里主要介绍两个常用软件：Illustrator和CorelDRAW。

1. 将Photoshop路径导入Illustrator中

通常情况下，Illustrator能够支持许多图像文件格式，但有一些不行，如".raw"和".rsr"格式。打开Illustrator软件，选择【文件】→【置入】菜单命令，找到所需的.psd格式文件即可将Photoshop图像文件置入Illustrator中。

2. 将Photoshop路径导入CorelDRAW中

在Photoshop中绘制好路径后，可以选择【文件】→【导出】→【路径到Illustrator】菜单命令，将路径文件存储为AI格式，然后切换到CorelDRAW中，选择【文件】→【导入】菜单命令，即可将存储好的路径文件导入CorelDRAW中。

3. Phtoshop与其他设计软件的配合使用

Photoshop除了可以与Illustrator和CorelDRAW配合起来使用之外，还可以在FreeHand和PageMaker等软件中使用。

将FreeHand置入Photoshop文件可以通过按【Ctrl+R】组合键来完成。如果FreeHand的文件是用来输出印刷的，置入的Photoshop图像最好采用.tiff格式。因为这种格式储存的图像信息最全，输出最安全，当然文件也最大。

PageMaker中，常用的Photoshop图像都能通过置入命令转入图像文件，但对于.psd、.png、.iff、.tga、.pxr、.raw、.rsr格式文件不支持置入，可以将它们转换为其他可支持的文件来置入。其中，Photoshop中的.eps格式文件可以在PageMaker中产生透明背景效果。

11.2.2　图像的打印输出

图像处理完成后，接下来的工作就是打印输出。为了获得良好的打印效果，掌握正确的打印方法是很重要的。只有掌握打印输出的操作方法，才能将设计好的图像作品作为室内装饰品和商业广告或进行个人欣赏等。下面将具体介绍图像的打印输出操作。

1. 打印预览

在打印图像文件前，为防止打印出错，一般会通过打印预览功能来预览打印效果，以便于在发现问题时能及时改正。选择【文件】→【打印】菜单命令，在打开的"打印"对话框中可查看到打印效果，如图11-22所示。其中相关选项的含义介绍如下。

◎ "位置"栏：用来设置打印图像在图纸中的位置，系统默认在图纸居中放置，撤销选中"图像居中"复选框，可以在激活的选项和数值框中手动设置其放置位置。

◎ "缩放后的打印尺寸"栏：用来设置打印图像在图纸中的缩放尺寸，单击选中"缩放以适合介质"复选框后，系统会自动优化缩放。

2. 打印页面设置

打印的常规设置包括选择打印机的名称、设置"打印范围""份数""纸张尺寸大小""送纸方向"等参数，设置完成后即可进行打印。

　　在Photoshop CS6中打开需要打印的图像文件，选择【文件】→【打印】菜单命令，在打开的对话框中单击 印印设置... 按钮，即可打开相应的文档属性设置对话框，如图11-23所示。在"基本"选项卡下的"纸张来源"下拉列表中选择打印纸张的进纸方式，并可设置纸张的尺寸等内容。

图11-22　"打印"对话框

图11-23　打印设置

3．打印页面设置

　　默认情况下，Photoshop CS6打印的是一个包含了所有可见图层的图像。若只需要打印一个或多个图层，只需将其设置为一个单独可见的图层，然后进行打印即可。

4．打印选区

　　在Photoshop CS6中不仅可以打印单独的图层，还可以打印图像选区。方法是使用工具箱中的选区工具在图像中创建所需的图像选区，然后选择需要打印的图像，在打开的"打印"对话框中进行打印即可。

5．打印图像

　　在系统默认情况下，当前图像中所有可见图层上的图像都属于打印范围，因此图像处理完成后不必作任何改动，若"图层"面板中有隐藏的图层，则不能被打印输出，如要将其打印输出，只需将"图层"面板中的所有图层全部显示，然后对要打印的图像进行页面设置和打印预览后，就可以将其打印输出。

11.2.3　图像设计前的准备工作

　　一个成功的设计作品不仅需要掌握熟练的软件操作能力，还需要在设计图像之前就做好准备工作。下面进行具体介绍。

1．设计前准备

　　在设计广告之前，首先需要在对市场和产品调查的基础上，对获得的资料进行分析与研究。通过对特定资料和一般资料的分析与研究。可初步寻找出产品与这些资料的连接点，并探索它们之间各种组合的可能性和效果，进而从资料中去伪存真，保留有价值的部分。

2．设计提案

在获取大量第一手资料的基础上，对初步形成的各种组合方案和立意进行选择和酝酿，从新的思路去获得灵感。在这个阶段，设计者还可适当多参阅和比较相类似的构思，以调整创意与心态，使思维更为活跃。在经过以上阶段之后，创意将会逐步明朗化，且会在设计者不在意的时候突然涌现。这时可以制作设计草稿，制定初步设计方案。

3．设计定稿

从数张设计草图中选择一张作为最后方案，然后在电脑中做设计正稿。针对不同的广告内容可以选择使用不同的软件来制作，现在运用得最为广泛的是Photoshop软件，它能制作出各种特殊的图像效果，为画面增添丰富的色彩。

11.2.4　印刷前的准备工作

印刷是指通过印刷设备将图像快速大量地输出到纸张等介质上，是广告设计、包装设计、海报设计等作品的主要输出方式。

为了便于图像的输出，用户还需要在印刷前进行必要的准备工作，主要包括以下几个方面。

1．校正图像颜色模式

用户在设计作品的过程中要考虑作品的用途和使用的输出设备，图像的颜色模式也会根据不同的输出路径而有所不同。如要输入电视设备中播放的图像，必须经过NTSC颜色滤镜等颜色校正工具进行校正后，才能在电视中显示；如要输入在网页中进行观看的图像，则可以选择RGB颜色模式；而对于需要印刷的作品，必须使用CMYK颜色模式。

2．图像分辨率

一般用于印刷的图像，为了保证印刷出的图像清晰，在制作图像时，应将图像的分辨率设置在300像素/英寸～350像素/英寸。

3．图像存储格式

在存储图像时，要根据要求选择文件的存储格式。若是用于印刷，则要将其存储为TIF格式，出片中心都以此格式来进行出片；若用于观看的图像，则可将其存储为JPG或RGB格式。

由于高分辨率的图像大小一般都在几兆到几十兆，甚至几百兆，用户可以使用可移动的大容量介质来传送图像。

4．图像的字体

当作品中运用了某种特殊字体时，应准备好该字体的字体安装文件，在制作分色胶片时提供给输出中心。因此，一般情况下都不采用特殊的字体进行图像设计。

5．图像的文件操作

在提交文件输出中心时应将所有与设计有关的图片文件和字体文件，以及设计软件中使用的素材文件准备齐全，一起提交。

6. 分彩校对

由于每个用户的显示器型号不同，其显示的颜色有偏差或打印机在打印图像时造成的图像颜色有偏差，都将导致印刷后的图像色彩与在显示器中所看到的颜色不一致。因此，图像的分彩校对是印前处理工作中不可缺少的一步。

分彩校对包括显示器色彩校对、打印机色彩校对、图像色彩校对，下面分别进行介绍。

◎ **显示器色彩校对**：若同一个图像文件的颜色在不同的显示器或不同时间在显示器上的显示效果不一致，就需要对显示器进行色彩校对。一些显示器会自带色彩校对软件，若没有，用户可以手动调节显示器的色彩。

◎ **打印机色彩校对**：在电脑显示屏幕上看到的颜色和用打印机打印到纸张上的颜色一般不会完全匹配，主要是因为电脑产生颜色的方式和打印机在纸上产生颜色的方式不同。若要使打印机输出的颜色和显示器上的颜色接近，设置好打印机的色彩管理参数和调整彩色打印机的偏色规律是一个重要途径。

◎ **图像色彩校对**：图像色彩校对主要是指图像设计人员在制作过程中或制作完成后对图像的颜色进行校对。当用户指定某种颜色，并进行某些操作后颜色有可能发生变化，这时就需要检查图像的颜色和当时设置的CMYK颜色值是否相同，若有不同，可以通过"拾色器"对话框调整图像颜色。

7. 分彩校对

在印刷之前，必须对图像进行分色和打样，二者也是印前处理的重要步骤。下面将分别进行讲解。

◎ **分色**：是指在输出中心将原稿上的各种颜色分解为黄、品红、青、黑4种原色颜色。在计算机印刷设计或平面设计软件中，分色工作就是将扫描图像或其他来源图像的色彩模式转换为CMYK模式。

◎ **打样**：是指印刷厂在印刷之前，必须将所交付印刷的作品交给出片中心进行出片。输出中心先将CMYK模式的图像进行青色、品红、黄色、黑色4种胶片分色，再进行打样，从而检验制版阶调与色调能否取得良好的再现，并将复制再现的误差及应达到的数据标准提供给制版部门，作为修正或再次制版的依据，打样校正无误后再交付印刷中心进行制版和印刷。

8. 选择输出中心与印刷商

输出中心主要制作分色胶片，价格和质量不等，在选择时应进行相应的调查。印刷商则根据分色胶片制作印版、印刷、装订。

11.3 课堂练习

本课堂练习将分别录制调整色调动作和打印寸照，综合练习本章学习的知识点，掌握动作的相关操作和自动处理图像的相关操作，提高工作效率。

11.3.1 录制调整色调动作

1. 练习目标

调整图像色调是照片处理过程中常用的方法，当对多张图片进行相同的处理时，可先录制动作，然后使用Photoshop的批处理命令来完成制作。本练习将对一组风景照片统一调整色调，要求通过录制动作来快速完成。参考效果如图11-24所示。

花1.jpg　　花2.jpg　　花3.jpg

花4.jpg　　花5.jpg　　花6.jpg

图11-24　调整色调效果

素材所在位置	光盘:\素材文件\第11章\课堂练习1\花
效果所在位置	光盘:\效果文件\第11章\花、翠绿色调.atn
视频演示	光盘:\视频文件\第11章\录制调整色调动作.swf

2. 操作思路

根据本练习的练习目标，要录制色调动作首先应该掌握色调的调色方法，然后掌握动作的录制和保存方法。本练习的操作思路如图11-25所示。

①录制动作　　　　　　②保存动作

图11-25　录制调整色调动作的操作思路

（1）打开"花1.jpg"素材文件，新建动作组，然后新建一个动作。按【Ctrl+J】组合键将图像复制一层，选择【图像】→【模式】→【Lab颜色】菜单命令，更改图像模式。

（2）使用"曲线"命令分别调整"a"和"b"通道的颜色，然后选择【图像】→【模式】→【RGB颜色】菜单命令更改颜色模式，注意合并时图像不拼合。

（3）新建一个图层，按【Ctrl+Alt+Shift+E】组合键盖印图层，然后按【Ctrl+J】组合键把盖印图层复制一层，将图层"混合模式"设置为"柔光"。

（4）创建渐变映射调整图层，在其中单击渐变条，在打开的"渐变编辑器"对话框中设置由白色到"R:255,G:168,B:8"的渐变。

（5）设置图层"混合模式"为"正片叠底"，图层"不透明度"为"30%"，创建色彩平衡调整图层，分别调整中间调、高光、阴影。

（6）创建可选颜色调整图层，在"可选颜色"面板分别调整"红色""黄色""绿色""中性值"选项。

（7）新建一个图层，填充颜色为"R:3,G:6,B:76"，图层"混合模式"为"差值"，"不透明度"为10%，然后创建"亮度/对比度"调整图层，设置亮度和对比度。

（8）新建一个图层，按【Ctrl+Alt+Shift+E】组合键盖印图层。然后选择【滤镜】→【锐化】→【USM锐化】菜单命令，打开"USM锐化"对话框，在其中设置相关参数，完成色调调色操作。

（9）在"动作"面板中单击"停止播放/记录"按钮 ▓，完成动作的录制，然后将动作保存，最后打开其他素材，分别对素材照片播放一次动作即可。

11.3.2　打印输出寸照

1. 练习目标

本练习将对证件照进行打印操作，需要打印的寸照效果如图11-26所示。本练习主要通过"打印"对话框对图像高度和宽度等进行设置，并且还需要设置好图像在页面中的位置及方向。

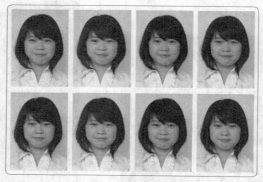

图11-26　寸照效果

行业知识

照片的尺寸都是以英寸为单位的，为了方便中国人使用，可以换算成厘米，目前通用标准照片尺寸大小有较严格的规定，国际通用的照片尺寸如下。

◎ 1英寸证件照的尺寸应为3.6厘米×2.7厘米。

◎ 2英寸证件照的尺寸应为3.5厘米×5.3厘米。

◎ 5英寸（最常见的照片大小）照片的尺寸应为12.7厘米×8.9厘米。

◎ 6英寸（国际上比较通用的照片大小）照片的尺寸为15.2厘米×10.2厘米。

◎ 7英寸（放大）照片的尺寸为17.8厘米×12.7厘米。

◎ 12英寸照片的尺寸为30.5厘米×25.4厘米。

素材所在位置	光盘:\素材文件\第11章\课堂练习2\照片.psd
效果所在位置	光盘:\效果文件\第11章\寸照.psd
视频演示	光盘:\视频文件\第11章\打印输出寸照.swf

2. 操作思路

制作好证件照片后，就需要对照片进行打印。本练习的操作思路如图11-27所示。

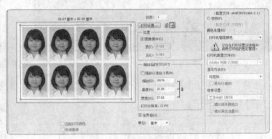

① 打开素材　　　　　② 复制图像　　　　　　　　　　　③ 打印设置

图11-27　打印输出寸照的操作思路

（1）新建一个名为"寸照"，像素为"784×587"的图像文件，打开"照片.jpg"素材文件，将其移动到寸照图像文件中，通过复制将其铺满图像文件。选择【文件】→【打印】菜单命令，打开"打印"对话框。

（2）在对话框中设置页面方向、缩放、高度等参数，单击 打印(P) 按钮即可。

11.4 拓展知识

对于图像的印刷输出，读者有兴趣可购买相关专业的书籍学习。下面简单介绍一幅图像作品从开始制作到印刷输出的过程中，其印前处理工作流程大致包括以下几个基本步骤。

◎　理解用户的要求，收集图像素材，开始构思和创作。

◎　对图像作品进行色彩校对，打印图像进行校稿。

◎　再次打印校稿后的样稿，修改和定稿。

◎　将无误的正稿送到输出中心进行出片和打样。

◎　校正打样稿，若颜色和文字都正确，再送到印刷厂进行制版及印刷。

11.5 课后习题

（1）本练习为"小屋.jpg"素材文件制作出金色秋天效果，参考效果如图11-28所示。制作时首先载入所需的动作组，然后播放动作并保存效果。

素材所在位置	光盘:\素材文件\第11章\课后习题1\小屋.jpg、金色秋天.atn
效果所在位置	光盘:\效果文件\第11章\金色秋天.psd
视频演示	光盘:\视频文件\第11章\制作金色秋天效果.swf

图11-28　制作金色秋天效果

（2）利用提供的图11-29所示的"小孩.jpg"素材文件，制作一个暖色调调色动作。完成后的效果如图11-30所示。

素材所在位置　　光盘:\素材文件\第11章\课后习题2\小孩.jpg
效果所在位置　　光盘:\效果文件\第11章\暖色调.psd、暖色调.atn
视频演示　　　　光盘:\视频文件\第11章\制作暖色调照片.swf

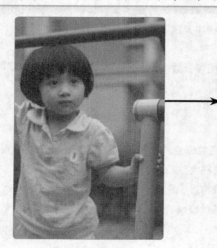

图11-29　原图像

图11-30　暖色调照片效果

Chapter

12

第12章
综合案例——茶广告策划案

本章主要以一个综合的广告设计案例来讲解 Photpshop 在广告设计中的应用。读者通过学习能够了解广告策划案的制作流程，以及使用 Photoshop 制作广告作品的步骤。

学习要点
- 前期策划
- 制作包装
- 制作画册

学习目标
- 了解广告策划案流程
- 使用Photoshop进行平面设计

12.1 实例目标

　　本章的综合实例要求为某茶叶进行广告策划，需要在前期确定市场定位和宣传方式等，然后使用Photoshop进行平面设计。本章主要制作包装和宣传画册，参考效果如图12-1所示。

图12-1　茶产品平面设计

12.2 专业背景

　　使用Photoshop CS6能够制作许多类型的平面广告设计，如DM单设计、包装设计、书籍装帧设计等。

12.2.1 平面设计的概念

　　设计是有目的的策划，平面设计是这些策划将要采取的形式之一。在平面设计中需要用视觉元素为人们传播设想和理念，用文字和图形把信息传达给大众，让人们通过这些视觉元素了解广告画面中所要表达的主题和中心思想，以达到设计的目的。

12.2.2 平面设计的种类

平面设计包含的类型较广，归纳起来包含以下几大类。

1．DM单设计

DM单指以邮件方式，针对特定消费者寄送广告的宣传方式，为仅次于电视和报纸的第三大平面媒体。DM单广告可以说是目前最普遍的广告形式，如图12-2所示。

2．包装设计

包装设计就是要从保护商品、促进销售、方便使用的角度，进行容器、材料和辅助物的造型、装饰设计，从而达到美化生活和创造价值的目的，如图12-3所示。

3．海报设计

　　海报又称为招贴，其意是指展示于公共场所的告示。海报特有的艺术效果及美感条件是其他任何媒介无法比拟的，设计史上最具代表性的大师，大多因其在海报设计上的非凡成就。

图12-2　DM单设计

图12-3　包装设计

4．平面媒体广告设计

主流媒体包括广播、电视、报纸、杂志、户外、互联网等。与平面设计有直接关系的主要是报纸、杂志、户外、互联网，它们称之为平面媒体。广播主要是以文案取胜，影视则主要是以动态的画面取胜，连同互联网在内，通常称这三者为多媒体。

5．POP广告设计

POP广告是购物点广告或售卖点广告。总之，凡应用于商业专场，提供有关商品信息，促使商品得以成功销售出去的所有广告和宣传品，都称之为POP广告。

6．书籍设计

书籍设计又称为书籍装帧设计，用于塑造书籍的"体"和"貌"。"体"就是为书籍制作装内容的容器，"貌"则是将内容传达给读者的外衣。书籍的内容就是通过装饰将"体"和"貌"构成完美的统一体。

7．VI设计

VI设计全称为VIS（Visual Identity System）设计，意为视觉识别系统设计，是企业识别系统（CIS系统）中最具传播力和感染力的部分。

12.3　实例分析

本案例主要是为某茶叶进行广告策划，因此首先需要针对该产品的特点和性质等进行调查，以确定产品的主要消费人群及销售卖点等。其次需要对产品进行平面设计，如确定统一的主色调、宣传方式、广告词等。最后使用Photoshop进行作品设计。进行作品设计时分多种平面设计，本章主要讲解包装设计和画册设计。除此之外，一个完整的产品广告设计还包括标志、宣传单、名片、卡片、POP、店内招贴、灯箱广告、VI设计等。

12.4　制作过程

在了解了平面设计和广告策划后，就可以开始进行作品的制作，下面具体讲解制作过程。

12.4.1　制作产品包装

根据要求，制作包装时首先使用茶树图像作为背景图像，对图像进行校色处理，然后绘制放置文字的区域和图片，导入茶具图像，最后设计茶文字并输入相关信息，点明主题，其具体操作如下。

（1）新建一个"8×8"厘米，分辨率为"300像素/英寸"的文件。显示标尺，并创建相关的参考线。新建"图层1"图层，设置前景色为"R:0,G:128,B:0"，沿参考线绘制矩形选区，并用前景色填充，如图12-4所示。

（2）打开"茶树.jpg"素材文件，使用移动工具其拖动到新建图像中，注意对齐参考线，如图12-5所示。

（3）在"图层"面板中设置"图层2"图层的"不透明度"为"70%"，使该图层中的图像融入背景中，打开"茶叶.jpg"素材文件，使用移动工具将其拖动到新建图像中，注意对齐参考线，自动生成"图层3"图层，如图12-6所示。

（4）为"图层3"图层添加图层蒙版，选择画笔工具，设置画笔直径为"125像素"，不透明度和流量均为"30%"，不断涂抹茶叶周围黑色的区域，效果如图12-7所示。

图12-4　填充选区　　　　图12-5　打开茶树素材文件　　　图12-6　打开茶叶文件　　　图12-7　添加图层蒙版

（5）选择钢笔工具，沿参考线绘制封闭矩形路径，并将其编辑成图12-8所示的形状，然后按【Ctrl+Enter】组合键将路径转换为选区。

（6）新建"图层4"图层，设置前景色为"R:235,G:239,B:208"，按【Alt+Delete】组合键填充前景色，如图12-9所示。

（7）打开"茶诗.psd"素材文件，将茶诗移动到新建文件中，生成"图层5"图层。然后按住【Alt】键不放，在"图层5"图层和"图层4"图层之间单击，创建剪贴蒙版。设置"图层5"图层的"不透明度"为"30%"，使该图层中的文字图像融入淡黄色背景中，如图12-10所示。

图12-8　绘制矩形路径　　　　图12-9　填充前景色　　　　图12-10　设置"图层5"图层

（8）新建"图层6"图层，设置前景色为"R:0,G:128,B:0"，沿参考线绘制矩形选区，并填充前景色，然后取消选区。新建"图层7"，设置前景色为"白色"，选择直线工具，设置粗细为"5像素"，沿参考线绘制多条直线，按【Ctrl+;】组合键隐藏参考线，效果如图12-11所示。

（9）打开"茶具.jpg"素材文件，通过移动工具将其拖动到新建图像中，生成"图层8"图层，设置该图层的图层"混合模式"为"深色"。为"图层8"图层添加图层蒙版，选择画笔工具，保持选项栏中的参数设置不变，不断涂抹茶具周围的淡黄色区域，将其隐藏，如图12-12所示。

（10）选择横排文字工具，在包装顶部输入"饮自天然"文字，字体为"黑体"，字号为"24点"，颜色为"黑色"，注意文字间的间隔用空格代替。

（11）新建"图层9"图层，按【Ctrl+[】组合键向下移动图层，沿"饮"文字绘制圆形选区，设置前景色为"R:0,G:128,B:0"，用前景色填充选区。移动选区至"自""天""然"文字处，并分别用前景色填充选区，取消选区后的效果如图12-13所示。

（12）保持字体不变，在包装底部输入"岭南望峰茶业商贸有限公司"文字，设置字号为"10点"，颜色为"白色"。输入"参悦绿茶""参悦""茶"文字，字体为"方正黄草简体"，字号分别为"14点""30点""140点"，颜色分别为"白色"和"黑色"。双击"茶"图层，在打开的"图层样式"对话框中单击选中"描边"复选框，在其中设置大小为"5像素"、颜色为"白色"，单击 确定 按钮，如图12-14所示。

图12-11　绘制直线　　　　图12-12　设置茶具素材　　　　图12-13　输入文字　　　　图12-14　设置文字

（13）隐藏背景图层和标尺，选择除背景图层外的所有图层，按【Ctrl+Alt+E】组合键盖印选择的图层。显示背景图层，设置前景色为"R:0,G:0,B:255"，背景色为"R:0,G:150,B:255"，然后选择渐变工具，设置渐变颜色为"从前景色到背景色渐变"，从图像顶部向底部进行渐变填充。

（14）隐藏除背景图层和盖印图层之外的其他图层，选择盖印图层，按【Ctrl+;】组合键显示参考线，选择矩形选框工具，沿包装顶部和底部绿色边缘绘制图12-15所示的矩形选区。

图12-15　绘制矩形选区

（15）选择【编辑】→【变换】→【变形】菜单命令，打开选区定界框，拖动控制点将图像变换至图12-16所示。按【Enter】键确认变换，使包装具有立体凸显效果，最后取消选区。

（16）选择钢笔工具，沿变换后的包装右侧边缘绘制图12-17所示的封闭路径，路径内的区域将用来作为包装侧立面。新建"图层10"图层，设置前景色为"R:0,G:128,B:0"，按【Ctrl+Enter】组合键将路径转换为选区，按【Alt+Delete】组合键用前景色填充选区，然后取消选区并隐藏参考线。

（17）使用多边形套索工具绘制包装侧面前侧区域，选择【图像】→【调整】→【亮度/对比度】菜单命令，在打开的对话框中设置亮度为"–50"，单击 确定 按钮，如图12-18所示，然后取消选区。

（18）保存制作的文件，最终效果如图12-19所示。

  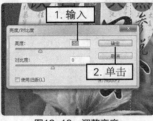 

图12-16　变换选区　　图12-17　绘制路径　　图12-18　调整亮度　　图12-19　最终效果

12.4.2　制作产品画册

画册一般由封面封底和内页组成，根据用途不同，包含的内容也不相同。下面讲解宣传类画册的制作方法。

1.　制作画册封面和封底

要绘制整个画册，需要先新建画册图像文件，确定画册整体的大小尺寸，然后设计画册封面的内容，其具体操作如下。

（1）启动Photoshop CS6，新建一个大小为"20×13"厘米，分辨率为"300像素/英尺"，名称为"封面封底"的图像文件。

（2）设置前景色为"R:239,G:242,B:233），背景色为"R:255,G:210,B:188"，选择【滤镜】→【渲染】→【云彩】菜单命令，效果如图12-20所示。

（3）复制背景图层得到"背景副本"图层，选择【滤镜】→【滤镜库】菜单命令，选择【纹理】→【纹理化】选项，在打开的对话框中进行设置，如图12-21所示。

（4）单击 确定 按钮应用设置，效果如图12-22所示。

图12-20　云彩效果　　图12-21　设置纹理化参数　　图12-22　纹理化效果

（5）在垂直标尺上按住鼠标左键拖动，创建一条位于图像正中央的垂直参考线。

（6）打开"封面素材.psd"素材文件，在其中选择"墨点"图层，将其移动到封面封底图像文件中，调整大小到合适位置，如图12-23所示。

（7）打开"建筑.jpg"和"茶壶.jpg"素材文件，将建筑图像移动到封面封底图像中，并添加图层蒙版，然后使用黑色画笔隐藏不需要的部分，效果如图12-24所示。

（8）在"调整"面板中创建一个曲线调整图层，然后设置参数如图12-25所示。

（9）按【Ctrl+Alt+G】组合键创建剪贴蒙版，如图12-26所示。

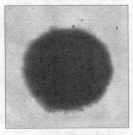

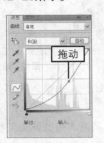
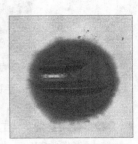

图12-23　调整墨点大小　　　图12-24　处理建筑图像　　　图12-25　调整曲线　　　图12-26　创建剪贴蒙版

（10）在封面素材图像中将"图纹"图层复制到当前图像中，并调整位置，设置"不透明度"为"28%"，效果如图12-27所示。

（11）对茶壶图素材中的茶壶图像进行抠取，并移动到图像中的合适位置，然后创建一个"曲线1副本"调整图层，参数设置如图12-28所示。

（12）将调整图层创建为茶壶图像的剪贴蒙版，效果如图12-29所示。

（13）复制"墨点"图层，然后变换并调整大小到合适位置，如图12-30所示。

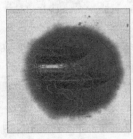

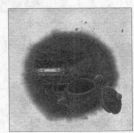

图12-27　添加图纹　　　图12-28　设置曲线参数　　　图12-29　调整曲线效果　　　图12-30　添加墨点

（14）利用相同的方法复制并变换墨点图像，并将其移动到不同的位置，使其散布在画册上，完成后将所有墨点图层合并，效果如图12-31所示。

（15）新建"图层3"图层，使用套索工具在其中创建不规则的选区，并填充为"R:182,G:0,B:5"，如图12-32所示。

（16）选择直排文字工具 T，在其中输入"极品"文本，设置字符格式为"汉仪平和简体，12点，红色"，然后将文字图层栅格化并载入选区。

（17）选择"图层3"图层，删除选区内容，将栅格化后的文字图层删除，效果如图12-33所示。

（18）使用直排文字工具输入"阿七"文本，设置字符格式为"汉仪智草繁，60点，红色"，效果如图12-34所示。

（19）将"阿七"图层复制一层，栅格化该图层，然后选择【滤镜】→【滤镜库】菜单命令，选择【素描】→【绘画笔】选项，参数设置如图12-35所示。

（20）单击 确定 按钮应用设置，然后设置该图层"混合模式"为"线性加深"，填充为"50%"，效果如图12-36所示。

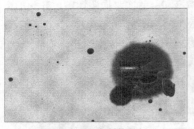

图12-31　添加其他墨点　　　　图12-32　绘制底纹　　　　图12-33　制作印章　　　　图12-34　设置标志文本

（21）创建一个文字图层，并输入文本，设置字符格式为"隶书，13点，红色"，效果如图12-37所示。

（22）使用直排文字工具输入相关英文文本，字符格式分别为"Berlin Sans FB，18点，红色，垂直缩放67%""Bookman Old Style，9点，红色，垂直缩放75%"，如图12-38所示。

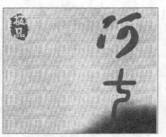

图12-35　设置绘画笔参数　　　　图12-36　线性加深效果　　　　图12-37　输入文本　　　　图12-38　输入英文

（23）选择创建的文字图层，选择【图层】→【对齐】→【顶边】菜单命令，对齐文字图层，效果如图12-39所示。

（24）新建"烟雾"图层，使用白色画笔绘制几笔烟雾外形，然后使用涂抹工具绘制烟雾缥渺细节，完成效果如图12-40所示。

（25）在封面素材文件中将茶叶图层复制到当前图层，并通过自由变换调整大小，复制多个茶叶图形，调整位置使其散布于画册页面，完成后将所有茶叶图像合并，效果如图12-41所示。

（26）抠取茶壶素材中的一个茶杯，并复制到图像中，调整到图12-42所示的位置。

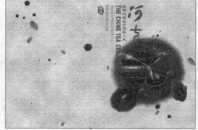

图12-39　对齐效果　　　　图12-40　制作烟雾　　　　图12-41　添加茶叶图像　　　　图12-42　添加茶杯

（27）复制墨点图层，然后移动到合适位置。如图12-43所示。

（28）抠取茶壶图像中的另一个茶杯，将其移动到当前图像中，调整到图12-44所示的位置。

（29）将标志文本图像图层复制，然后移动到左侧合适位置，使用背景橡皮擦工具去除"河"图像部分，得到图12-45所示的效果。

（30）复制封面图像中的两个英文文本图层，然后移动到左侧合适位置，效果如图12-46所示。

图12-43 添加墨点　　图12-44 添加茶壶　　图12-45 删除不需要的图像　　图12-46 复制英文图层

（31）使用横排文字工具创建文字定界框，然后输入介绍性文字，设置字符格式为"幼圆，7点，红色"，完成后将其保存。

2. 设计画册内页

下面通过合成相关图像和对文字进行处理来制作画册内页1的内容，其具体操作如下。

（1）新建一个与画册封面封底相同大小的文件，将其保存为"内页1.psd"，复制"封面封底.psd"图像中的"背景""背景副本""墨点"图层，然后调整到图12-47所示的位置。

（2）打开"茶树.jpg"素材文件，将其移动到内页1图像中，添加图层蒙版，隐藏不需要的部分，效果如图12-48所示。

（3）通过复制变换为画册内页添加其他墨点图像，使其散布在整个画册页面，然后将图层合并，效果如图12-49所示。

（4）将图纹图像复制到当前图像中，调整大小后的效果如图12-50所示。

  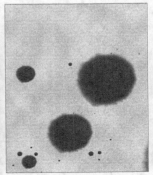 

图12-47 调整墨点图像　　图12-48 设置茶树图像　　图12-49 添加其他墨点　　图12-50 添加图纹

（5）在封面素材图像中将茶壶图层复制到当前图像中，然后调整到合适位置，效果如图12-51所示。

（6）使用制作墨点图像的方法将茶叶图像复制到内页1图像中，并变换位置，多次复制变换后的效果如图12-52所示。

（7）打开"荷花.jpg"素材文件，将其复制到图像中，设置图层"混合模式"为"浅色"，效果如图12-53所示。

（8）在封面封底图像中将"印章"图层复制到内页1图像中，并移动到左侧，效果如图12-54所示。

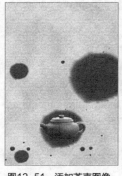
图12-51　添加茶壶图像

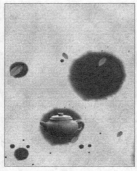
图12-52　添加茶叶图像

图12-53　添加荷花图像

图12-54　添加印章

（9）在图像中输入"秋荷"文本，设置字符格式为"汉仪智草繁，48点，红色"，效果如图12-55所示。

（10）在其中输入相关说明宣传文本，分别设置字符格式从右到左为"幼圆，4点""幼圆，4点"，效果如图12-56所示。

（11）将封面封底图像中相关的文字图层复制到内页1图像中，修改文字内容，对齐图层后的效果如图12-57所示。

（12）再次复制英文图层，移动到画册内页右边，修改相应的文字，如图12-58所示。

（13）在图像中输入文本，从右到左对应字符格式为"幼圆，4点""幼圆，18点"，如图12-59所示。完成后保存文件即可。

图12-55　添加文本

图12-56　添加文本

图12-57　添加英文文字

图12-58　添加文字

图12-59　添加文本

3.　设计画册内页2和内页3

画册的内页设计很多都遵循统一的样式，只是版式不同、内容不同，页面设计一般采用统一的风格设计。本例由于版面原因，画册内页2和内页3不一一讲解具体的操作方法，用户可根据前面讲解的方法，参考提供的效果进行制作。需要注意的是，内页2和内页3的大小与内页1的大小相同，相同的元素可直接从内页1中进行复制。画册内页2参考效果如图12-60所示。画册内页3参考效果如图12-61所示。

图12-60 画册内页2参考效果

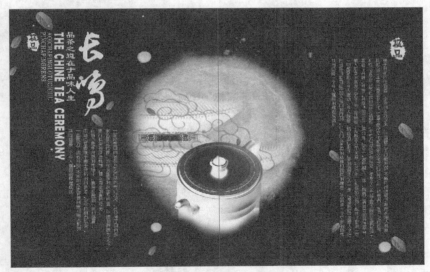

图12-61 画册内页3参考效果

4. 设计画册平面装帧效果

为方便观察画册的内容，下面对画册进行平面装帧，其具体操作如下。

（1）分别打开前面制作好的"封面封底.psd""内页1.psd""内页2.psd""内页3.psd"素材
文件，切换到"封面封底"图像中，选择最上层的图层，按【Ctrl+Shlft+Alt+E】组合键盖
印图层，如图12-62所示。

（2）切换到"内页1.psd"图像中，盖印图层，如图12-63所示。

（3）利用相同的方法分别对"内页2"和"内页3"图像文件中的图层进行盖印，如图12-64所示。

（4）新建一个与封面封底图像大小分辨率相同的文件，名称为"平面装帧效果"。设置前景色为

"R:190,G:110,B:100"，然后使用前景色填充。

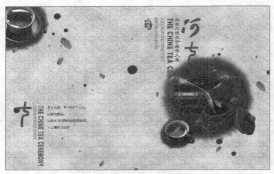

图12-62　封面封底

图12-63　内页1

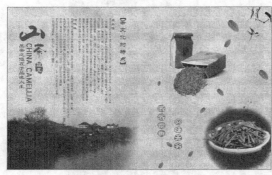

图12-64　内页2和内页3

（5）在图像的标尺上拖动鼠标，创建一条水平参考线和一条垂直参考线。

（6）切换到"封面封底"图像中，将盖印后的图层复制到"平面装帧效果"图像中，生成"图层 1"图层，变换大小和位置后效果如图12-65所示。

（7）在"图层"面板的"图层1"图层上双击，打开"图层样式"对话框，在其中单击选中"投 影"复选框，在右侧设置参数如图12-66所示。

（8）单击 确定 按钮应用设置，添加图层样式后的效果如图12-67所示。

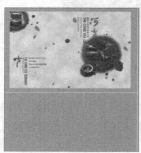

图12-65　复制封面封底图像

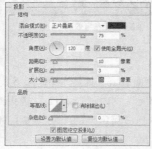

图12-66　设置投影参数

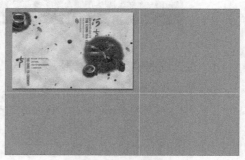

图12-67　添加投影后的效果

（9）利用相同的方法将画册内页图像全部复制到"平面装帧效果"图像中，并调整位置，效果如 图12-68所示。

（10）选择"图层1"图层，按住【Alt】键的同时，利用鼠标分别将 *fx* 按钮拖动到其他画册内页图层上，复制图层样式。

（11）隐藏参考线后，保存图像文件，效果如图12-69所示。

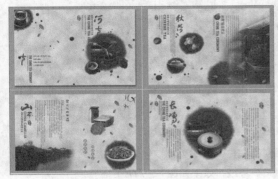 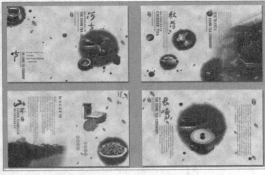

图12-68　复制其他内页图像　　　　　　　　　　　　图12-69　完成制作

5. 设计画册立体装帧效果

为了查看设计的画册的立体效果，下面对画册进行立体装帧，具体操作如下。

（1）新建一个与封面封底图像大小、分辨率相同的文件，名称为"立体装帧效果1"，使用"R:190,G:110,B:100"填充背景图层。

（2）打开"封面封底.psd"图像，使用矩形选框工具框选画册左侧的封底图像，将其复制到"立体装帧效果"图像中，效果如图12-70所示。

（3）通过自由变换操作将图像变换到如图12-71所示位置。

（4）双击"图层1"图层，在打开的"图层样式"对话框中设置投影和斜面浮雕效果。其中，投影参数如图12-72所示，斜面浮雕参数保持默认不变。

（5）单击 确定 按钮应用设置，添加图层样式后的效果如图12-73所示。

图12-70　复制封底图像　　图12-71　变换图像　　图12-72　设置阴影参数　　图12-73　添加图层样式

（6）将封面图像复制到立体装帧图像中，自由变换大小，然后调整到合适位置，效果如图12-74所示。

（7）将"图层1"图层的图层效果复制到"图层2"图层上，效果如图12-75所示。

（8）新建"图层3"图层，只显示"图层1"图层和"图层2"图层，然后按【Ctrl+Shlft+Alt+E】组合键盖印图层，将"图层3"中的图像载入选区，填充为"R:50,G:42,B:26"，然后移动到背景图层上方，完成后将其保存，效果如图12-76所示。

图12-74 变换封面图像   图12-75 复制图层样式   图12-76 立体装帧效果1

（9）新建一个与封面封底图像大小、分辨率相同的文件，名称为"立体装帧效果2"，将背景图层填充为"R:6,G:37,B:63"，然后创建相关参考线，效果如图12-77所示。

（10）打开"内页1.psd"图像，使用矩形选框工具框选画册左侧的图像，将其复制到"立体装帧效果2"图像中，变换到合适位置，效果如图12-78所示。

（11）使用相同的方法复制其他相关的画册图像到"立体装帧效果2"图像中，变换到合适位置，效果如图12-79所示。

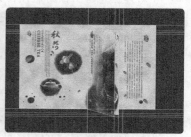

图12-77 填充背景   图12-78 复制内页1图像   图12-79 添加其他内页图像

（12）在背景图像上新建一个图层，使用多边形套索工具绘制选区，填充为黑色，设置图层"不透明度"为"36%"，效果如图12-80所示。

（13）只显示画册图像，将其盖印到新图层中并垂直翻转，然后移动到图像下方，设置图层"不透明度"为"23%"，如图12-81所示。

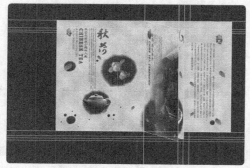
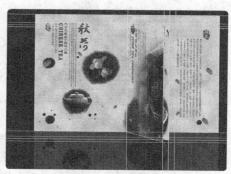

图12-80 填充选区   图12-81 盖印并设置图层

（14）隐藏参考线后将其保存，效果如图12-82所示。

图12-82 立体装帧效果2

12.5 课堂练习

本课堂练习将分别制作汽车广告和房地产广告，综合练习Photoshop中所学的知识点，熟练掌握广告的设计和制作方法。

12.5.1 制作汽车广告

1. 练习目标

本练习要求利用提供的"天空.jpg"和"汽车.jpg"素材文件，制作图12-83所示的汽车平面广告。本练习需掌握新建与保存文档，以及图像的编辑、文本的设置、蒙版的使用等操作。

图12-83 汽车广告效果

素材所在位置	光盘:\素材文件\第12章\课堂练习1\汽车.jpg、天空.jpg
效果所在位置	光盘:\效果文件\第12章\汽车广告.psd
视频演示	光盘:\视频文件\第12章\制作汽车广告.swf

2. 操作思路

根据上面的操作要求，本练习的操作思路如图12-84所示。

① 调整色阶并应用滤镜

② 应用蒙版

③ 输入文字

图12-84　制作汽车广告的操作思路

（1）新建文件并打开"天空.jpg"素材文件，调整图片大小、色阶、色相/饱和度。

（2）新建图层，选择画笔工具，使用紫色在图像上半部分进行涂抹，然后径向模糊"图层1"图层和"图层2"图层。复制"图层1"图层，垂直翻转复制的图层，并将其移至图像窗口下方。

（3）新建"图层3"图层，以深蓝色涂抹该层的下半部分。创建"色阶"调整图层，调整色阶。

（4）打开"汽车.jpg"素材文件，抠出汽车部分，放置到新建文件中并调整大小。复制汽车图层，添加图层蒙版制作倒影。

（5）使用文字工具输入并设置文字。新建"图层5"图层，选择并设置该图层的描边，完成汽车广告的制作。

12.5.2　制作房地产广告

1．练习目标

本练习将设计制作一个房地产形象广告，图像效果如图12-85所示。本练习需掌握图像绘制、图像编辑、文字设置等基本操作。

图12-85　房地产广告效果

素材所在位置　光盘:\素材文件\第12章\课堂练习2\卷轴.psd
效果所在位置　光盘:\效果文件\第12章\房地产广告.psd
视频演示　光盘:\视频文件\第12章\制作房地产广告.swf

2．操作思路

根据本练习的目标，本练习的操作思路如图12-86所示。

| ① 绘制卷轴图像 | ② 添加素材图像 | ③ 添加文字 |

图12-86 房地产广告的操作思路

（1）新建图像文件，使用渐变工具为背景图像做射线渐变填充，设置颜色为"R:124,G:87,B:41"到 "R:232,G:224,B:175"。

（2）新建图层，使用钢笔工具绘制出卷轴的基本外形。使用渐变工具对其做渐变填充。

（3）使用画笔工具在卷轴中添加淡黄色和深黄色，让画轴更加具有立体感。

（4）选择【图层】→【图层样式】→【投影】菜单命令，打开"图层样式"对话框，为其添加黑色投影。

（5）打开素材图像放到卷轴中，使用加深工具对部分图像做加深处理，然后设置该图层的"混合模式"为"正片叠底"，使用横排文字工具在画面中输入文字，完成实例的制作。

12.6 拓展知识

在平面构图过程中，为了让作品最终得到观者的认可，在设计时应使构图符合以下原则。

◎ 和谐：单独的一种颜色或单独的一根线条不能称之为和谐，几种要素具有基本的共同性和融合性才称为和谐。和谐的组合也会有部分的差异性，但当差异性表现为强烈和显著时，和谐的格局就会向对比的格局转化。

◎ 对比：对比又称对照，把质或量反差甚大的两个要素成功地配列于一起，使人感受到鲜明强烈的感触而仍具有统一感的现象称为对比，它能使主题更加鲜明，作品更加活跃。

◎ 对称：对称又名均齐，假定在某一图形的中央设一条垂直线，将图形划分为相等的左右两部分，其左右两部分的形量完全相等，这个图形就是左右对称的图形，这条垂直线称为对称轴。对称轴的方向如由垂直转换成水平方向，则就成上下对称；如垂直轴与水平轴交叉组合为四面对称，则两轴相交的点即为中心点，这种对称形式即称为"点对称"。

◎ 平衡：在平衡器上两端承受的重量由一个支点支持，当双方获得力学上的平衡状态时，称为平衡。在生活现象中，平衡是动态的特征，如人体运动、鸟的飞翔、兽的奔驰、风吹草动、流水激浪等都是平衡的形式，因而平衡的构成具有动态。

◎ 比例：比例是部分与部分或部分与全体之间的数量关系，是构成设计中一切单位大小，以及各单位间编排组合的重要因素。

12.7 课后习题

（1）制作一个商场的开业宣传广告，需要结合Photoshop中的多种工具和命令进行制作，效果如

图12-87所示。

素材所在位置	光盘:\素材文件\第12章\课后习题1\灯笼.psd、龙柱.psd、门.psd、飘带.psd
效果所在位置	光盘:\效果文件\第12章\商城开业宣传广告.psd
视频演示	光盘:\视频文件\第12章\制作商城开业宣传广告.swf

图12-87 商城开业宣传广告效果

（2）制作一个茶叶形象宣传灯箱广告，首先为背景填充淡黄色，然后使用画笔工具，调整多种笔触，绘制出背景中的河流和渔夫等图像，最后绘制出茶碗和花纹图像，输入文本，再做适当的调整即可，如图12-88所示。

素材所在位置	光盘:\素材文件\第12章\课后习题2\茶碗.psd
效果所在位置	光盘:\效果文件\第12章\茶叶广告.psd
视频演示	光盘:\视频文件\第12章\制作茶叶灯箱广告.swf

图12-88 茶叶灯箱广告效果

Chapter

附录
项目实训

为了培养学生独立完成设计任务的能力，提高就业综合素质和创意思维能力，加强教学的实践性，本附录精心挑选了 4 个综合实训，分别围绕"企业标识设计""CD 封套设计""书籍装帧设计"和"咖啡包装设计" 4 个设计作品展开。通过完成实训，使读者进一步掌握和巩固 Photoshop 在平面设计中的使用。

实训1 企业标识设计

【实训目的】

通过实训掌握Photoshop在企业标识设计中的应用，具体要求及实训目的如下。

◎ 要求为一家园林公司设计标识，要求标识要表达出与公司职能相关的主题，并具有易辨认性和唯一性，与其他公司的标识区别开来。

◎ 标识具有易扩展性，可以应用在公司的其他宣传内容上，如企业名片、企业信封、手提袋等。

◎ 了解企业标识设计的内容与要求，重点掌握企业标识的构成元素和特点。

◎ 熟练掌握钢笔工具、形状工具、椭圆选区和文字等工具的使用。

图F-1　企业标识

【实训参考效果】

本次企业标识设计的参考效果如图F-1所示，相关素材提供在本书配套光盘中。

效果所在位置　光盘:\效果文件\项目实训\企业标识.psd

【实训参考内容】

1. 创意与构思：在了解标识相关知识的基础之上，结合企业特点进行构思，如本例参考效果的设计主题是以绿色树叶代表园林。

2. 制作过程：先使用钢笔工具绘制星星路径，再使用自定形状绘制绿叶图像，然后添加文字点名主题。

实训2 CD封套设计

【实训目的】

通过实训掌握Photoshop在CD封套设计中的应用，具体要求及实训目的如下。

◎ 在制作CD封套时，应根据CD中的内容进行制作，如曲艺类一般会在CD封套上添加古典乐器，唱片类一般需要在封面上放置歌唱者的照片等。

◎ 了解CD封套的尺寸，根据需要，在软件中创建相关尺寸的文件，设置好出血等相关内容，并设置好参考线，可事半功倍地进行制作，以避免后期因尺寸不合规范而需重新设计。

【实训参考效果】

本次CD封套设计的参考效果如图F-2所示，相关素材提供在本书配套光盘中。

素材所在位置　光盘:\素材文件\项目实训\图片.psd

效果所在位置　光盘:\效果文件\项目实训\CD封套平面.psd、CD封套立体.psd

图F-2　CD封套

【实训参考内容】

1. 查看CD内容和资料：认真查看提供的CD内容和提供的资料素材，从CD的内容上总结CD的特点，获取相关信息。

2. 创意和构思：根据CD内容进行分析，本例制作的是教程类CD的封套，因此在制作时需要在封套正面给出相应的制作效果，从效果上吸引读者，然后在背面列出CD的优势、讲解的内容等信息。

3. 搜集素材：搜集构思中需要用到的图像资料，写好封套上要使用的文案。

4. 制作封套：根据资料创建大小合适的文件，使用标尺和参考线确定好正面、背面、封套侧面的位置和大小，然后添加素材进行制作。

实训3　书籍装帧设计

【实训目的】

通过实训掌握Photoshop在书籍封面设计方面的应用，具体要求及实训目的如下。

◎ 了解书籍装帧设计的组成，封面设计的要点，书籍封面的尺寸，以及封面、封底、书脊的分割方法。

◎ 熟练掌握使用标尺和参考线确定封面、书脊、封底位置的方法。

◎ 熟练掌握矩形选框工具、画笔工具、文字工具、图层样式、自定形状工具的使用。

图F-3　书籍装帧

【实训参考效果】

本次书籍装帧设计的参考效果如图F-3所示，相关素材提供在本书配套光盘中。

素材所在位置　　光盘:\素材文件\项目实训\素材图片.psd

效果所在位置　　光盘:\效果文件\项目实训\书籍装帧（平面）.psd、书籍装帧（立体）.psd

【实训参考内容】

1. 上网搜索资料：了解书籍装帧设计的概念、要求、书籍装帧的各组成部分。

2. 准备素材：搜集与书籍类型相关的封面设计文字和图像等素材。

3. 制作封面、封底、书脊：新建一个图像文件，使用标尺和参考线确定好封面、书脊、封底的位置，添加的文字元素和图形装饰，制作时注意构图的方法。

实训4　咖啡包装设计

【实训目的】

通过实训掌握Photoshop在包装设计中的应用，具体要求及实训目的如下。

◎　包装设计是品牌理念和产品特性等多方面因
素的综合反映，包装的好坏直接影响其销
量。因此，在设计包装时应根据产品特性进
行制作。

◎　包装的功能是保护商品、传达商品信息、
方便使用、方便运输、促进销售、提高产
品附加价值，具有商业与艺术的双重性。

◎　在设计包装前，应做一个市场调研，研究同类
商品中的包装特性，找出包装的市场规律。

【实训参考效果】

本次咖啡包装设计的参考效果如图F-4所示，相
关素材提供在本书配套光盘中。

图F-4　咖啡包装

素材所在位置　光盘:\素材文件\项目实训\标志.psd

效果所在位置　光盘:\效果文件\项目实训\咖啡包装（平面）.psd、咖啡包装立体）.psd

【实训参考内容】

1. 查看相关资料：根据提供的咖啡资料及其相关特性，制定出一套有效的设计方案。

2. 市场调研：制作一份与咖啡包装相关的市场调查问卷，进行信息采集，了解当前包装对销售的
影响，并收集消费者意见，方便制作时改进。

3. 具体构思：综合考虑后决定咖啡包装的制作形式，这里以方便开合的纸质作为包装的材料，根
据材料的颜色设计包装平面草图。

4. 制作过程：在Photoshop中新建实际尺寸的文件，在文件中添加并绘制参考线，然后导入图
片，并输入文字进行制作。